厚生労働省認定教材	
認定番号	第58887号
改定承認年月日	令和3年2月18日
訓練の種類	普通職業訓練
訓練課程名	普通課程

自動車整備実技教科書

独立行政法人 高齢・障害・求職者雇用支援機構
職業能力開発総合大学校 基盤整備センター 編

は し が き

　本書は職業能力開発促進法に定める普通職業訓練に関する基準に準拠し，第一種及び第二種自動車系における専攻実技「自動車整備実習」等の教科書として編集したものです。

　作成にあたっては，内容の記述をできるだけ平易にし，専門知識を系統的に学習できるように構成してあります。

　本書は職業能力開発施設での教材としての活用や，さらに広く自動車整備分野の知識・技能の習得を志す人々にも活用していただければ幸いです。

　なお，本書は次の方々のご協力により改定したもので，その労に対し深く謝意を表します。

〈監　修　委　員〉
　伊　藤　　　潤　　　　　　一般社団法人日本自動車整備振興会連合会
　清　水　拓　也　　　　　　日本工学院八王子専門学校

〈執　筆　委　員〉
　貝　野　　　誠　　　　　　長野県立松本技術専門校
　下　村　　　修　　　　　　埼玉県立職業能力開発センター
　森　戸　宏　信　　　　　　茨城県立水戸産業技術専門学院

　　　　　　　　　　　　（委員名は五十音順，所属は改定当時のものです）

令和3年2月

　　　　　　　　　　　　　　　独立行政法人　高齢・障害・求職者雇用支援機構
　　　　　　　　　　　　　　　職業能力開発総合大学校　基盤整備センター

目　　　次

5．シャシ

6．検　　査

1．工 具 類

No.1．1 一般工具

番号	名 称	用 途	関 連 知 識
1	スケール （a）直尺 （b）巻 尺	自動車整備では，長さを測定するのに鋼製又はステンレス製の直尺を使用する。 巻尺は屈曲自在で，伸ばして直尺と同様に使用する。	厚さ1〜1.5mm，幅25mm，長さ300mm，1,000mm のものが多く用いられる。　【No.2.1】 （b）はコンベックス・ルールともいい，テープ断面が湾曲しており，水平，垂直保持力に優れている。
2	ノギス M 形	長さや内径，外径の測定に使用する。デプス付きのものは，溝や穴の深さを測定することができる。	副尺によって，本尺の目盛り以下の細かい寸法まで読み取ることができる。 　図はM形で，バーニヤ目盛りと本尺目盛りを組み合わせて使用する。このほかダイヤル形とデジタル形などがある。　【No.2.2ほか】
3	マイクロメータ 標準ゲージ	主として外径や長さを測定するときに使用する。一般的なものは，0.01mm まで読み取れる。 　標準ゲージは，校正（較正）をするときに使用する。	一般に用いられるものは，外側マイクロメータで，25ｍｍとびに設定があり，それぞれの測定範囲は25ｍｍである。　【No.2.3ほか】
4	シックネス・ゲージ 	隙間ゲージともいう。 　部品と部品の組み合わされた部分の隙間に，1枚又は数枚を重ねて差し込んで，隙間を測定する。	ピストンとシリンダの隙間測定用として，シックネス・ゲージより少し長めのフィーラ・ゲージと呼ばれるものもある。　【No.4.6ほか】
5	ダイヤル・ゲージ ダイヤル・ゲージ・スタンド	ダイヤル・ゲージ・スタンドに取り付けて，軸の曲がり，平行度，歯車のバックラッシュなどを測定する。 　0.01mm 又は0.001mm 単位で，その使用範囲は極めて広い。	ダイヤル・ゲージ・スタンドは，ベースに強力磁石が使用されているので，鉄鋼部分に固定できて便利である。　【No.4.9ほか】
6	ストレート・エッジ（直定規） 	平面度を検査するものでシックネス・ゲージと併せて使用する。	ストレート・エッジの長さは，300ｍm，500mm，1,000mm などがある。　【No.4.3】

番号	名　　称	用　　途	関　連　知　識
7	スコヤ（直角定規） （a）平型　　（b）台付き	スコヤは，直角面のけがきや工作物の直角度，平面度を検査するときに使用する。	二辺のなす角が正しく，直角であるばかりでなく，各面は正しい平行平面に仕上げてある。　【No. 4.15】
8	定　盤 （a）けがき定盤（機械仕上げ定盤） （b）すり合わせ定盤（精密定盤）	けがき定盤は，機械仕上げ定盤とも呼ばれ，一般にけがきをする工作物を水平に置くのに使用する鋳鉄製の台である。 すり合わせ定盤は，精密定盤とも呼ばれ，一般に仕上げの平面度を検査するのに使用する。	鋳鉄製で平削り盤仕上げがされている。　【No. 2. 4ほか】 すり合わせ定盤は，鋳鉄製及び石製があり，表面は高い精度にきさげ仕上げされている。
9	Vブロック	V形90°の溝に部品などを載せ，水平に支えるブロックである。 　一般に定盤と組み合わせて使用し，主にクランクシャフト，カムシャフト，プロペラ・シャフトなどの曲がり測定に使用される。	2個1組で使用する。 　　　　　【No. 2. 1ほか】
10	けがき針	けがき作業で直線を引いたり，目印を付けたりするときに使用する。	直径3〜5mm位の丸棒（工具鋼）の先をとがらせて，焼きを入れたものである。 　　　　　【No. 2. 4】
11	コンパス （a）コンパス （b）スプリング・コンパス （c）片パス	けがき作業で工作物の面に，円や円弧をけがいたり，線を分割したりするときに使用する。 普通形のものと，スプリングの付いたものがある。 片パスは丸棒の中心のけがきや，端面からの寸法をけがくときなどに使用する。	焼き入れしたコンパスの先端は，荒けがきには45°，精密けがきには30°に正しく仕上げてある。 荒けがき用　　45° 精密けがき用 30°

番号	名　称	用　途	関　連　知　識
12	トースカン （a）角台形　　（b）丸台形	定盤上を滑らせて，工作物の面に水平線をけがきするほか，工作物の心出しをするときに使用する。	角台形と丸台形の2種類がある。いずれも針の先の真っすぐなほうは平行線のけがきに使い，曲がっているほうは検査に使う。 【No. 2.4】
13	スケール・ホルダ	スケールを垂直に立てる台で，トースカンの針先の高さを寸法に合わせるときに使用する。	【No. 2.4】
14	トルク・レンチ （a）平板ばね式（プレート形） （b）棒ばね式（ダイヤル形） （c）自動リミット式（プリセット形） （d）デジタル式	ボルトやナットを一定のトルクで締め付けるために使用する。 　単位は，N・m 又は N・cm で表す。	【No. 2.26 ほか】 出所：（株）東日製作所
15	ソケット・レンチ（ボックス・レンチ） 12角　　8角　　6角	ボルトやナットを締め付けるときに使用する。 　ソケットとハンドルを変えることにより，いろいろな大きさのボルトやナットに使用でき，ラチェット・ハンドル，スピンナ・ハンドルなどと組み合わせて使用する。	ソケットには12角，8角，6角がある。 　12角は一般的なもので，狭い場所での作業に適している。 　6角はボルト類に対して広い当たり面を持っているので，堅くさび付いたナットあるいは黄銅などの軟らかい金属ナットなどに使用する。 【No. 2.26 ほか】
16	ラチェット・ハンドル	ソケット・レンチと組み合わせて使用する。 　ラチェット機構により，ボルトやナットを素早く回すことができる。	レバーの向きを変えることで，締める・緩めるの方向を切り替えることができる。

番号	名　　称	用　　途	関　連　知　識
17	T型スライド・ハンドル	ソケット・レンチなどと組み合わせて使用する。 　差し込み部をスライドさせ，T型ハンドルやスピンナ・ハンドルのように使用することができる。	
18	スピンナ・ハンドル（ブレーカ・バー）	ソケット・レンチなどと組み合わせて使用する。 　長いハンドルにより，大きなトルクでボルトやナットを回すことができる。	首振り構造により，素早く回すこともできる。
19	モンキ・レンチ（アジャスタブル・レンチ）	調整ねじを回すことによって，口径を自由に調整できるので，各種のボルトやナットの締め付けや取り外しに使用される。	大きさは全長で表される。 　　　　　　　　　【No. 2.22 ほか】
20	スパナ （a）両口スパナ （b）片口スパナ	ボルトやナットの締め付け又は取り外しに使用する。	大きさは口径寸法で表し，両口スパナは左右の口径が異なっている。
21	めがねレンチ （a）ストレート・レンチ （b）オフセット・レンチ	ボルトやナットの周囲を完全に抱きかかえるようにして回すので，スパナに比べて広い当たり面をもっている。 　このため，堅くさび付いたボルト及びナットを緩めたり，締め付けたりするときに適している。	めがねの部分が柄に対して，15°，45°，又は60°オフセットしているものを，オフセット・レンチと呼ぶ。
22	ヘクサロビュラ・レンチ（トルクス・レンチ）	ヘクサロビュラ・ボルト（トルクス・ボルト）の締め付け等に使用する。	T型，E型やいじり止めボルト用がある。星型レンチともいう。 T型　　　　E型 いじり止めボルト用 ◇トルクス（TORX）は，米国アキュメント・インテレクチュアル・プロパティーズ LLC（Acument Intellectual Properties, LLC）の登録商標です。

番号	名　称	用　途	関連知識
23	パイプ・レンチ	調整ナットを回すことにより口径を調整し，管や丸棒を挟んで強力に回すのに使用する。	大きさは全長で表される。
24	六角棒スパナ（ヘキサゴン・レンチ）	6角穴付きボルトの締め付け，取り外しなどに使用する。	
25	ドライバ（ねじ回し）	小ねじの締め付け，取り外しに使用する。	軸が柄の途中まで入っている普通形，外観は普通形と変わらないが，軸が柄の中を貫通しているため，頑丈な貫通形などがある。 　大きさは軸の長さで表される。
26	ショック・ドライバ	ドライバによる手回しで取り外しが無理なときに，ねじの取り外しに使用する。	柄の部分をハンマでたたくことによって，刃先に回転力を急激に与える構造となっている。
27	エア・インパクト・レンチ	圧縮空気を利用して，大きなトルクでボルトやナットの締め付け，取り外しに使用する。 　専用のソケット・レンチと組み合わせて使用する。	内蔵されたハンマが，圧縮空気により回転軸に打撃を与えながら回転することで，大きなトルクを掛けることができる。
28	エア・ラチェット・レンチ	圧縮空気を利用して，小径のボルトやナットの締め付け，取り外しに使用する。 　通常のラチェット・ハンドルとしても使用できる。	エア・インパクト・レンチのように打撃を行わないので，トルクは小さい。
29	エア・ガン	圧縮空気を噴射し，機械，器具その他のじんあい，水分，油，削りくずなどを吹き飛ばすために使用する。	【No. 2.32】

番号	名　称	用　途	関　連　知　識
30	コンビネーション・プライヤ	物をつかむ場合に使用する。	使用時に，ボルトやナットを回したりするとプライヤを破損させたり，ボルトやナットの角をつぶしたりするので注意する。
31	ウォータ・ポンプ・プライヤ	冷却装置のホースの取り外しなどに使用する。	
32	ペンチ	主として銅線，鉄線の曲げ及び切断に使用する。	ペンチで切断できる電線の太さは，ペンチの大きさが150mmでϕ2.6以下，180mmでϕ3.2以下，200mmでϕ4.0以下となっている。
33	ニッパ	電気配線や割りピンの切断などに使用する。	
34	ラジオ・ペンチ	狭い場所で物をつかんだり，配線作業に使用する。	サイドに鋭い刃が付いていて，ニッパと同様，電気配線の切断などに使用できる。
35	バイス・プライヤ	しゃこ万力やパイプ・レンチの代用として使用される。	プライヤとしゃこ万力を一緒にしたような機能を持ち，二重レバーによってつかむ力が非常に強く，つかんだ状態を保持できるようになっている。
36	ハンマ　（a）片手ハンマ　（b）ゴム・ハンマ　（c）プラスチック・ハンマ　（d）木ハンマ　（e）銅ハンマ　（f）テスト・ハンマ	片手ハンマは打撃をするときに使用する。　ゴム・ハンマ，プラスチック・ハンマ，木ハンマ，銅ハンマは，材料の表面に傷を付けたくないところの作業に使用する。　テスト・ハンマは，ボルトの緩みなどを音で判断するときに使用する。	片手ハンマには，形状により片口，両口がある。　大きさは，片手，ゴム，プラスチック，銅は重量で，木ハンマはつち部の径で表される。　【No. 2.5 ほか】

番号	名　称	用　途	関　連　知　識
37	万力（バイス） （a）横万力 （b）マシン・バイス （c）しゃこ万力	横万力は作業台に取り付けて，手仕上げや組み立てのとき，工作物をくわえるのに使用する。 マシン・バイスはボール盤など，工作機械のテーブル上に取り付け，工作物を固定するのに使用する。 しゃこ万力は工作物を一時仮固定するときに使用する。	横万力及びマシン・バイスは，口の開きが常に平行である。 【No. 2.5ほか】 マシン・バイスの口金は，ブロック状のものやV溝付きのものなどがある。 出所：（b）『機械加工実技教科書』（一社）雇用問題研究会，2008 年，p.23，番号 4
38	たがね （a）平たがね （b）えぼしたがね	平たがねは，平らな面のはつりや，薄板の切断に使用する。 えぼしたがねは，平面の荒はつり及び溝や穴を掘るときに使用する。	【No. 2.6】 刃先角 | 工作物の材質	刃先の角度
---	---
銅	25°～30°
鋳　鉄 青　銅	40°～60°
軟　鋼	50°
硬　鋼	60°～70°	
39	鉄工やすり 平 半丸 丸 角 三角	金属の手仕上げに使用する。	形状から平，半丸，丸，角，三角の5種があり，目の切り方で，単目と複目とがある。 　また，目の荒さから荒目，中目，細目，油目に分けられる。 【No. 2.7，No. 2.8】 やすりの長さ　こみ 穂先 面　こば
40	組やすり	金属小物の手仕上げに使用する。	鉄工やすりよりも小型で，こみの部分を握れるようにし，各種断面のものを集めて1組としたもので，やすりの数により5本組，10本組の組やすりなどという。 　組やすりにも，荒目，中目，細目の分類がある。

番号	名　称	用　途	関　連　知　識
41	ワイヤ・ブラシ	やすり目に詰まった切りくずを落としたり，さびを落とすのに使用する。	
42	弓のこ	棒，板，管などの金属を切断するときに使用する。	固定式のフレームは，一定の長さののこ刃以外には使えない。【No. 2. 9】
43	ピッチ・ゲージ	ねじのピッチの測定に使用する。	
44	タップ（等径） 先タップ 中タップ 上げタップ	シャンクの四角部にタップ・ハンドルを付けて，めねじを立てるのに使用する。	先タップは，先端の7～10山がテーパになっており，ねじ下穴に食い込みやすくなっている。 中タップは，先端の3～5山がテーパである。 上げタップは，先端の1～3山だけをテーパとしたもので，ねじの最後の仕上げをする。【No. 2.10】
45	タップ・ハンドル	タップ又はリーマなどを回すのに使用する補助具である。	【No. 2.10】
46	ダイス 丸ダイス（すりわり有り）	ダイス・ハンドルを付けて，おねじを切る工具である。	本体にすりわりがある丸ダイスは，多少ねじ径を調整できる。 丸ダイスは，食い付き部分のねじ山を2～2.5山，斜めに切り落としてある。【No. 2.11】
47	ダイス・ハンドル	ダイスを回すための補助具である。	【No. 2.11】

番号	名　称	用　途	関 連 知 識
48	保護めがね	機械切削作業及びグラインダ作業などのとき，目を保護するために使用する。	【No. 2.12 ほか】
49	ベンチ・グラインダ（両頭グラインダ）	工作物の研削，研磨などに使用する。	左右に取り付けられたといしは，人造研削材を結合剤で結合したもので，荒いものから細かいものまで数種類ある。 　一般に左右のといしは，粒度の異なるものを使用する。　【No. 2.12】
50	電気ドリル（ハンド・ドリル） チャック チャック・ハンドル	手で保持した状態での穴あけ作業に使用する。	電気ドリルの性能は，チャックに取り付けることのできるドリルの最大の太さで表し，5，6.5，10，13mmなどがある。　　【No. 2.13】
51	センタ・ポンチ	けがき線上の要所にマークを付けたり，穴あけ位置を打刻したりするときに使用する。	【No. 2.13】 60°　5mm ポンチの刃先角度
52	卓上ボール盤	台上に据え付けて，穴あけ作業に使用する。 　ドリルの回転は動力で，送りは手動で穴あけ作業をする。	手に感じる抵抗でドリルの送り量を加減する。 　回転速度は，ドリルのサイズや加工物の材質などにより変える必要があり，内部のプーリ及びベルトで変更できるようになっている。 【No. 2.14】
53	ドリル （a）テーパ・シャンク・ドリル （b）ストレート・シャンク・ドリル （c）センタ穴ドリル	電気ドリル又は卓上ボール盤に取り付けて，工作物の穴あけ作業に使用する。	テーパ・シャンク・ドリルは，柄がモールス・テーパになっていて，主軸テーパ穴に直接又はスリーブやソケットを介して差し込んで使用する。 　ストレート・シャンク・ドリルは，チャックにくわえて使用する。 　センタ穴ドリルはセンタ穴加工に使用する。　【No. 2.13 ほか】

番号	名　　称	用　　途	関　連　知　識
54	リーマ （a）アジャスタブル・リーマ （b）エキスパンション・リーマ （c）バルブ・ガイド・リーマ	ブッシュ類の穴仕上げ，ピストン・ピンの穴仕上げなどに使用する。	アジャスタブル・リーマは，刃を差し込む溝の部分がテーパになっていて，左右のアジャスト・ナットの締め方によって，刃を溝上で移動させ，切れ刃の直径寸法を調整できるようにしたものである。 　エキスパンション・リーマは，右端のアジャスティング・スクリュをねじ込んで，切れ刃の中央部を膨らませて，規定の寸法にして使用する。 　バルブ・ガイド・リーマは，バルブ・ガイドを新品に交換したとき，内径を仕上げるために使用する。また，刃は固定である。
55	金切りばさみ （a）直　刃 （b）柳　刃 （c）えぐり刃	板金切断用手工具として最も多く使用される。 　直刃は直線及び滑らかで大きな曲線の切断に使用される。 　柳刃は曲線，直線の切断に使用される。 　えぐり刃は平板の円形，内側の穴抜き切断に使用される。	はさみによる切断
56	ガス溶接装置	可燃性ガスや酸素を使用して溶接，溶断，加熱の作業を行う。	【No. 2.16 ほか】
57	酸素圧力調整器	酸素充填圧力を，使用圧力に減圧するために使用する。	調整器は，酸素用としてＳ１からＳ３の９種が，JIS B 6803：2015に規定されている。　【No. 2.16 ほか】
58	アセチレン圧力調整器	アセチレン・ガスの充填圧力を，使用圧力に減圧するために使用する。	調整器は，アセチレン・ガス用としてＡＣ２からＡＣ３の４種が，JIS B 6803：2015に規定されている。 【No. 2.16 ほか】

番号	名　称	用　途	関　連　知　識
59	導　管 （a）酸素ホース（青色） （b）アセチレン・ガス・ホース（赤色） （c）乾式安全器	導管は，溶解アセチレン・ガス容器又は酸素容器から吹管までガスを送るのに使用する。 乾式安全器は逆火を阻止する機能をもつものである。	アセチレン・ガス・ホースは布入り良質のゴム製とし，最高使用圧力，摩擦，衝撃，火花の飛散などに対して容易に破損することがなく，容易に屈曲するものがよい。 　各ホースは，最高使用圧力や難燃性，曲げ性能等が，JIS K 6333：1999 に規定されている。 【No. 2.16 ほか】
60	ガス切断器 （a）1形切断器 （b）3形切断器	赤熱された鋼と酸素との間に起こる急激な化学作用，すなわち鋼の燃焼を利用して切断を行うのに使用する。	ガス切断器には，1形と3形がある。 　1形と3形には1号，2号，3号があり，各号にはそれぞれ数字の火口番号が付けられている。 【No. 2.16 ほか】 火口と板厚 (JIS B 6801 : 2003 表13　抜粋) 下表参照
61	点火ライタ 	吹管に点火するときに使用する。	点火の際，はだか火は絶対使用しない。点火ライタの形状は各種ある。 【No. 2.18 ほか】
62	TIG 溶接装置（電気溶接機） 	アルゴン・ガスなどの不活性ガスを用いて，アークにより溶接する。	図は200V の電圧を使用する電気溶接機である。 【No. 2.21】

火口と板厚 (JIS B 6801 : 2003 表13　抜粋)

号数	火口番号	最大切断板厚 ［mm］	
		1形	3形
1号	1	7	7
	2	15	15
	3	20	20
2号	1	15	20
	2	25	30
	3	50	50
3号	4	80	80
	5	150	150
	6	200	200

番号	名　称	用　途	関　連　知　識
63	アーク溶接用保護具 （a）溶接面 （ハンド・シールド形） （b）溶接面 （ヘルメット形） （c）足カバー （d）腕カバー （e）前掛け （f）皮手袋	アークは非常に強い光と熱を発するので，体を保護するために各種保護具を使用する。 　溶接面（ハンド・シールド形，ヘルメット形）は，遮光用ガラスを用いて強い光から目を保護するのに使用する。 　足カバー，腕カバー，前掛け，皮手袋は，防熱及び絶縁のために使用する。	保護具はアーク溶接中，スパッタによるやけどを防ぎ，着衣の燃焼を防ぐためにも有効である。 　ハンド・シールド形は，地上作業で広い視野を必要とする場合に適している。 　ヘルメット形は，足場の上で作業するような体が不安定な場合，又は立向き，上向き溶接の場合に適している。　　　　【No. 2.15 ほか】
64	保護めがね（溶接用）	ガス溶接作業のとき，目を保護するために使用する。	形状及びガラスの色，濃度に各種ある。　　　　　　　　【No. 2.15 ほか】
65	炭酸ガス・アーク溶接機	炭酸ガスを用いて，アークにより溶接する。	【No. 2.22 ほか】
66	チッピング・ハンマ	溶接部の清掃及びスラグの除去に使用する。	主にスラグの除去に用いるため，スラグ・ハンマともいい，清掃用にはワイヤ・ブラシを用いることが多い。　　　　　　　【No. 2.15 ほか】
67	アース・プレート（アース板） （a）ねじ締め形 （b）つり形	アーク線を母材又は作業台に接続するために使用する。	銅製でねじ締め形とつり形のものがあるが，ねじ締め形が多く用いられる。

番号	名　　称	用　　途	関　連　知　識
68	スプレ・ガン （c）圧送式 （a）重力式 （b）吸い上げ式	塗料と圧縮空気を混合して，塗料を霧状にして塗装するのに使用する。	塗料の供給方式によって3種類に分かれる。 　塗料を重力によってノズルから噴出させる方式を重力式，圧縮空気の力で塗料を吸い上げてノズルから噴出させる方式を吸い上げ式（サイホン式），塗料に圧力を加えて噴出させる方式を圧送式という。 【No. 2.25】 出所：アネスト岩田（株）
69	防毒（塗装）マスク	塗装などの場合，塗料や揮発性の高い有毒なガスなどを吸い込まないように，保護を目的として使用する。	【No. 2.25】 出所：（株）重松製作所
70	当てゴム 耐水ペーパ （a）当てゴム　（b）押さえゴム	耐水ペーパを巻き，塗装面を平滑に仕上げるのに使用する。	寸法は，4つ切り，8つ切りというように表す。 　当てゴムに耐水ペーパを巻き，押さえゴムで耐水ペーパの端をとめる。　　　　　　　【No. 2.24】
71	へ　ら （a）木べら （b）金べら　　（c）ねりべら	木べらは一般に下地付けに多く使用され，油性，ラッカのパテ付けにも使用される。 　金べらは油性パテのパテ付け，特に車両の外部パテ付けに使用される。 　ねりべらはパテを練るのに使用する。	へらには，金べら，木べら，竹べら，角べら，くじらべらなどの種類がある。 　木べらは，一般にひのきが使用される。 　最近ではプラスチック製も使用されている。　　　　　　　　【No. 2.24】
72	スクレーパ （a） （b） （c）	塗料やガスケット類を剥がすときに使用する。	形状は使用箇所によって異なる。 　（a）はペイントの焼きはぎ用及び鋼材などのさび落とし，（b）はワニスはく離用，（c）はガスケット類の取り外しに使用する。 【No. 2.24】

番号	名　称	用　　途	関　連　知　識
73	パテ台	パテを練りべらなどで練り合わせるときに使用する。	アルミニウム，ステンレスなど金属製が多い。　【No. 2.24】
74	電工ペンチ （a）ワイヤ・ストリッパ機能なし （b）ワイヤ・ストリッパ機能あり	配線に端子を圧着するときに使用する。	配線の被覆を取り除く機能（ワイヤ・ストリッパ）があるものもある。　【No. 3.8】 出所：（a）（株）エンジニア 　　　（b）（株）ロブテックス
75	はんだごて	はんだ付けに使用する。	【No. 3.8】
76	絶縁工具	ハイブリッド自動車や電気自動車などの高電圧部位を整備するときに使用する工具である。	工具の金属部を絶縁性の高い皮覆で覆ってある。
77	絶縁用保護具	ハイブリッド自動車や電気自動車などの高電圧部位を整備するときに，感電を防止するために使用する保護具である。	図は絶縁手袋である。そのほか，絶縁帽，絶縁衣，絶縁靴などがある。

番号	名　　称	用　　途	関　連　知　識
1	エア・トランスフォーマ	圧縮空気中の水分，油分，ごみなど不純物の清浄，ろ過と圧力の調整に使用する。	【No. 2.25 ほか】
2	膜厚計	磁性金属と非磁性金属上のニス，塗料，エナメル，クロム，銅，亜鉛，絶縁皮膜，酸化被膜などの被膜厚の測定などに使用する。	
3	スタッド・ボルト・リムーバ	スタッド・ボルトの脱着に使用する。	エンジンのスタッド・ボルトの脱着器で，スピンナ・ハンドルなどに適合する四角の差込み角を備える。ボルトを簡単に脱着することができる。　　　　　　　【No. 2.27】
4	スクリュ・エキストラクタ	ボルトが途中で折れたときに使用する。折れたボルトにドリルで穴をあけ，その穴に打ち込み，ボルトの緩み方向に回転させて抜き出す。	折れたボルトの抜き方には，ほかにドリルで穴をあけ，逆ねじのタップでねじを立て，そのねじを使って抜き取る方法もある。　【No. 2.28】
5	エア・コンプレッサ	圧縮空気を供給するもので，タイヤの空気の充填，エア・ガンによるほこり払い，エア工具駆動などに使用する。	【No. 2.30】

番号	名　　　称	用　　　途	関　連　知　識
6	軸受け隙間ゲージ（プラスチ・ゲージ） 	軸と軸受け間の隙間（オイル・クリアランス）を測定するときに使用する。	プラスチック糸の潰れた幅によって隙間寸法を読む。　【No. 4．8】 ◇プラスチゲージ (plastigauge) は英国プラスチゲージ社 (Plastigauge Ltd.) の登録商標です。
7	ガレージ・ジャッキ 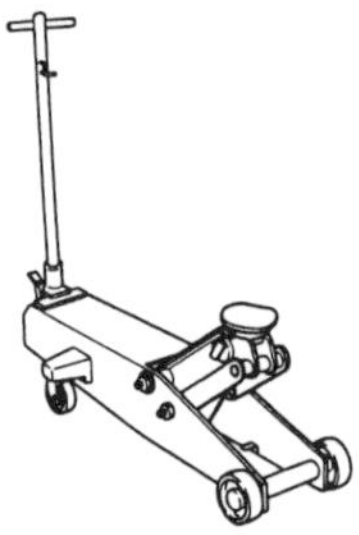	自動車を持ち上げるのに使用する。	油圧式と圧縮空気式がある。　【No. 2．33】
8	リジッド・ラック 	ガレージ・ジャッキで自動車を持ち上げた後に，車両を支えるために使用する。一般に馬と呼ばれている。	【No. 2．33】
9	オート・リフト 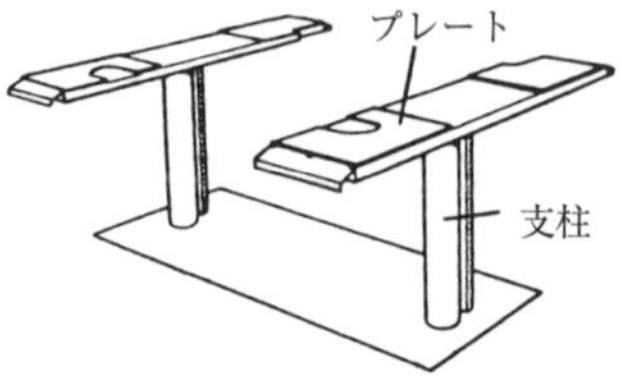	点検，修理などを行うときに自動車を持ち上げるのに使用する。	圧縮空気と油圧，あるいは電動機を利用して持ち上げ，その種類により一柱式，二柱式，四柱式などがある。　【No. 2．34】
10	部品スタンド 	部品，工具の整理，保管などに使用する。	
11	シリンダ・ゲージ 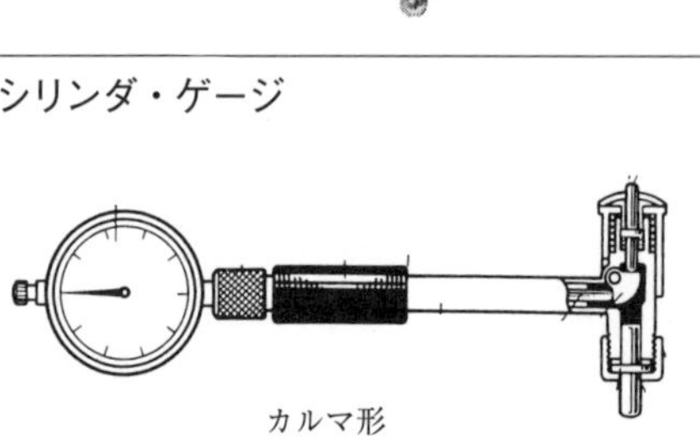	シリンダの内径を測定するもので，ダイヤル・ゲージを応用したものである。	シリンダ・ゲージは各種あるが，JIS B 7515：1982 では，段付き摩耗部でも正確に測定することができるカルマ形が規定されている。　【No. 4．4ほか】

プレート・タイプ

カルマ形

番号	名　　称	用　　途	関　連　知　識
12	ピストン・バイス	ピストン・ピンの脱着及びピストンの外径を測定するときの固定に使用する。	【No. 4．5 ほか】
13	スナップ・リング・プライヤ	スナップ・リングの脱着に使用する。	スナップ・リングを縮めるタイプと広げるタイプがある。 【No. 5．9 ほか】
14	油槽（ピストン・ヒータ）	ピストンとピストン・ピンの脱着に使用する。	ピストンを適度に温め，ピストンとピストン・ピンの熱膨張の差を利用し，脱着を容易にする。 【No. 4．7】
15	キャリパ・ゲージ	小さい穴の内径測定などに使用する。	図は内側キャリパ・ゲージである。 【No. 4．7 ほか】
16	バルブ・シート・カッタ	エンジンのバルブ・シートを修正するときに使用する。	【No. 4.14】
17	スプリング・テスタ	バルブ・スプリング，クラッチ・スプリングなどの張力や自由長の測定に使用する。	【No. 4.15】

番号	名　　称	用　　途	関　連　知　識
18	バルブ・ラッパ（たこ棒）	バルブ・フェースとバルブ・シートのすり合わせに使用する。	すり合わせには，研磨剤（コンパウンド）を使用し，すり合わせ後は新明丹により当たりを点検する。【No. 4.16】
19	エア・バルブ・ラッパ	バルブ・フェースとバルブ・シートのすり合わせを圧縮空気により能率的に行うのに使用する。	【No 4.16】
20	オイラ	狭い場所への給油及び少量の給油に使用する。	ラッパ形，たて形，ピストル形などがある。
	（a）ラッパ形　（b）たて形　（c）ピストル形		
21	バルブ・スプリング・リプレーサ（バルブ・スプリング・コンプレッサ）	バルブ・スプリングを圧縮し，更にバルブを脱着する際に使用する。	【No. 4.18】
22	ブッシュ脱着工具	各種ブッシュの脱着を行うのに使用する。各サイズのアタッチメントと当て棒がセットになっている。	
23	ピストン・リング・リプレーサ	ピストン・リングを広げて，ピストンからピストン・リングの取り外し及び取り付けに使用する。	【No. 4.20】

番号	名　　　称	用　　　途	関　連　知　識
24	ピストン・リング・コンプレッサ	ピストンをシリンダ内に挿入する際に使用するもので，バンドでピストン・リングを圧縮することから，シリンダ内にピストンを容易に挿入することができる。	【No. 4.20】
25	ラジエータ・キャップ・テスタ	加圧式ラジエータ・キャップの作動が正常であるか否かの判定及び冷却系統の水漏れ試験に使用する。	【No. 4.27】
26	オイル・プレッシャ・ゲージ（油圧計）	エンジン及びオートマチック・トランスミッションなどの油圧を測定するのに使用する。	【No. 4.26 ほか】
27	燃圧計	電子制御式燃料噴射装置などの燃料圧力の測定に使用する。	【No. 4.31】
28	外部診断器（スキャン・ツール）	車両の診断コネクタと接続し，車載 ECU との通信による故障診断などに使用する。	自動車メーカ専用品や汎用品など，様々な機種が存在する。診断コネクタは，SAE J 1963 によって各社共通コネクタになっており，OBD Ⅱ（On Board Diagnosis second generation）コネクタ又は DLC（Data Link Connector）とも呼ばれる。　　　【No. 4.28 ほか】

番号	名　　称	用　　途	関　連　知　識
29	サーキット・テスタ （a）アナログ式 （b）デジタル式	電圧，電流，抵抗などの測定機能を一体にした計器である。 　ロータリ・スイッチなどを切り替えることで測定できる計器である。	抵抗の測定には，テスタ内に納められた乾電池の起電力を利用している。　　　　　　【No. 3. 1 ほか】
30	クランプ・メータ	クランプ部を電線に挟み込み，回路を切断せず電流を測定するときに使用する。	直流，交流両方に対応するものや，電圧や抵抗値まで測定できるものもある。　　　　　　　【No. 3. 2】
31	絶縁抵抗計（メガー）	電気部品の絶縁抵抗を測定する。 　単位は MΩ（メガ・オーム）で表す。	【No. 3. 3 ほか】
32	オシロスコープ	電子制御などの信号波形を計測するために使用する。	【No. 3. 4 ほか】
33	バッテリ・テスタ	バッテリの状態を判定するのに使用する。	バッテリから大きな電流を流して放電させたときの端子電圧の変化から良否を判定するものや，バッテリの内部抵抗を測定して良否を判定するものがある。　　　　　【No. 3. 9】

番号	名　　　称	用　　途	関　連　知　識
34	比重計 採光板　接眼鏡 プリズム 鏡筒 目盛り規正用ねじ （a）光学式（プリズム式） ゴム球 ガラス管 フロート （b）スポイト式	バッテリ電解液やクーラントの比重を測定するのに使用する。	（a）はバッテリ・クーラント・テスタともいう。【No. 3．9ほか】
35	充電器	バッテリの充電に使用する。	【No. 3．10】 出所：デンゲン（株）
36	ブースタ・ケーブル	バッテリ上がりの車両救助などのジャンピング・スタートをするときに使用する。	チャージ・クリップに耐油，耐酸性のケーブルを使用した2本1組のコードである。
37	オイル・チェンジャ （a）エンジン・オイル用　（b）ATF用	エンジン・オイル，オートマチック・トランスミッション・フルード（ATF）の交換をするのに使用する。	

番号	名　　称	用　　途	関　連　知　識
38	オイル・バケット・ポンプ 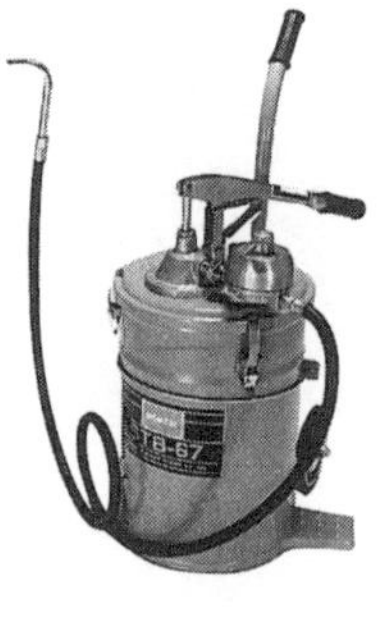	エンジン・オイル，ギヤ・オイルを手動ポンプにより給油する。	
39	オイル・ジョッキ 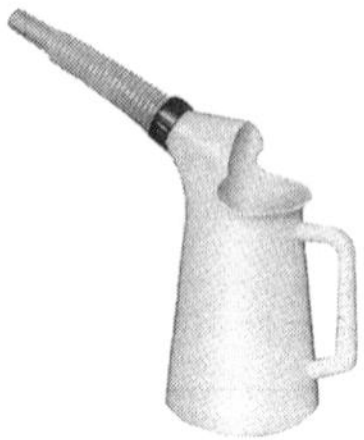	メジャとも呼ばれ，潤滑油などの測定及び給油用として使用される。	【No. 2.35】
40	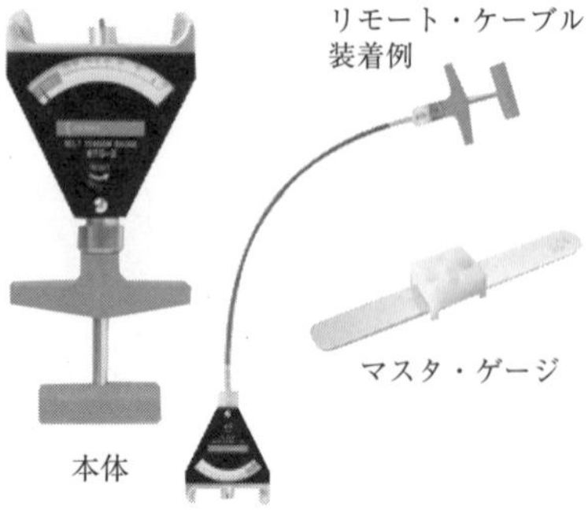 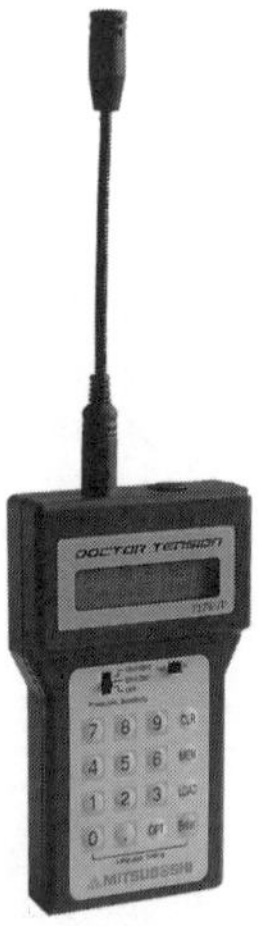 ベルト・テンション・ゲージ	ベルト張力の測定に使用する。	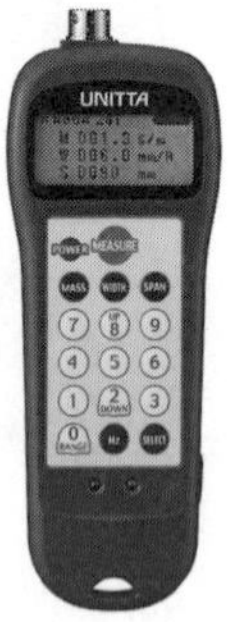 参考図1　音波式 出所：（b）三ツ星ベルト（株） （参考図1）ゲイツ・ユニッタ・アジア（株）

リモート・ケーブル装着例

マスタ・ゲージ

本体

（a）機械式

（b）音波式

| 41 | CO，HC テスタ 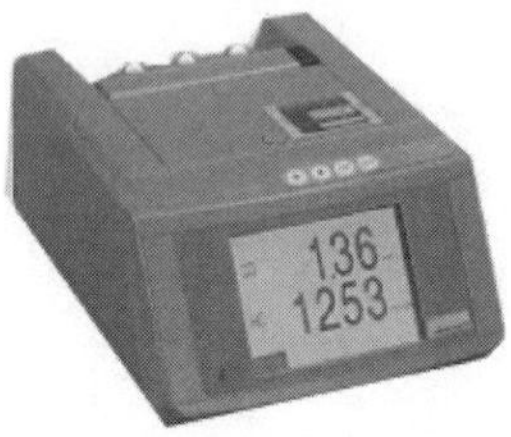 | 排気ガス中の CO，HC の濃度を測定する。 | 【No. 6. 1】 |

136
1253

番号	名称	用途	関連知識
42	オパシメータ	ディーゼル・エンジンの排気ガス中の光吸収係数を計測することにより，黒煙濃度を測定する。	【No. 4.25 ほか】
43	回転計（タコ・テスタ）	エンジンの回転速度を測定するのに使用する。	図はガソリン・エンジン用で，センサをダイレクト・イグニション・コイルやハイテンション・コードに当てて測定することができる。 【No. 3.16 ほか】 出所：カイセ（株）
44	タイミング・ライト	ガソリン・エンジンの点火時期の点検に使用する。	【No. 4.28】
45	コンプレッション・ゲージ	エンジンのシリンダ内の圧縮圧力を測定するのに使用する。	各種エンジンに使用できるように，各種のアダプタが付いている。また，ガソリン・エンジン用，ディーゼル・エンジン用がある。 　ガソリン・エンジン用は，押し当て式が多いが，ディーゼル・エンジン用は，ねじ込み式である。 【No. 4. 1 ほか】
46	バキューム・ゲージ	エンジンなどの負圧を測定し，エンジンの状態確認や不良箇所の点検などに使用する。	【No. 4. 1】
47	エンジン・クレーン	エンジンのつり上げに使用する。	

番号	名　　称	用　　　途	関　連　知　識
48	エンジン・ハンガ	整備時にエンジンを保持するのに使用する。	【No. 5.1】 出所：京都機械工具（株）
49	チェーン・ブロック	天井や三脚などに取り付け，エンジンなどの重量物をつり上げるのに使用する。	
50	ミッション・ジャッキ	トランスミッションやデフ・キャリアなどの脱着に使用する。	油圧により昇降する。 ハイ・ミッション・ジャッキとも呼ばれる。 【No. 5.1 ほか】
51	ブレーキ・フルード・フィラ	マスタ・シリンダにブレーキ・フルード（液）を注入するのに使用する。 　一定のレベル(量)で注入がストップする構造となっている。	【No. 5.21】
52	プーラ・セット	各種のギヤ，プーリ，ベアリング等の抜き取りに使用する。	大型車用と小型車用がある。 【No. 5.12】
53	シャシ・ルブリケータ	圧縮空気を利用して，自動車下回りなどの給脂を行う。	

番号	名　　称	用　　途	関　連　知　識
54	グリース・ガン レバー式	自動車の下回りの給脂などに使用する。	レバー式とプッシュ式の2種類がある。レバー式は各種グリース・ニップルに合ったノズルを交換して，広い用途に使用することができる。
55	ハンド・バキューム・ポンプ 	エンジンの負圧によって作動する装置のチェックをするのに使用する。	マイティバックとも呼ばれる。 【No. 5.30】 ◇マイティバック（mityvac）は，米国リンカーン工業（LINCOLN INDUSTRIAL CORP.）の登録商標です。
56	ターニング・ラジアス・ゲージ 	自動車の前輪のかじ取り角度を測定するのに使用する。 　キャンバ・キャスタ・キングピン・ゲージを使用するときに併用する。	【No. 5.31】
57	キャンバ・キャスタ・キングピン・ゲージ （C・C・K・G） キャンバを読み取る（キャンバ測定用ゲージ）　水平にする（水準器）（キャスタ測定用ゲージ）（キングピン・アングル測定用ゲージ）	キャンバ角，キャスタ角，キングピン角を測定するのに使用する。	定置式のホイール・アライメント・テスタもあり，機械式や光学式がある。　　　　　　【No. 5.31】
58	トーイン・ゲージ 	トーインを測定するのに使用する。	【No. 5.31】
59	ホイール・アライメント・テスタ 	4輪のホイール・アライメントが同時に測定でき，高度な調整ができる。	一般的には専用リフトと合わせて使用する。　　　　　　【No. 5.31】 出所：(株) バンザイ

番号	名　称	用　途	関　連　知　識
60	フレーム修正機	事故などで変形したフレームやボディの修正に使用する。	
61	クロス・レンチ	ホイール・ナット（ホイール・ボルト）の脱着に使用する。	
62	タイヤ・ゲージ	タイヤの空気圧を測定するのに使用する。	
63	デプス・ゲージ	深さを測定するもので，主にタイヤの溝の深さを測定する際に使用する。	出所：（左）シンワ測定（株） （右）京都機械工具（株）
64	タイヤ・チェンジャ	タイヤをホイールから脱着する際に使用する。	【No. 5 .33】
65	タイヤ・レバー	タイヤをホイールから取り外す，又は取り付けるときに使用する。	【No. 5 .33】

番号	名　称	用　途	関　連　知　識
66	ホイール・バランサ	ホイール（タイヤ付）でのバランスを精度よく調整するのに使用する。	【No. 5.34】
67	ゲージ・マニホールド	カー・エアコンの冷媒の充填及び点検に使用する。	【No. 3.20】
68	冷媒ガス・リーク・テスタ	エアコン整備で，冷媒サイクルの配管，ホース・ジョイント部の漏れを検知するときに使用する。	【No. 3.20】 出所：デンゲン（株）
69	冷媒回収再生装置	カー・エアコンの整備で，冷媒を回収及び再生するために使用する。	フロン・ガス回収再生装置ともいう。　　　　　　　　【No. 3.20】 出所：デンゲン（株）
70	振動・騒音分析機	振動・騒音の整備作業を行うために使用する。	

番号	名　　　称	用　　　途	関　連　知　識
71	音量計（騒音計） 	自動車の騒音や警音器の音量を測定する	【No. 3.5】
72	クラッチ・ガイド・ツール 　（a）FR車用 　（b）FF車用	クラッチの組み立て作業に使用する。 　クラッチ・ディスクのセンタリングに使用する。	【No. 5.5】
73	特殊工具（SST） 	特定の整備作業を行う場合に使用する。	図はバルブ・コッタの取り外し及び取り付けに使用する工具である。 　なお，SSTとはスペシャル・サービス・ツールの略である。

| 作業名 | スケールによる測定 | 主眼点 | 取り扱い方と長さの測定 |

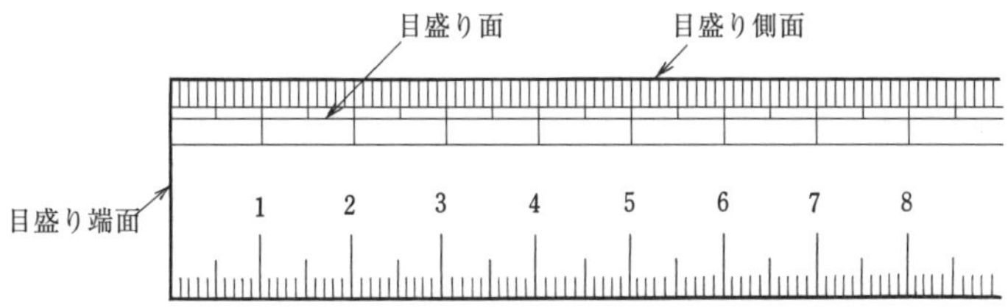

材料及び器工具など

各種測定物
スケール
Ｖブロック
定盤
ウエス

目盛り面　　　　　　目盛り側面

目盛り端面

1　2　3　4　5　6　7　8

図1　スケール

図　　　解

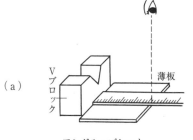

図2　スケールの点検

番号	作業順序	要　　　　点
1	スケールを点検する	1．目盛り端面，目盛り側面に傷及び曲がりがないかを確かめる（図2）。 2．スケール及び工作物をウエスで拭く。
2	スケールを当てる	1．工作物の端面にＶブロックなど平らなものを当てがう（図3）。 2．スケールの目盛り端面をＶブロックに密着させる（図3（a））。 3．丸棒の長さを測定するときは，スケールを軸線に平行に当てる（図3（b））。 4．高さを測定するときは，定盤又は平らな面上にスケールを垂直に立てる（図4）。
3	目盛りを読む	読み取る目盛り線の正面から見る（図4）。 ※目盛りの最小単位までを読み取ることを直読といい，目分量で最小目盛り以下までを読み取ることを推読という。

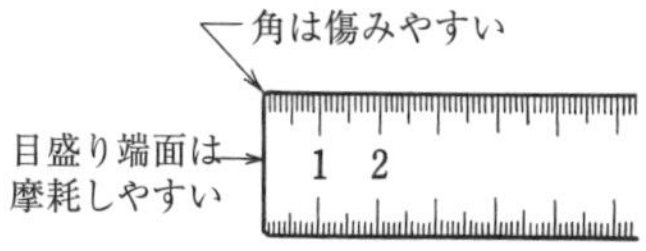

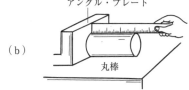

（a）

（b）

図3　スケールの当て方

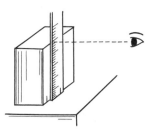

図4　目盛りの読み取り

| 備考 | 1．スケールの目盛り線を拡大して見ると，参考図1のようにl_1とl_2では差がある。したがって，寸法をけがくときは，目盛り端面を基準に目盛り線の中心に合わせる。
2．目盛り端面や角は，傷付きやすく，摩耗しやすいので大切に取り扱い，曲げたり，さびさせないように注意する（図2）。
　また，熱いものに近づけて変形させないようにする。
3．光の加減で目盛りが読みにくいときは，チョークを目盛りにすり込んでから軽く拭き取ると見やすくなる。
4．スケールで測定するときは，原則として目盛り端面を基準に測る。目盛りの途中から測ると読み違いを生じやすい。
5．目盛りの読み取りは，必ず目盛り線の真上から見る習慣をつける。斜め方向から目盛りを読むと視差を生じる（図4）。 | 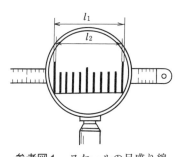
参考図1　スケールの目盛り線 |

作業名	ノギスによる測定	主眼点	取り扱い方と外側の測定

材料及び器工具など

各種測定物
ノギス（M形)
ウエス

（本尺のクチバシ、バーニヤのクチバシ、内側測定面、止めねじ、本尺、平小ねじ、デプス・バー、スライダ、本尺のジョウ、バーニヤ目盛り、指掛け、本尺目盛り、デプスの基準面、バーニヤのジョウ、基準端面、外側測定面）

図1　ノギスの外観

番号	作業順序	要　　点	図　　解
1	点検する	1．止めねじを緩める。 2．測定面及びしゅう動面をウエスで拭き，傷がないかを確かめる。 3．ジョウを閉じ，光源に透かして本尺とバーニヤ（副尺）のジョウに隙間がないかを調べる（図2）。 4．クチバシはジョウを密着させ光源に透かし，光が見える程度であればよい。光が見えすぎても，見えなくてもよくない。 5．ジョウを閉じた状態で，本尺目盛りとバーニヤ目盛りのゼロ点が一致しているかを調べる（図2）。 6．バーニヤは，本尺の上をがたつきがなく，軽く動くこと。	隙間を見る ゼロ点 隙間を見る 図2　ノギスの検査 図3　測定物の挟み方①
2	測定物を挟む	1．測定物及びノギスを清掃する。 2．測定物を安定した状態に置く。 3．左手で本尺のジョウを持ち，右手親指を指掛けに掛けてバーニヤを持つ（図3）。 4．本尺の測定面を測定物に当てがい，右手の親指でバーニヤのジョウを静かに押し付け，できるだけ深く挟む（図3）。 5．このときノギスは，測定物と正しく直角になっていること（図4）。 6．小物部品は，左手に測定物を持ち，右手だけでノギスを操作する（図5）。	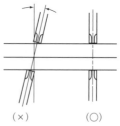 （×）　　　（○） 図4　測定物の挟み方②  図5　小物部品の測定物の挟み方

作業名	ノギスによる測定	主眼点	取り扱い方と外側の測定

番号	作業順序	要　　　点	図　　　解
3	目盛りを読む	1．工作物を挟んだままで，読み取る目盛り線の正面から見て目盛りを読む。 2．正しい目の位置で目盛りを読むことができない箇所の測定は，一旦スライダを止めねじで固定した後，工作物から静かに外して目盛りを読む。 3．バーニヤ目盛りのゼロ線で本尺目盛りの mm 単位を読み，次に本尺目盛りとバーニヤ目盛りが一直線に合致しているバーニヤ目盛りから 1mm 以下の端数を読む。 ※バーニヤ目盛りの一致点は，両隣りの目盛り線が内側になる（図6）。 【例】 バーニヤ目盛りのゼロ線が示す本尺の値＝6mm 本尺とバーニヤの7本目の目盛りが合致している。 測定値<u>6mm</u>＋<u>（0.05mm×7）</u>＝6mm＋0.35mm＝6.35mm 　　　↓　　　　　　↓ 　　本尺の読み　　バーニヤの読み	合致点は両隣りの目盛り線が内側にある 図6　目盛りを読むときの注意

備考	1．内側の測定は，内側測定面を工作物に正しく当てがい，溝に対しては，溝に垂直な方向 a － a の最小値を，穴径に対しては，a′ － a′ の最大値を読み取る（参考図1）。 2．深さの測定は，デプスの基準面を工作物に密着させ，スライダを移動させてデプス・バーを垂直に下ろす（参考図2）。 3．回転中の工作物は絶対に測定してはいけない。 4．止めねじでスライダを固定したまま，無理に工作物を押し込んではいけない。 5．ノギスのほかに，深さの測定専用の計測器としてデプス・ゲージがある（参考図3）。 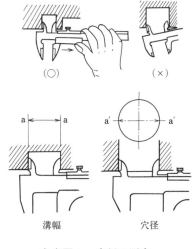　　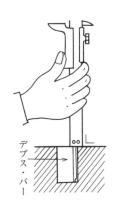　　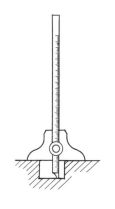 参考図1　内側の測定　　　　参考図2　深さの測定　　　参考図3　デプス・ゲージ

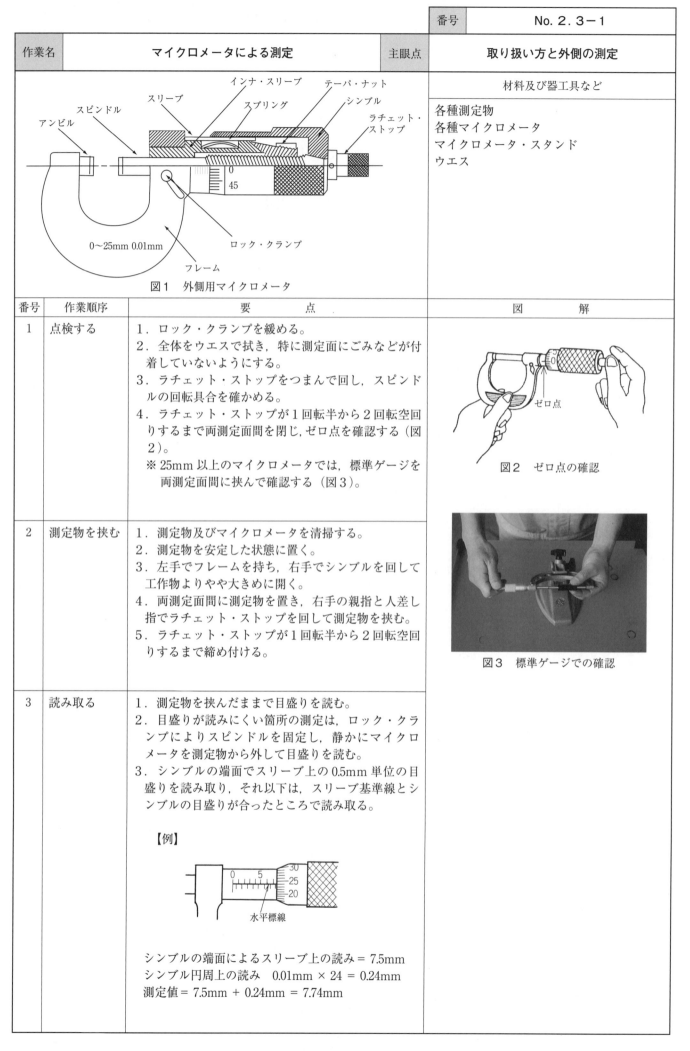

			番号	No. 2. 3－1

作業名	マイクロメータによる測定	主眼点	取り扱い方と外側の測定

図1　外側用マイクロメータ

材料及び器工具など

各種測定物
各種マイクロメータ
マイクロメータ・スタンド
ウエス

番号	作業順序	要　　　点	図　　　解
1	点検する	1．ロック・クランプを緩める。 2．全体をウエスで拭き，特に測定面にごみなどが付着していないようにする。 3．ラチェット・ストップをつまんで回し，スピンドルの回転具合を確かめる。 4．ラチェット・ストップが1回転半から2回転空回りするまで両測定面間を閉じ，ゼロ点を確認する（図2）。 ※25mm以上のマイクロメータでは，標準ゲージを両測定面間に挟んで確認する（図3）。	図2　ゼロ点の確認 図3　標準ゲージでの確認
2	測定物を挟む	1．測定物及びマイクロメータを清掃する。 2．測定物を安定した状態に置く。 3．左手でフレームを持ち，右手でシンブルを回して工作物よりやや大きめに開く。 4．両測定面間に測定物を置き，右手の親指と人差し指でラチェット・ストップを回して測定物を挟む。 5．ラチェット・ストップが1回転半から2回転空回りするまで締め付ける。	
3	読み取る	1．測定物を挟んだままで目盛りを読む。 2．目盛りが読みにくい箇所の測定は，ロック・クランプによりスピンドルを固定し，静かにマイクロメータを測定物から外して目盛りを読む。 3．シンブルの端面でスリーブ上の0.5mm単位の目盛りを読み取り，それ以下は，スリーブ基準線とシンブルの目盛りが合ったところで読み取る。 【例】 水平標線 シンブルの端面によるスリーブ上の読み＝7.5mm シンブル円周上の読み　0.01mm × 24 ＝ 0.24mm 測定値＝7.5mm ＋ 0.24mm ＝ 7.74mm	

| 作業名 | マイクロメータによる測定 | 主眼点 | 取り扱い方と外側の測定 |

備

1．格納するときには，必ずアンビルとスピンドルの測定面は，僅かに開いておく。
2．大量の測定では，手から伝わる熱の影響を防ぐため，マイクロメータ・スタンドに取り付けて行う（図3）。
3．大きく開閉するときは，フレームを持って他方の手のひらにシンブルを転がすように回すと速くできる。
4．マイクロメータの測定範囲は25mmとびになっているので，工作物の長さに応じたマイクロメータを選ぶ必要がある。
5．ゼロ点調整
　（1）誤差が±0.02mm以下
　　　スピンドルをロック・クランプで固定し，特殊レンチの先端をスリーブの穴に差し込み，スリーブを回し，シンブルのゼロとスリーブの基準線を合致させる（参考図1）。
　（2）誤差が±0.02mm以上
　　　スピンドルをクランプで固定し，特殊レンチによりシンブルとスピンドルを締め付けているラチェット・スクリュを緩める（参考図2）。シンブルを自由に動くようにして，シンブルのゼロ点をスリーブの基準線に合わせ，ラチェット・スクリュを締め付け，シンブルを固定する。この状態でもう一度ゼロ点の点検を行い，誤差が±0.02mm以下であることを確かめた後，前項の調整法を行う。

参考図1　ゼロ点調整（誤差±0.02mm以下）　　　参考図2　ゼロ点調整（誤差±0.02mm以上）

考

6．内側用のマイクロメータは，50mm以下の測定にはキャリパ形が，50mm以上では棒形のものが用いられる（参考図3）。
7．深さ用のマイクロメータには，デプス・マイクロメータがある（参考図4）。
8．精度表がマイクロメータ箱の中に添付されているので，各寸法における精度の善しあしを確認する必要がある。
9．目盛りの読み取り位置は，視差による誤差を防ぐため，目はスリーブ基準線の接線に直角になるようにする。

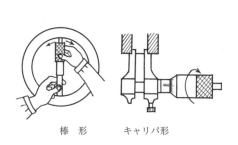 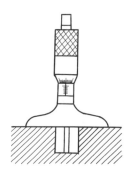

棒　形　　　キャリパ形

参考図3　内側マイクロメータ　　　　参考図4　デプス・マイクロメータ

		番号	No. 2. 4
作業名	トースカンによるけがき	主眼点	直線のけがき

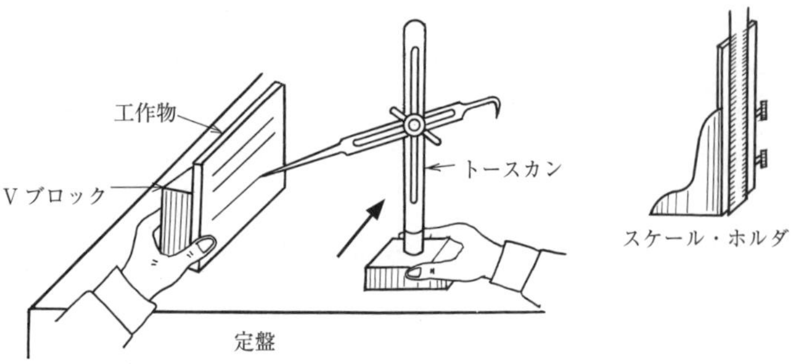

図1　トースカンによるけがき

材料及び器工具など

軟鋼板
トースカン
小ハンマ
スケール
スケール・ホルダ
Ｖブロック
定盤
油といし
けがき用塗料
ウエス

番号	作業順序	要　　　点	図　　解
1	準備する	1．トースカン及び定盤をウエスで拭く。 2．スケールをスケール・ホルダに取り付ける。 3．トースカンの針先を油といしで鋭く研ぐ。 4．けがき面にけがき用塗料を塗る。 5．けがきの基準となる面を定める。	 図2　針先をスケールの目盛りに合わせる
2	針先をスケールの目盛りに合わせる	1．ちょうねじを緩めて，針先がやや下を向く程度にスケールの目盛りに合わせる。 2．ちょうねじは，始めに手で締め，次に小ハンマで締める方向に小刻みにたたいて，固く締め付ける（図2）。 3．再度トースカンの針先をスケールの目盛りに当てがい，狂いを確かめる。 　　狂っているときは，台を左手でしっかり押さえながら，小ハンマで針を小刻みにたたいて微調整をして，針先を目盛りに正確に合わせ，ちょうねじを増締めする（図3）。	 図3　針先の微調整方法
3	けがく	1．左手で工作物が動かないように，薄物はＶブロックを添えて垂直に保持する（図1）。 2．右手でトースカンの台を定盤に押し付けるようにしっかり握る。 3．けがき方向に約15°傾けて，トースカンの台を定盤に押し付けながら，滑らしてけがく（図4）。 4．針先から切りくずが出るくらいに強く，はっきり線が出るようにけがく。	 図4　けがき方
4	繰り返す	1．「番号2，3」を反復して，指示された間隔で直線を引く。 2．針先の向きが大きく変わらない範囲の寸法では，針先の移動はちょうねじを小ハンマで小刻みにたたいて少し緩め，針先をスケールの目盛りに合わせてから，小ハンマでちょうねじをたたいて固く締め付ける。	
備考			

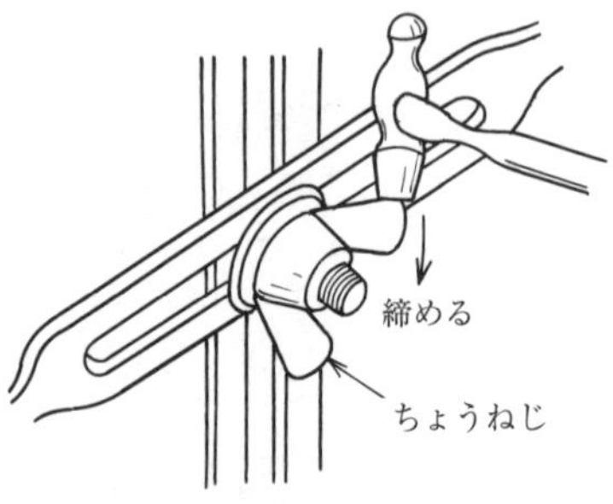

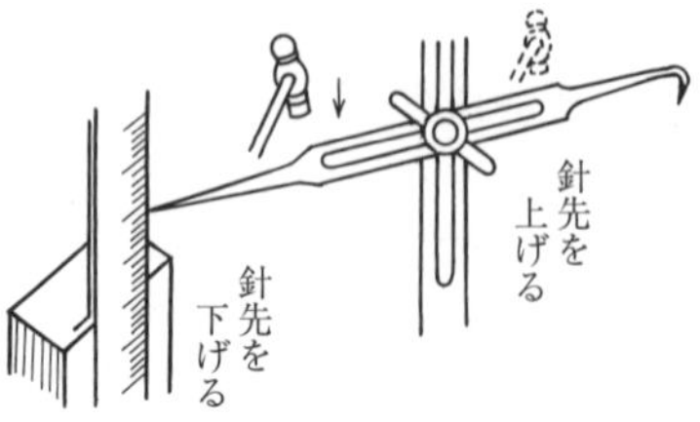

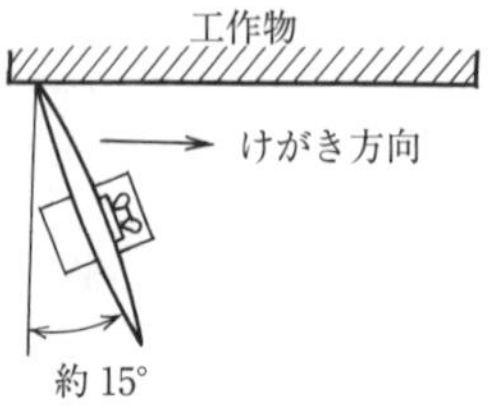

作業名	ハンマの使い方	主眼点	中振りの仕方

図1　片手ハンマを持つ姿勢

材料及び器工具など

軟鋼板
万力
片手ハンマ
ウエス

番号	作業順序	要　　点	図　　解
1	準備する	1．万力の口金の中央に軟鋼板を 30 〜 40mm 位出しして，しっかり締め付ける。 2．片手ハンマ（以下ハンマ）のくさび及び頭部の緩みを調べる。 3．右手の小指と薬指でハンマの柄じり近くをしっかり握り，他の指は軽く添える（図2）。	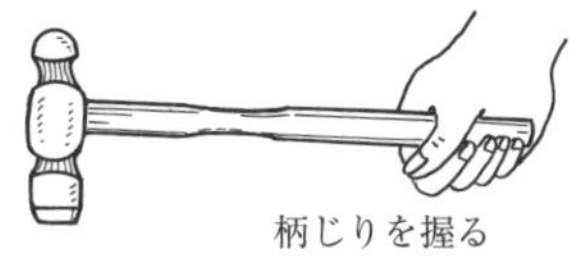 柄じりを握る 図2　握り方
2	位置に着く	1．万力の左側に，離れて立つ。 2．半ば右を向いて，右足を軽く約1歩後ろに開く（図3）。	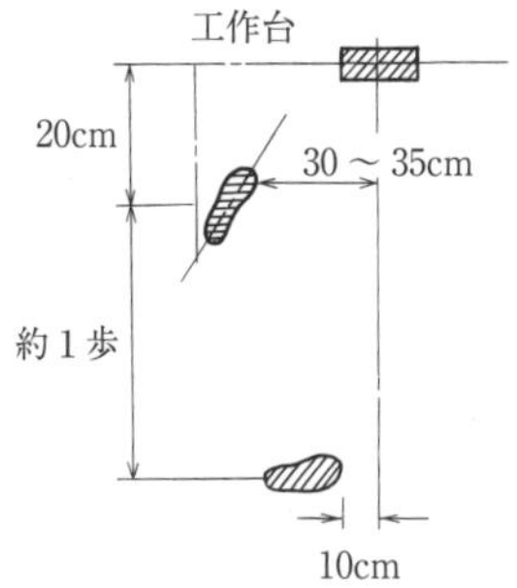 工作台 20cm　30 〜 35cm 約1歩 10cm 図3　立ち位置
3	姿勢を取る	1．ハンマの打撃面を材料の打撃部に当てがい（図4），腕を軽く伸ばして無理のない状態になるよう足の位置を修正する。 2．重心をやや前方におく。 3．左手を腰に当て，胸を張る。 4．目は常に目標を見つめる。	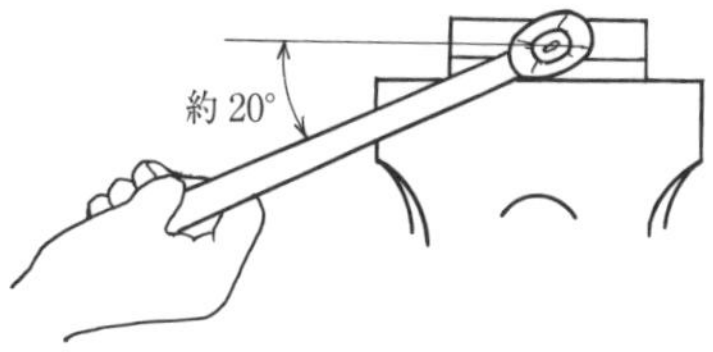 約20° 図4　足の位置修正の目安
4	ハンマを振り上げる	1．腕の上はくが肩と水平になるまで上げ，ハンマの頭部が自分の後頭部の後ろになるように振り上げる（図1）。 2．ハンマを握る腕及び指には，あまり力を入れないで，ハンマの打撃面が上を向くようにする（図5）。 3．上半身は胸を張るようにする。 4．振り上げたときは，手のひらが見えるくらいに力を抜く。	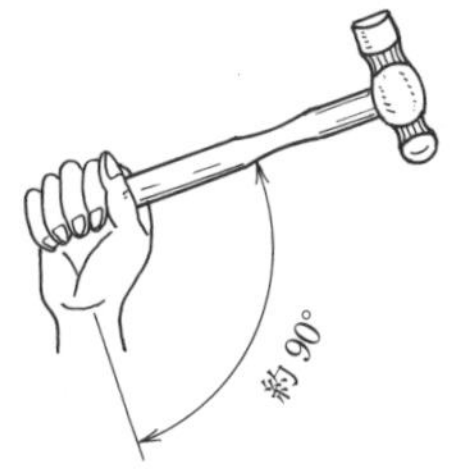 約90° 図5　ハンマの振上げ

番号		No. 2.5−2

作業名	ハンマの使い方	主眼点	中振りの仕方

番号	作業順序	要　　点	図　　解
5	打ちおろす	1．目標を定めて打ちおろす。 2．打ちおろす瞬間にハンマの柄を握りしめ，手首のスナップを十分に利かす。 3．ハンマを打つ方向は，目標に約30°上方から目標の中心を打つ（図6）。 4．打ちおろしたときのハンマの状態は，図4のようになる。	 約30° 図6　打撃角度
6	繰り返す	1．打った反動を利用してハンマを振り上げる。 2．正しい姿勢を保ちながら，一定の間隔で連続して打撃練習をする。 3．正確な動作を繰り返すことによって，力強い打撃音を出せるようにする。 4．途中で手が汗ばんできたら，ウエスで汗を拭き取る。	

備考

1．ハンマの頭部と柄に緩みがあるときは，頭部を上にして柄じりをたたき，慣性を利用して打ち込み，くさびを正しく打ち込んでおくこと。
2．柄や頭部の打撃面に油分が付いているときは，ウエスでよく拭き取ること。
3．ハンマを握るときは，手袋はしないこと。

作業名	は　つ　り	主眼点	番号	No. 2. 6 - 1
				軟鋼板の切断

材料及び器工具など

軟鋼板（例：1.45 × 65 × 75）
万力
片手ハンマ
たがね
スケール
けがき針
保護めがね

工作物　単位〔mm〕

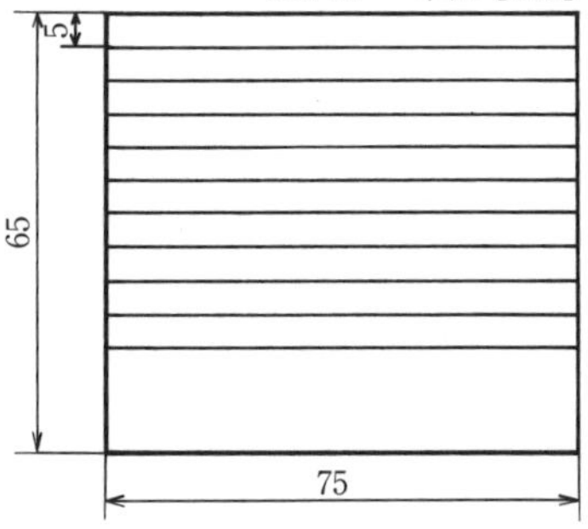

図1　けがき線を引く　　　　図2　工作物の締め上げ

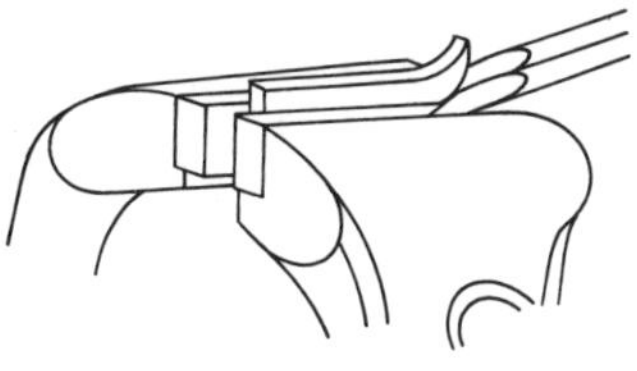

番号	作業順序	要　　　点	図　　解
1	準備する	1．スケールとけがき針で5mm間隔にけがき線を引く（図1）。 2．ハンマの頭の緩み及びたがねの刃先（図3）を調べる。 3．けがき線を万力の口金に一致させ，工作物を万力の中央にしっかり締め付ける（図2）。 4．保護めがねを掛ける。 5．左手でたがねの頭部を少し出して軽く握り，右手でハンマを握る（図4）。	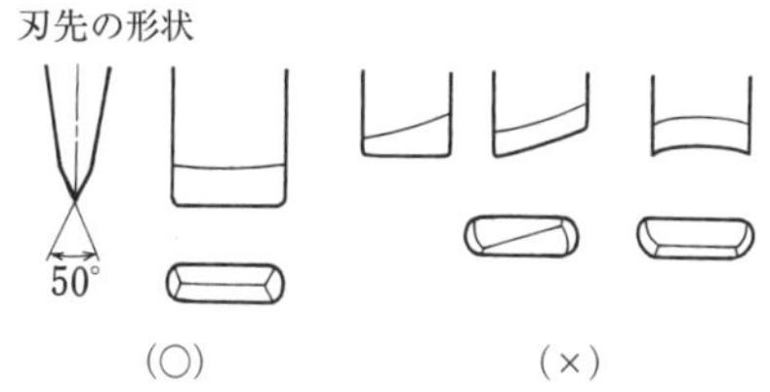 刃先の形状 （○）　　　　　　（×） 図3　たがねの刃先形状例  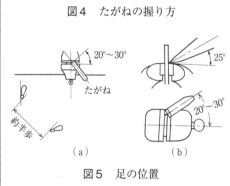 図4　たがねの握り方
2	位置に着き，姿勢を取る	1．足の位置及びたがねを当てる角度は，図5（a）のようにする。 2．たがねを口金に対して水平より25°上げ，たがねの刃部下面と万力の口金を接触させる（図6）。	（a）　　　　　　（b） 図5　足の位置
3	切断する	1．「No. 2. 5」の要領でハンマを振りながら（中振り程度）はつる。 2．たがねの刃先と万力の口金とで押切りのようにして切断する。 3．たがねの刃部下面を案内に，切れるに従って刃先を少しずつ手前（矢印の方向）に移動する（図7）。 4．切り終わりに近づくに従って，切れ端及びたがねを飛ばさないように，中振りから小振りにしていく。 5．目は常に刃先に注目する。 ※中振りは腕の力で，小振りは主に手首のスナップを利かせてハンマを振る。	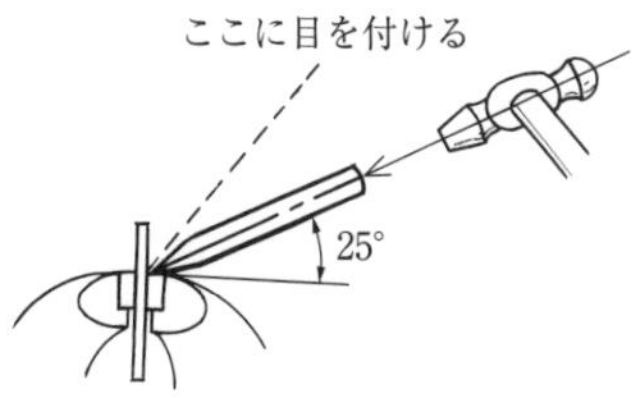 ここに目を付ける 図6　たがねの刃先の当て方
4	繰り返す	1．工作物が途中で動いたら，工作物を締め直す。 2．一定の速さで，振りが小さくならないようにする。ハンマを振るリズム感が大切である。 3．けがき線の数だけ切断する。	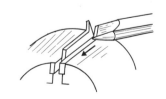 図7　たがねの刃先の移動方向

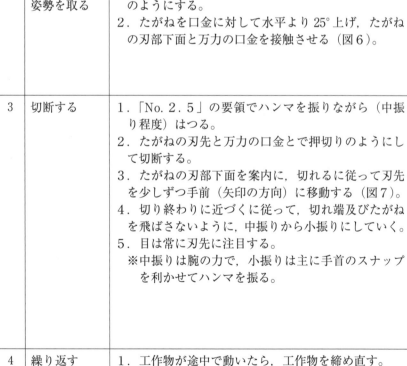

番号	No. 2．6－2

作業名	は　つ　り	主眼点	軟鋼板の切断

備考

1．たがねの刃先は，工作物の材質によって適当な角度に研削して用いること（参考表1参照）。

参考表1　たがねの刃先の角度

工作物の材質	刃先の角度
銅	25°～30°
鋳鉄，青銅	40°～60°
軟鋼	50°
硬鋼	60°～70°

2．丸棒や角棒を切断するときは，二方又は四方からたがねを入れて切断すると能率よく，曲がるのを防ぐことができる。

3．繰り返し使用すると，たがね頭部の外周が変形して，ばりが発生する。その部分に衝撃が加わると，破片となって飛び散るので，グラインダなどで修正する。

			番号	No. 2. 7
作業名	やすり掛け（1）	主眼点	直進掛けの仕方	

	材料及び器工具など

軟鋼板（例：30 × 30 × 80）
万力
やすり（平 350mm 荒目）
やすり柄
ワイヤ・ブラシ

図1　姿勢を取る

図2　水平に一杯押す

番号	作業順序	要　　点	図　　解
1	準備する	1．やすりと柄は，台上で柄を下にして，こみを真っすぐに確実にはめ込む（図3）。 2．工作物を万力の口金の中央に 10mm 位出してくわえ，しっかり締め付ける。	穂先　面　こみ こば （a）　　　　　柄　（b） 図3　やすりと柄のはめ方
2	やすりの柄を持つ	右手のひらのくぼみに柄の端を当て，親指を上に，他の指を下側に回して軽く握る（図4）。	（a）　　　　　（b） 図4　柄の持ち方
3	位置に着く	1．工作物の中心にやすりを水平にして先端部（穂先）を載せ，右手のひじを直角に曲げて立つ（図5（a））。 2．半ば右を向く（図5（b））。 3．左足を一歩前に出す（図5（c））。	10° 70°〜85° （a）　　　（b）　　　（c） 図5　足の位置
4	姿勢を取る	1．左手中指と薬指をやすりの先端に当て，親指のつけ根のふくらみ部分で押さえる（図6）。 2．重心をやや前に移す。 3．右ひじを脇腹に付けて，やすり，親指，肘が一直線になるように足の位置を修正する（図1）。	（a）　　　　　（b） 図6　左手の位置
5	押す	1．工作物に注目しながら，左足をやや曲げると同時に上体を前方に倒し，右肘を脇腹から離さないようにして水平に突き出す（図2）。 2．上体の重みは，配分する気持ちで，両腕に乗せる（図7）。 3．やすりは，一杯に押す。	70%　　　30% 50%　　50% 30%　　70% 図7　押すときの力の配分
6	引く	1．やすりは水平のままで，左手を離さずに工作物からやすりを僅かに浮かす気持ちで引く。 2．力を抜いて軽く引くと同時に押す姿勢に戻る。	
7	繰り返す	1．姿勢を崩さないように，繰り返してやすりを掛ける。 2．1分間に 30 〜 40 往復位繰り返す。 3．やすりに切りくずが詰まったときは，ワイヤ・ブラシで切れ刃の上目に沿って払い落とす。	
備考			直進掛け　斜進掛け　横進掛け 参考図1

作業名	やすり掛け（2）	主眼点	すり合わせによる平面の仕上げ

材料及び器工具など

軟鋼（例：黒皮，30 × 30 × 80）
すり合わせ定盤，直定規
やすりブラシ，チョーク
新明丹＊
やすり（角 350mm 荒目，平 250mm 中目，
　平 200mm 細目）
たんぽ

＊光明丹と同様の用途に用いられる。人体に有害な鉛成
　分を含まないため安全性が高い。油で練り合わせる必
　要がなく，塗布皮膜が薄く均一である。皮膚や衣服に
　付着しても簡単に洗浄で落とせる。

図1　中仕上げ

番号	作業順序	要　　点	図　　解
1	黒皮を取る	熱間圧延材の表面に付着している黒皮は硬いので，やすりのこば又は角で取る（図2）。	
2	荒仕上げする	1．やすりは加工面に吸い付けられたような状態で押し出し，表面が平らになるまで削る。 2．加工面の高低を時々直定規で調べ，高い部分にチョークで印を付け，その部分を削る（図3）。 ※一方向だけやすりを掛けると，中高になりやすい。やすり目が交差するように掛けると，中高の修正がしやすくなる（図4）。	図2　黒皮を取る 図3　加工面の高低を調べる
3	中仕上げする	1．平やすり（250mm 中目）の全長を使って，直進がけで，やすり目が長手方向に通るように掛ける。 2．加工面の高低は，直定規で調べるか，たんぽで新明丹をすり合わせ定盤にやや濃い目に塗って，加工面に赤当たりを付け，この当たりの付いた高い部分をやすりの反りを利用して削る。	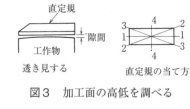
4	仕上げをする	1．すり合わせ定盤にたんぽで新明丹を薄く平均に塗り，加工面をすり合わせて当たりをみる。 2．平やすり（200mm 細目）の全長を使うと共に，やすりの反りのある部分を左手の3指で押し付けるようにして当たり取りをする（図5）。	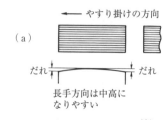 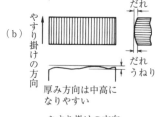
備考		1．黒皮のように硬いものは，やすり面を使って削ると早く切れ味が悪くなるので，角又はこばなどで取るようにする。 2．新明丹は，柔らかいウエス又はフェルトを巻いたたんぽに適量つけて，定盤の上に塗り，手で平均的にならす。仕上がるにつれて，新明丹は薄くしていく。 3．新明丹の当たりは，工作物を定盤に軽く押し付け，前後に往復してすり合わせる。 4．一般にやすり目は，面の長手方向に通すのが普通である。 5．やすり目通しには，参考図1のような通し方がある。	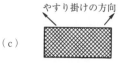

図4　仕上げ手順

縦目　　　横目　　　網目

参考図1　やすり目通し

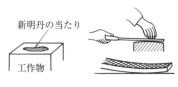

図5　仕上げ時のやすりの当て方

| 作業名 | 弓のこの使い方 | 主眼点 | 弓のこによる切断 |

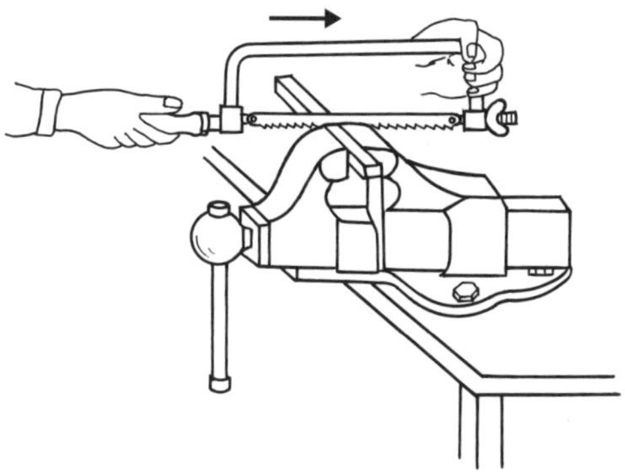

図1　弓のこによる切断

		材料及び器工具など

軟鋼（各種形状の廃材）
切削油
弓のこ
のこ刃
万力
オイラ
けがき針

番号	作業順序	要　点	図　解
1	のこ刃をフレームに取り付ける	フレームにのこ刃を取り付ける（図2）。 1．フレームの柄とちょうねじ両方のピンの方向が，刃を取り付ける方向と合っているか確認する。 ※ピンの方向は，柄やちょうねじを抜いて変えられるようになっている。 2．のこ刃の向きをのこを押すときに切れる方向に合わせ，まず，柄に付いているピンに，のこ刃の穴を引っ掛け，ぐらぐらしないよう指で押さえておく（図3（a））。 3．もう一方ののこ刃の穴が，ちょうねじ側のピンに合うように，ちょうねじを調整してピンに差し込む（図3（b））。 4．ちょうねじを締めて，のこ刃を張る（図3（c））。 ※のこ刃の張り方は，のこ刃の中央付近を指で挟んでねじってみて，ぐらぐらしないで，僅かに弾力がある程度にしっかり締める。	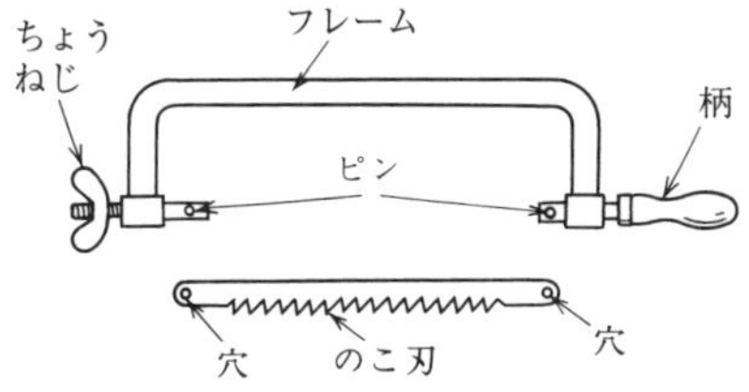 図2　弓のこ 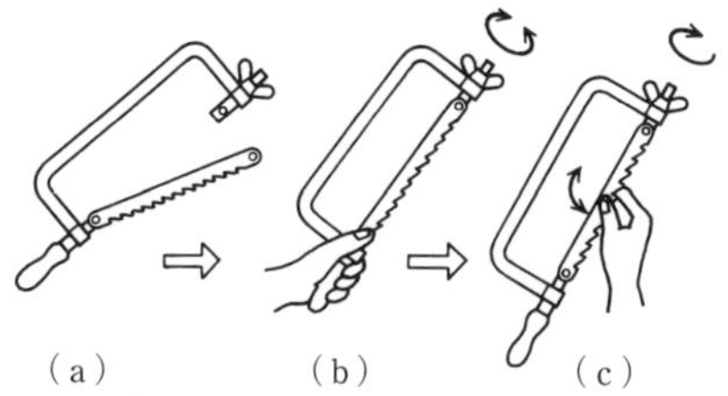 （a）　　　　（b）　　　　（c） 図3　のこ刃の取り付け方
2	材料をくわえる	1．切断箇所を万力の左側に5〜10mm出す（図4）。 2．材料を水平にしっかり締め付ける。	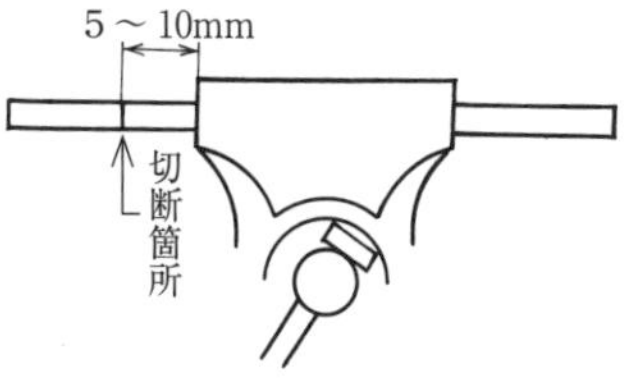 図4　材料のくわえ方
3	弓のこを構える	1．右手は弓のこの柄をやすりと同様に握る。 2．足の位置は，やすり掛けのときと同様に構える。	
4	切り込みを入れる	左手親指の爪をけがき線の近くで垂直に立て，のこ刃を爪に沿わせて切断の位置におき，右手で弓のこを軽く2〜3回前後して切り込みを入れる（図5）。	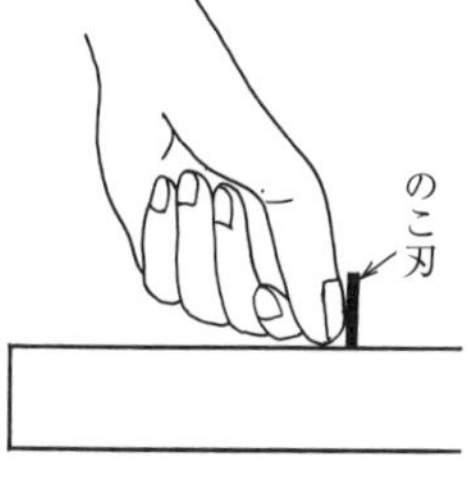 図5　切り込みの入れ方

| 作業名 | 弓のこの使い方 | 主眼点 | 弓のこによる切断 |

番号	作業順序	要　　点	図　　解
5	切断する	1．左手でフレームの先端を軽く握る（図1）。 2．フレームは傾かないように支え，目は刃先に注目する。 3．やすり掛けと同様に，のこ刃一杯にねじらないように真っすぐに押す。 4．引くときは，力を抜いて戻す。 5．切断は図6のような順序を繰り返して行い，時々注油する。 6．切り終わりは，左手で材料を支え，右手だけで切り落とし，材料は床に落とさない。	 （a）丸棒切断　　（b）角棒切断 （c）丸棒切断　　（d）パイプ切断 図6　切断順序
6	のこ刃を緩める	作業が終わったら，ちょうねじを緩めて，のこ刃の張りを緩めておく。	

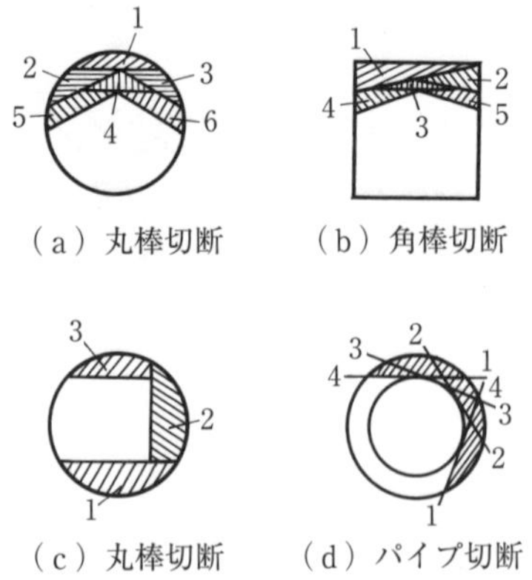

備

考

1．材質，形状に応じて適当な刃数ののこ刃を使用する（参考表1参照）。

参考表1　のこ刃の刃数

材質・形状	刃数 （25.4mmにつき）
軟鋼，黄銅，軟らかい鋳鉄	14山
硬い鋳鉄，砲金，ガス管	18山
硬鋼，アングル，形鋼	24山
薄鉄板，薄鋼管	32山

2．長物を順次一定の長さに切断するときは，切断箇所を万力の口金の右側に出したほうが，工作物をつかみ変えるのに便利である。

3．切断の途中で新しい刃と替えるときは，溝幅が変わりのこ刃が折れやすくなるので，新しい切り口から切断するのがよい。

作業名	ねじ切り（1）	主眼点	タップによるねじ切り

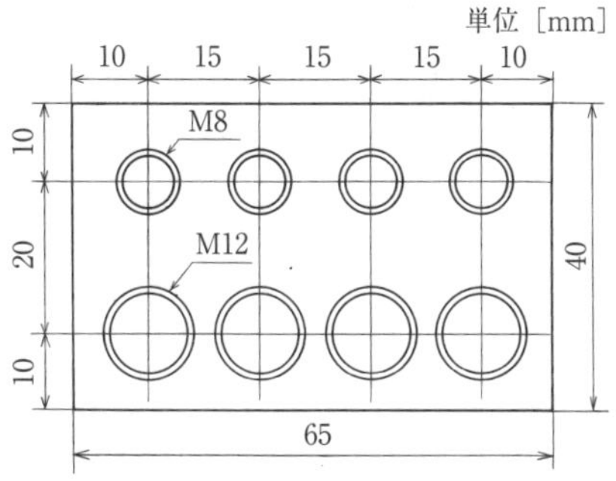

単位〔mm〕

図1　製品図

図2　姿勢

材料及び器工具など

軟鋼板（例：10 × 40 × 65）
タップ（M 8，M 12）
タップ・ハンドル
スコヤ
受け皿
ドリル
万力
ブラシ

番号	作業順序	要　点	図　解
1	ねじ下穴をあける	1．ねじの下穴をあける（図3）。 ※下穴の寸法は，参考表1を参照のこと。 2．下穴をあけた工作物を万力に水平にくわえる。	面取り 図3　ねじ下穴をあける
2	タップをタップ・ハンドルに取り付ける	1．タップ・ハンドルは，タップの径に適した長さのものを用いる。 2．先タップをタップ・ハンドルの角穴に差し込み，落とさないように締め付ける（図4）。	回転させてタップを固定する。 図4　タップの取り付け
3	タップを下穴に食い付かせる	1．万力の正面に両足を少し開いて立つ。 2．右手でタップ・ハンドルの中央部を持ち，タップを落とさないように支えながら，下穴に垂直に当てがう（図5）。 3．両手でタップ・ハンドルを水平に保ちながら，押し付けるようにして2〜3回回す。 4．スコヤでタップの倒れを上方から見て，2方向から調べる（図6）。	回転方向　　　右手 図5　下穴に食い付かせる （○）　　　（×） スコヤ 約90° 図6　スコヤの当て方
4	ねじを切る	1．両手でタップ・ハンドルを握り，タップの倒れを修正しながら，両手の力は水平を保って回す（図2）。 2．ねじ切りは，約270°右回転し，90°戻す（左回転）動作を繰り返して，少しずつタップを進める（図7）。 3．時々切削油を与える。	A　　B　　C　　D 図7　タップの進め方
5	タップを抜く	1．両手でタップ・ハンドルを静かに水平に逆転させる。 2．抜き終わりは，タップに左手を添えて落とさないようにする（図8）。 3．使用した後は，必ずブラシで刃部を掃除しておく。	左手　　工作物 図8　タップを抜く

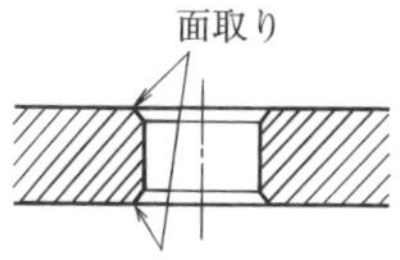

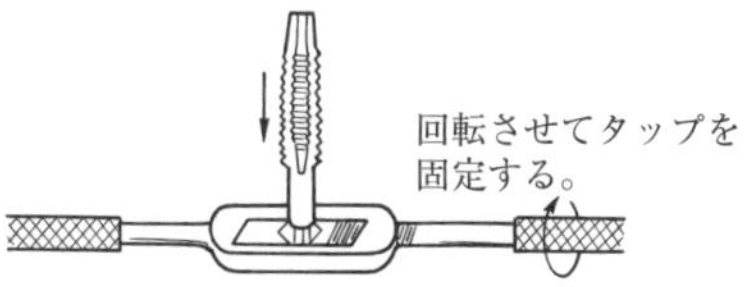

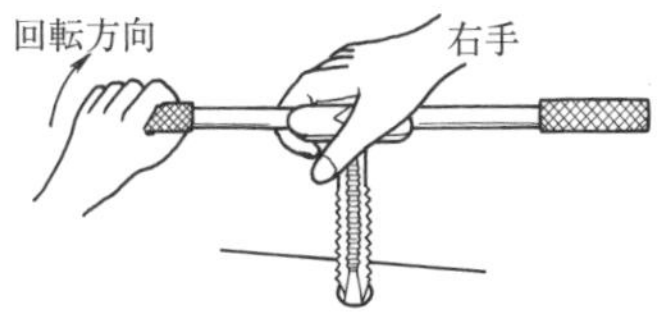

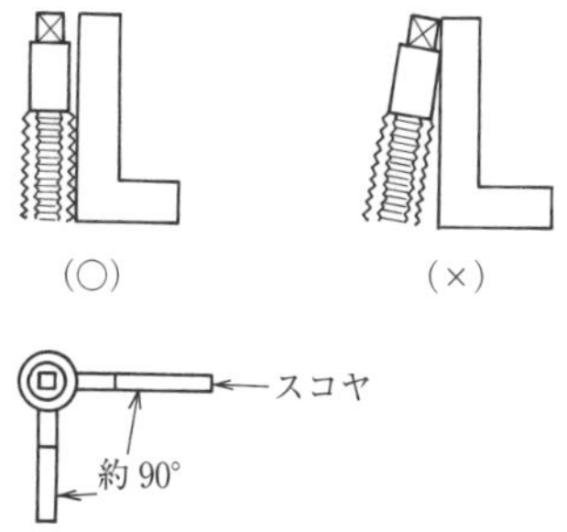

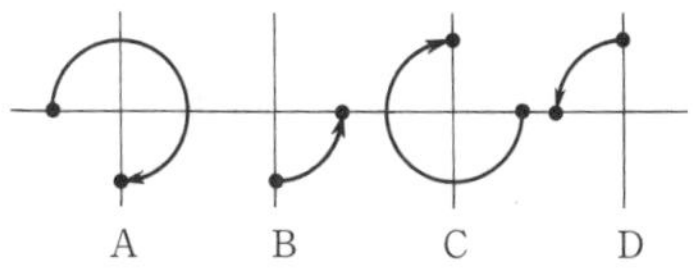

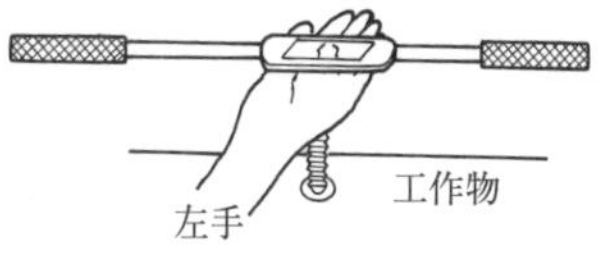

作業名	ねじ切り（1）	主眼点	タップによるねじ切り

1．通し穴は，先タップだけでもよいが，厚物では中タップまで通す。

2．止まり穴については，次の点に注意する。

　（1）下穴の深さは，ねじを切る深さより5mmくらい深くする。

　（2）タップに所要の深さを印しておく。

　（3）時々タップを抜き取り，中の切りくずを取り除く。

　（4）先・中・上げタップを順次用いて完成する。

3．タップが折れたときは，よく洗浄して観察し，参考図1のような方法を試みてみる。

4．鋳鉄のねじ切りには切削油を使用しない。

5．ねじ下穴の簡便式は，呼び径（D）−ピッチ（P）＝下穴（d）で求めることができる。

6．ねじ下穴の径の標準は，参考表1のとおりである。

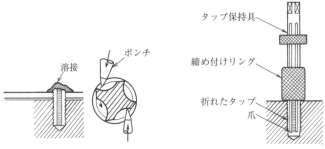

参考図1　折れタップの抜き方

参考表1　ねじのピッチ，下穴の寸法

単位〔mm〕

ねじの外径		3	4	5	6	7	8	9	10	11	12	14	16	18	20	25
ピッチ		0.6	0.75	0.9	1.0	1.0	1.25	1.25	1.5	1.5	1.75	2.0	2.0	2.5	2.5	3.0
ねじ下穴の径	軟材	2.3	3.1	3.9	4.8	5.8	6.5	7.5	8.2	9.25	9.9	11.5	13.5	15.0	17.0	21.5
	硬材	2.4	3.2	4.0	5.0	6.0	6.7	7.7	8.4	9.4	10.0	11.75	13.75	15.25	17.25	21.75

7．損傷しためねじの修正には，ねじインサート挿入による方法もある（参考図2）。

　（1）損傷したねじ山に下穴を開ける。

　（2）タップ加工を行う（参考図3）。

　（3）ねじインサートを挿入工具にセットし，挿入する（参考図4）。

　（4）折り取り工具でコイル先端の曲がった部分を折り取る（参考図5）。

参考図2　ねじインサート

備

考

参考図3　タップ加工

参考図4　ねじインサートの挿入

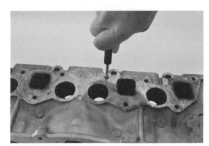

参考図5　コイル先端の折り取り

番号		No. 2.11
作業名	ねじ切り（2）	主眼点	ダイスによるねじ切り

単位〔mm〕

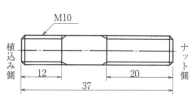

図1　製品図

図2　姿勢

材料及び器工具など

軟鋼みがき丸棒（φ10 × 37）2本
ダイス（M10）
ダイス・ハンドル
やすり（250mm 中目）
みがきナット（M10）
万力
切削油

番号	作業順序	要　点	図　解
1	ダイスをダイス・ハンドルに取り付ける	1．調整ねじを緩めてダイスの口径を広げる（図3）。 2．ダイスの表側（長い食い付きのある側）を上にして，ダイス・ハンドルにはめる。 3．止めねじをダイスのセット穴に合わせて締め付け，ダイスをダイス・ハンドルに固定する（図4）。	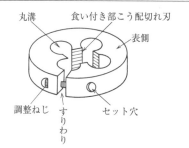 図3　ダイス各部の名称
2	工作物を万力にくわえる	1．ダイスが食い付きやすいように，工作物の両端をやすりで面取りする（図5）。 2．ナット側を上にして万力に垂直にくわえる。	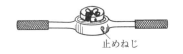 図4　ダイスの取り付け方
3	ねじを切る	1．ダイスの表側を下にして，工作物に水平に載せる（図6）。 2．両手の力を平均にかけ，ダイス・ハンドルは常に水平に保ちながら，タップと同じ要領で所要の長さだけねじを切る。 3．時々切りくずを払い，切削油を与える。	 図5　工作物の両端を面取りする
4	ダイスを抜く	ダイス・ハンドルを戻すときは静かに回し，抜き終わりでは工具を落とさないように注意する。	
5	ねじ径を調べる	みがきナットをはめてみる。 ※ナットの入り具合をよく感じ取っておく。	 図6　工作物の固定例
6	繰り返す	1．調整ねじを緩めて，ねじ径を加減する。 2．ナット側は，みがきナットが，がたつきなく入る程度に，植込み側は，みがきナットが1〜2山入る程度にやや太くしておく。	
備考	1．ダイスの口径は，調整ねじによって広げることができるので，荒削りと仕上げ用に使い分けることができる。 2．ダイスの表側は，食い付き部の長いほうで，一般にねじ径が刻印されている。 3．他端をねじ立てするときは，ねじ部に割ナットをはめて，万力に締め付けるとよい（参考図1）。 4．損傷したおねじの修正には，ねじ山修正やすりによる方法もある（参考図2）。		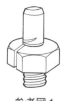 参考図1　参考図2　ねじ山修正やすり 割りナット

| 作業名 | ベンチ・グラインダ（両頭グラインダ）の使い方 | 主眼点 | 安全作業法と研削 |

シールド（防じんガラス）

といし保護覆い

研削といし

スイッチ

図1　外　観

材料及び器工具など

軟鋼材
スパナ
メカニカル・ドレッサ
ウエス
保護めがね

番号	作業順序	要　　　　点	図　　　解
1	準備する	1．シールド（防じんガラス）をウエスで奇麗に拭く。 2．工作物を冷やすための冷却水（水を張ったバケツなど）を用意する。 3．用途に合わせたといしを使う。	シールド　スライドする 10mm 以内 ワーク・レスト 3 mm 以内 図2　研削といしの点検
2	安全を確かめる	1．手で研削といしを回して，傷や割れがないかを調べる。 2．といしの研削面とワーク・レストとの隙間が，3 mm 以内になっているかを調べる（図2）。 3．安全カバーと研削といしとの隙間が，10mm 以内になっているかを調べる（図2）。	
3	始動する	1．保護めがねを着用する。 2．研削といしの正面を避けた位置に立つ（図3）。 3．スイッチを入れ，1分間以上の試運転を行うこと。 ※振動が大きいときや異常音を発する場合には使用しない。	ワーク・レスト　避ける　避ける 図3　立ち位置
4	研削する	1．工作物を両手でしっかり持ち，ワーク・レストに載せる。 2．工作物に研削圧を与え，といし幅全体を使って研削する。 3．工作物が熱くなったら水で冷やす。 ※工作物を研削といしに激突させたり，無理な力で押し付けてはいけない。	
5	掃除する	1．スイッチを切り，研削といしの回転が完全に停止してから掃除する。 2．機械の周囲を奇麗に掃除する。	

| 備考 | 1．作業の邪魔になるからといって，シールドは絶対に取り外して研削してはならない。
2．研削といしの側面は，使用してはならない。
3．研削といしの取り替えなどの業務は，厚生労働省令が定める危険又は有害な業務となっているため，事業者は労働者に対し特別教育を行う必要がある。
4．研削といしの研削面が，目つぶれや目詰まりしているときや平らでない場合には，メカニカル・ドレッサを用いて研削面を修正すること（参考図1）。
5．研削といしを交換したときの試運転は，3分間以上行うこと。 | 
といし
メカニカル・ドレッサ
ワーク・レスト
といしの研削面とワーク・レストとの隙間 3 mm 以内
参考図1　といしの研削面の修正 |

| 作業名 | 電気ドリル（ハンド・ドリル）の使い方 | 主眼点 | 操作と穴あけ |

材料及び器工具など

軟鋼板又は形鋼
切削油
ドリル
チャック・ハンドル
センタ・ポンチ
片手ハンマ
保護めがね

90°

直角に注意する

（a）本　体　　　　　　　（b）工作物へのドリルの当て方

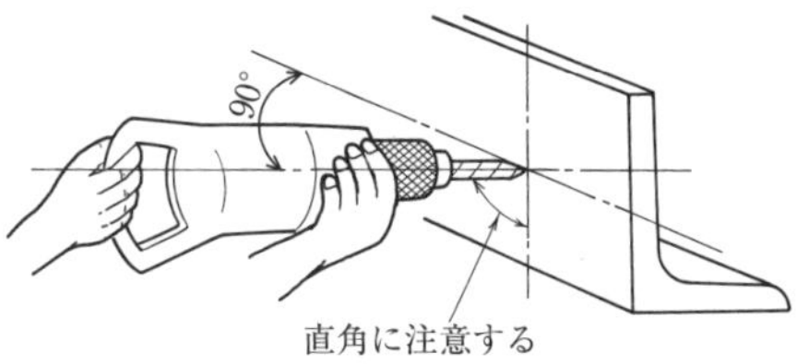

図1　電気ドリル

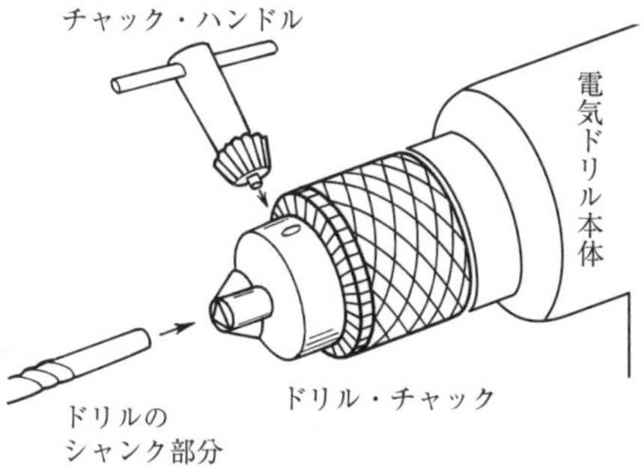

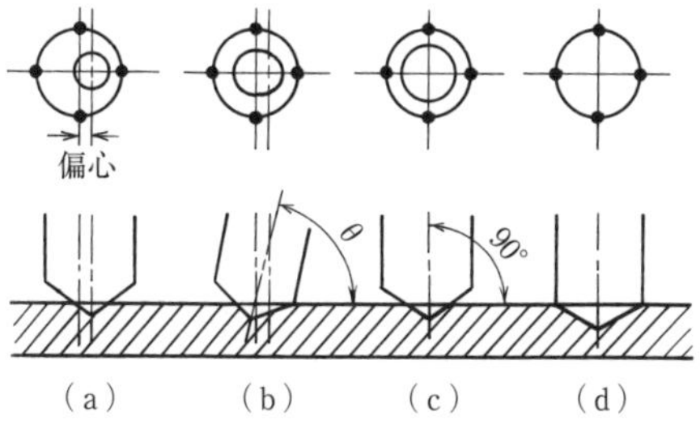

番号	作業順序	要　　　点	図　　　解
1	準備する	1．穴あけ箇所にセンタ・ポンチを打つ。 2．工作物を固定する。 3．ドリルのシャンク部分の状態を点検して，傷があれば油といしで取り除く。 4．電気ドリル本体のコードにねじれがある場合，ねじれをとり，電源に接続する。 5．保護めがねを着用する。 6．手袋は使用しないこと。	チャック・ハンドル　　　電気ドリル本体 ドリルのシャンク部分　ドリル・チャック 図2　ドリルの取り付け
2	ドリルを取り付ける	1．ドリルのシャンク部分をドリル・チャックに差し込み，チャック・ハンドルで3個の穴を用いて平均に固く締める（図2）。 2．スイッチを入れ，ドリル先端の振れを調べる。振れがあれば付け直し，修正する。	偏心 90° （a）　　（b）　　（c）　　（d） 図3　電気ドリル穴の修正
3	試しもみをする	1．電気ドリルの胴部に添え，姿勢を正しく安定させる（図1（b））。 2．ドリルをポンチ穴の中心に垂直に軽く当て，スイッチを入れて試しもみをする。 3．センタ位置が狂っている場合は，ドリルの当て角度を変えて少しずつ削り，ドリルを離してみて，正しい位置になるまで修正する（図3）。	
4	穴をあける	1．ドリルが常に穴あけ面に垂直になるように正しく保持する（図1（b））。 2．無理な力を加えず，一様な力で押す。 3．穴あけの抜け際は押す力を弱め，ドリルの食い込みを防ぎながらあける。 　※穴あけの抜け際は，切削音と手応えで判断する。 4．時々切削油を与える。	
5	ドリルを穴から抜く	1．ドリルを静かに真っすぐに抜く。 2．スイッチを切る。 3．回転が停止することを確認する。	
備考			

| 作業名 | 卓上ボール盤の使い方 | 主眼点 | 操作と穴あけ |

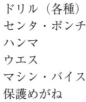

ここにドリル・チャックを取り付ける

| 図1　ドリル・チャック拡大図 | 図2　外　観 |

材料及び器工具など

鋼材
ドリル（各種）
センタ・ポンチ
ハンマ
ウエス
マシン・バイス
保護めがね

番号	作業順序	要　　　点	図　　解
1	準備する	1．テーブル面をウエスで奇麗に拭く。 2．工作物をマシン・バイスにしっかりくわえてテーブルの上に載せる（図6）。 3．保護めがねを着用する。 4．手袋は使用しないこと。	ベルト・カバー 締め付けねじ 主軸上下ハンドル ドリル・チャック テンション・レバー 図3　ベルトを緩める
2	主軸回転速度を変換する	1．上部のベルト・カバーを開ける。 2．締め付けねじを緩め，ベルトのテンション・レバーを緩み側に押して，ベルトに緩みを与える（図3）。 3．ベルトをプーリの適当な位置に掛け替える（図4）。 ※上段が最高速，下段になるほど低速になる。 4．テンション・レバーを手前に引いて，ベルトに張りを与え，締め付けねじを締める。 5．ベルト・カバーを閉じる。	プーリ　Vベルト　プーリ 主軸　電動機 図4　主軸回転速度の変換
3	ドリルを取り付ける	1．ドリル・チャックのスリーブを手で回し，爪をドリルの径より少し大きく開く（図1）。 2．ドリルを爪の中央に，シャンクが突き当たるまで差し込み，スリーブを手で回して爪を締める。 3．チャック・ハンドルで3カ所より固く締める。 4．スイッチを入れ，ドリル先端の振れを調べる。	テーブル固定レバー　ラック 上下ハンドル
4	テーブルの位置を決める	1．テーブル固定レバーを緩める。 2．テーブル上下ハンドルを回して，テーブルの高さを決める（図5）。 ※テーブル上下ハンドルを時計方向に回すとテーブルは上がり，反時計方向に回すと下がる。 3．左右の位置を決める。 4．テーブル固定レバーを締める。	図5　テーブルの高さ位置を決める
5	穴をあける	1．機械の正面に立って，主軸上下ハンドルを握る。 2．上下ハンドルを回して主軸を下げ，ドリルの中心にセンタ・ポンチ穴が合うように，マシン・バイスを動かして合わせる（図6）。 3．穴あけの深さを一定の深さにする場合には，主軸の下降を一定の位置で止めるように，ストッパで調整する。	材料 マシン・バイス 図6　材料の固定

作業名		卓上ボール盤の使い方	主眼点	操作と穴あけ

番号	作業順序	要　　　点	図　　解
5		4．スイッチを入れ，右手で主軸の上下ハンドルを持ち，左手でマシン・バイスを押さえ，軽く試しもみをしてみて，ドリルが正しくポンチ穴に合っているかを調べる。 5．右手で主軸ハンドルを軽く平均に下げてドリルを送る。 6．穴あけの抜け際は，主軸ハンドルに加える力を下げ，ドリルの食い込みを防ぎながら穴をあける。 　※穴あけの抜け際は，切削音と手応えで判断する。 7．時々切削油を与える。	

備 考	1．テーブルの固定が，参考図1のような形式のボール盤では，テーブルの移動は次のように行う。 　（1）上下移動 　　　レバーAを緩めて，テーブルを適当な高さまで持ち上げてレバーAを締める。次にレバーBを緩めて，受け具をテーブル受けの下側にぴったり当て，レバーBを締める。 　（2）左右移動 　　　テーブルを水平面内で左右に動かす場合は，レバーAのみを緩めて動かす。 　（3）テーブルの回転 　　　テーブルを回転する場合は，レバーCを緩めて回転させる。 2．ドリルの切れ刃が正しく研削されているときは，切りくずが両側の溝から平均に出る（参考図2）。 　※工作物が硬い場合には，ドリルの回転を下げる。 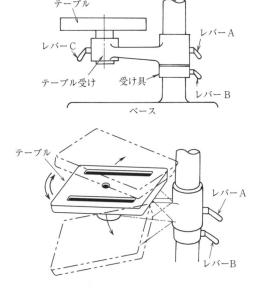 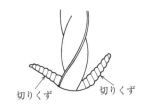 　　　参考図1　テーブルの移動　　　　　　　参考図2　ドリルの切りくず

			番号	No. 2.15
作業名	溶接作業の準備	主眼点	保護具の着け方及び溶接用清掃工具の準備	

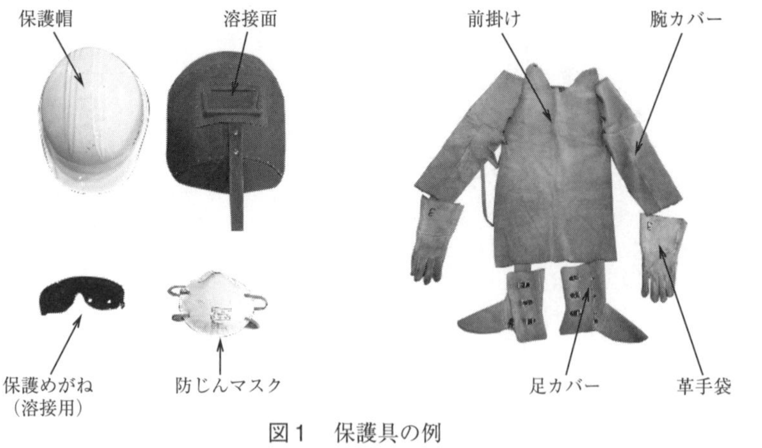

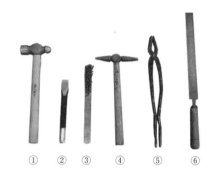

材料及び器工具など

溶接用保護具一式
溶接用清掃工具一式

保護帽　溶接面　前掛け　腕カバー

保護めがね（溶接用）　防じんマスク　足カバー　革手袋

図1　保護具の例

番号	作業順序	要　　点	図　　解
1	準備する	1．各溶接法に応じて溶接面（ハンド・シールド型又は溶接面型），フィルタ・プレート，保護めがね（溶接用），革手袋，前掛け，腕カバー，足カバーなどの保護具を点検する（図1）。 2．片手ハンマ，平たがね，ワイヤ・ブラシ，スラグ・ハンマなどの溶接用清掃工具を点検する（図2）。	
2	保護具を着ける	1．保護具を着用する（図3）。 2．各保護具は，作業の邪魔にならないように，しっかりと確実に着ける。 3．溶接面からフィルタ・プレートを外して，汚れをよく拭き取り，カバー・プレートを前後に挟む（図4）。 4．フィルタ・プレートを溶接面に入れて，板ばねで押さえる	

①　②　③　④　⑤　⑥

①	②	③	④	⑤	⑥
片手ハンマ	平たがね	ワイヤ・ブラシ	スラグ・ハンマ	金ばし	平やすり

図2　溶接用清掃工具一式

保護帽　保護めがね（溶接用）
防じんマスク
革手袋
腕カバー
溶接面
前掛け
足カバー

図3　保護具の着け方（例）

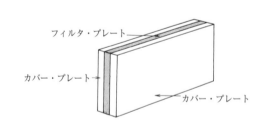

フィルタ・プレート
カバー・プレート
カバー・プレート

図4　フィルタ・プレートの使い方

備考

1．可燃性ガス及び酸素を用いて金属の溶接，溶断等を行うには，ガス溶接技能講習を修了した者でなければならない。
2．アーク溶接などの業務は，厚生労働省令が定める危険又は有害な業務となっているため，事業者は労働者に対し特別教育を行う必要がある。
3．保護具は，いずれも耐熱性で，よく乾燥した柔軟で丈夫なものを着用し，作業中は常に身体の安全を保つように注意する。
4．フィルタ・プレートは，使用電流に適したものを使用する。電流の強さに応じて遮光度番号8，9，10番程度のものを使用する。
5．フィルタ・プレートを溶接面に装着した際，隙間から光が漏れるおそれがあるので，ファイバ・パッキンなどにより，漏れを防ぐ。
6．溶接用器工具及び保護具が破損したときは，速やかに修理し，いつも完全な状態で作業を行うように心がける。なお，保護具は必ずJIS規格で規定されたものを使用する。

出所：（図3）キャタピラー教習所（株）（一部改変）

作業名	ガス溶接機器の取り扱い（1）	主眼点	準　備

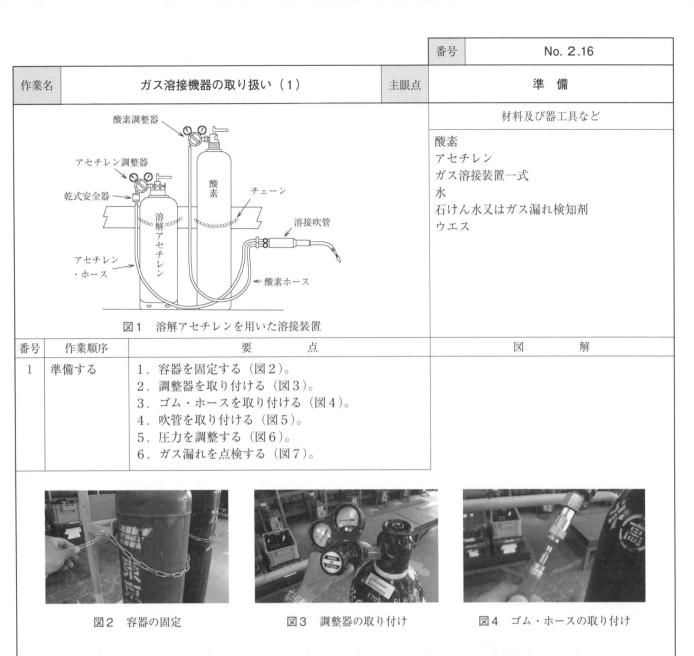

図1　溶解アセチレンを用いた溶接装置

材料及び器工具など

酸素
アセチレン
ガス溶接装置一式
水
石けん水又はガス漏れ検知剤
ウエス

番号	作業順序	要　　　　点	図　　　解
1	準備する	1．容器を固定する（図2）。 2．調整器を取り付ける（図3）。 3．ゴム・ホースを取り付ける（図4）。 4．吹管を取り付ける（図5）。 5．圧力を調整する（図6）。 6．ガス漏れを点検する（図7）。	

図2　容器の固定

図3　調整器の取り付け

図4　ゴム・ホースの取り付け

図5　吹管の取り付け

図6　圧力の調整

図7　ガス漏れの点検

備

考

| 作業名 | ガス溶接機器の取り扱い（2） | 主眼点 | 火口とガス圧 |

番号	要　　　点

1．可燃性ガス及び酸素を用いて金属の溶解，溶断などを行うには，ガス溶接技能講習を修了した者でなければならない。

2．容器，ガス・ホースの取り扱い上の一般的な注意事項は，以下のとおりである。溶接装置を取り扱う場合には，これらのことを十分理解して慎重に取り扱うこと。

（1）酸素は非常に高圧（35℃ 14.7MPa）で充填されていること。

（2）酸素は支燃性で，他の燃焼を助けること（油類に接触すると，その発火温度を下げ自然発火させる）。

（3）アセチレンは分解爆発の危険があること（0.13MPa 以下の圧力で使用のこと）。

（4）アセチレンは可燃性で，空気又は酸素との混合ガスの爆発範囲が非常に広いこと。

（5）アセチレンの発火点（305℃）が低いこと。

3．吹管の取り扱いについて（溶接用吹管）

（1）作業に合った能力の火口を選び使用すること（表1）。

（2）図1に示すA形（不変圧式）の吹管の火口を取り付けるときは，図2に示すAのナットをしっかり締め付け，次にBのナットを締めること。

（3）図3に示すB形（可変圧式）の吹管の火口を取り付けるときは，火口ねじを吹管火口取付けねじにしっかり締め付けること。

（4）点火を行う前には，必ず吹管の吸い込みを確認すること。
　　吸い込みがないときは，インジェクタの機能が正常ではなく，点火しなかったり，逆火，逆流の原因となる。もし逆火したときは，速やかにバルブを閉じる。

（5）吸い込みがないのは，火口の締め付け不良，火口穴（A形の場合は特にインジェクタ部）に異物が詰まったことが原因である（図4）。

図　　　解

表1　火口と酸素圧力

A形1号

火口番号	酸素圧力 [MPa]	孔径 [mm]	白心の長さ [mm]
1	0.1	0.7	5
2	0.15	0.9	8
3	0.18	1.1	10
5	0.2	1.4	13
7	0.23	1.6	14

B形0号

火口番号	酸素圧力 [MPa]	孔径 [mm]	白心の長さ [mm]
50	0.08	0.7	7
70	0.1	0.8	8
100	0.12	0.9	10
140	0.15	1.0	11
200	0.2	1.2	12

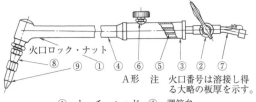

火口ロック・ナット

A形　注　火口番号は溶接し得る大略の板厚を示す。

① トーチ・ヘッド　⑥ 調節弁
② コック　　　　　⑦ ホース口
③ 握り管　　　　　⑧ 火口本体
④ 外装管　　　　　⑨ 火口先
⑤ 内管

図1　A形溶接器

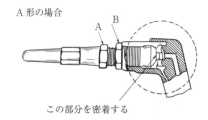

A形の場合

この部分を密着する

図2

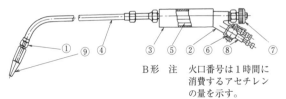

B形　注　火口番号は1時間に消費するアセチレンの量を示す。

① トーチ・ヘッド　⑥ コック
② 器体　　　　　　⑦ ニードル・バルブ
③ 握り管　　　　　⑧ ホース口
④ ガス導管　　　　⑨ 火口
⑤ 内管

図3　B形溶接器

インジェクタ

インジェクタ

図4

	番号	No. 2.18
作業名	ガス溶接及びガス切断（1）	
主眼点	火炎の調整	

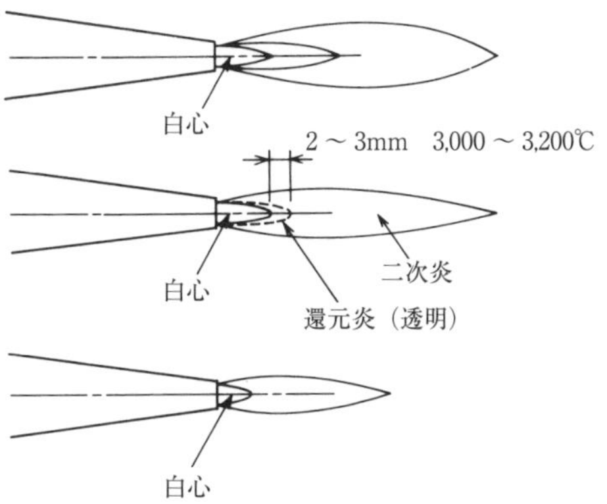

図1　火炎の種類

材料及び器工具など

ガス溶接装置一式
作業台
点火ライタ
掃除針
冷却水容器
保護めがね
水

番号	作業順序	要　　点	図　　解
●JIS A 形不変圧式吹管（ドイツ式）			
1	点火する	1．アセチレン調節バルブを開く。 2．コックを70°～80°倒して点火ライタで点火し，その後コックを全開する（図2）。	 図2　点火時のコック操作
2	調整する	1．アセチレン調節バルブを調整して標準炎にする。 2．アセチレンの量は，調節バルブにより調整できるが，酸素は調整できないので，調整器の調整ハンドルにより圧力を調整し，適当な標準炎を作る。	
3	消火する	1．コックを閉じる。 2．アセチレン調節バルブを締める。	
●JIS B 形可変圧式吹管（フランス式）			
1	点火する	1．アセチレン・コックを1／2～1回開き，アセチレンを出す。 ※火口を水面に近づけたとき，水面が僅かにへこむ程度がよい（図3）。 2．酸素を少し出しながら点火ライタで点火する。	図3　アセチレン流量の調整
2	調整する	1．酸素を更に出し，確実に標準炎に調整する。 2．火炎が弱すぎるときは，アセチレンを更に出し，一旦炭化炎にし，次に酸素を出して標準炎にする。 3．火炎が強すぎるときは，先に酸素を絞り，次いでアセチレンを絞って標準炎にする。	
3	消火する	消火の作業は，酸素コックを締め，次いでアセチレン・コックを閉じて消火することを基本とする。	

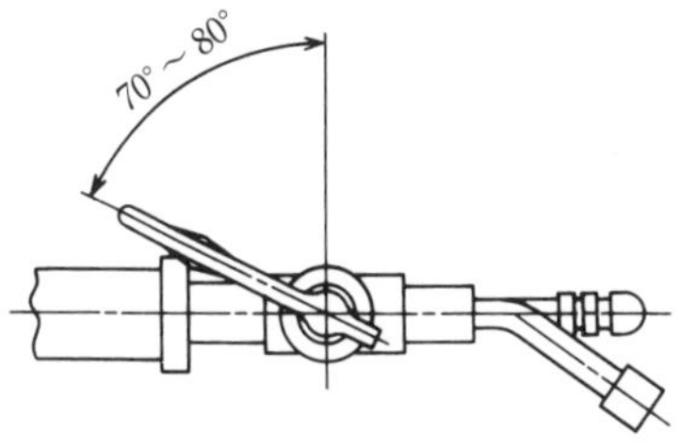

備考	【火炎調整の重要性】 　標準炎で溶接した金属は，炎の化学的影響を受けず，良好な溶着が得られる。したがって，ガス溶接作業では，火炎が最も重要な役割を果たすといってもよい。 　炭化炎と標準炎の区別は付きやすいが，酸化炎と標準炎の区別は付きにくいので，一旦炭化炎にしてから慎重に調節し，標準炎を作ったほうがよい。

		番号	No. 2.19
作業名	ガス溶接及びガス切断（2）	主眼点	ガス切断用吹管の取り扱い方

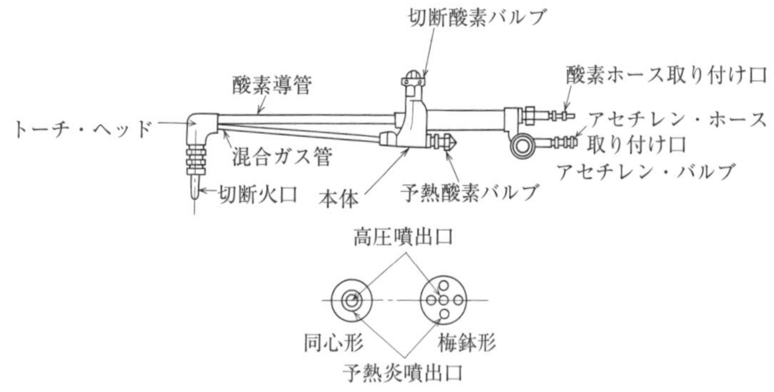

図1　1形切断吹管の構造

材料及び器工具など

ガス溶接装置一式
切断吹管
切断火口
スパナ
点火ライタ
薄紙
水

番号	作業順序	要　点	図　解
1	火口を取り付ける	火口頭部がトーチ・ヘッド内部に密着するようにしっかり締め付ける。	 図2　1形火口断面
2	吸込みを調べる	1．酸素ホースを取り付け，ホース・バンドで締め付けて，酸素を通す。 2．予熱酸素バルブを開き，酸素を出す。次にアセチレン・バルブを開き，アセチレン・ホース取り付け口に薄紙を当てて，吸い込みを調べる。 3．切断酸素バルブを開き，吸い込みを調べる。 4．異常がなければ，アセチレン・ホースを取り付けて，ホース・バンドを締め付け，アセチレンを通す。	
3	点火する	アセチレン・バルブ及び調整バルブを少し開き，点火ライタで点火する。	
4	調整する	1．アセチレン・バルブ及び予熱酸素バルブを操作して，標準炎にする（図3（a））。 2．切断酸素バルブを開く。このとき還元炎になるので再び標準炎にする（図3（b），（c））。 3．切断酸素バルブを締める（図3（d））。	
5	消火する	切断酸素バルブ，予熱酸素バルブ，次にアセチレン・バルブを締め，消火する。	
6	繰り返す	1．作業順序3，4，5を繰り返し，点火，火炎調節，消火を行う。 2．火口の過熱は，予熱酸素バルブ，切断酸素バルブを少し開き，酸素を出しながら水中に入れて冷却する。	図3　切断吹管の火炎調整

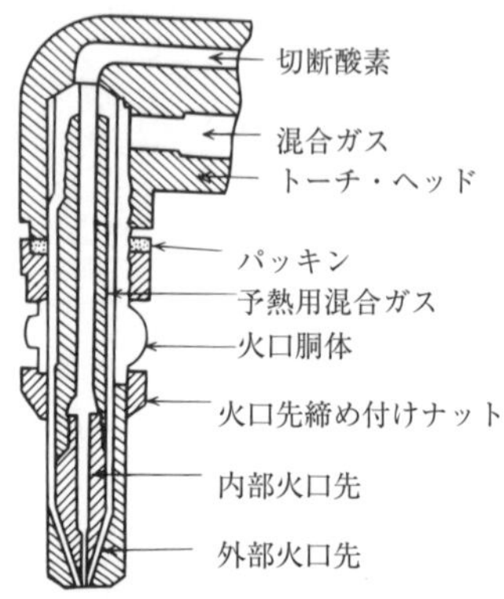

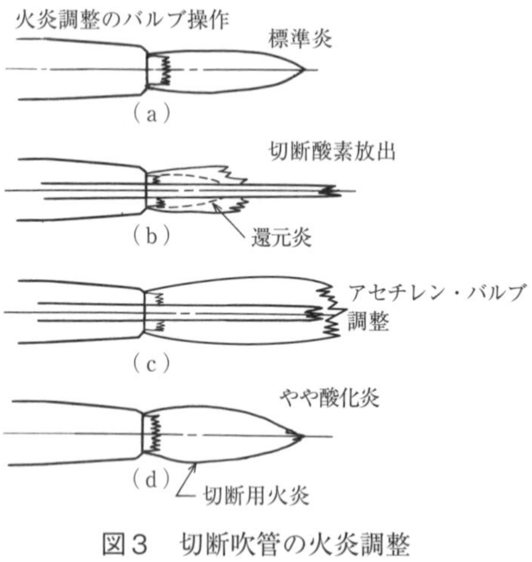

備考	1．切断の場合も，溶接のときと同様，火炎により切断がうまくできなかったり，材料を変質させたりする原因となるので，火炎は必ず標準炎として作業しなければならない。 2．吹管の取り扱いについては，溶接用吹管の取り扱いに準じて行えばよい。「No. 2.17」を参照のこと。 【作業中の吹管取り扱い上の注意】 1．吹管は，油じみた手で取り扱ったり，油を塗布したりしないこと。 2．火口が過熱すると，作業中パチパチ，ボンボン爆発音を発するようになる。このようなときは一時消火し，少し酸素を出しながら水中で冷却する。 3．火口にかすが付いたり，詰まったりすると，点火の際に爆音を発したり，又は火炎の足切れの原因になるので，作業中，火口を材料にこすったりしないこと。かすが付いた場合は，銅線又は黄銅線を用いて火口を掃除すること。 4．火の付いた吹管は，みだりに放置しないこと。 5．火炎の足切れの原因には，上記以外に，酸素圧力の過大や火炎の大きすぎなどがあるので，酸素圧力の調整，火口の大きさに適した火炎調整などを確実に行うこと。

				番号	No. 2.20
作業名	ガス溶接及びガス切断（3）		主眼点		軟鋼板の切断

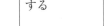

図1　切断材の置き方

材料及び器工具など

軟鋼板（例：6×150×150）
火口（1番相当）
スケール（長尺）
けがき針
ポンチ
片手ハンマ
ガス溶接装置一式
保護めがね
保護マスク
手袋

番号	作業順序	要　　点	図　解
1	準備する	1．切断線をけがく。 2．スラグが飛散しない低い場所に位置する。 3．切断材を水平に置き，下部は空間にして下敷き鉄板を敷く（図1）。	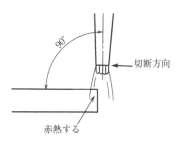 図2　加熱の仕方①
2	点火する	点火し，標準炎にする。	
3	切断する	1．腰を落として安定した姿勢を取る。 2．切断材の端に火口を90°に，切断材面と火炎白点との隙間を2〜3mmに保つ（図2，図3）。 3．切断材端を赤熱（750〜900℃）する。 4．高圧酸素バルブを1/2〜1回開き，吹管を進める（切断速度は400mm/minくらい）（図4）。 5．切断材を切り終わると同時に，高圧酸素バルブを閉じる。	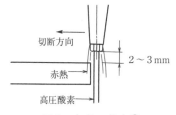 図3　加熱の仕方②
4	消火する	アセチレン・バルブ，調整バルブを閉じて消火する。	
5	切断面を検査する	1．切断で生じたスケール（酸化被膜）を，片手ハンマで取り除く。 2．次のことについて調べる。 （1）肩がたれる…………加熱の強すぎ （2）切断面の波形………吹管操作不安定 （3）切断溝の幅広…………火口の不良 （4）スラグの付着………切断酸素圧力不足 （5）ドラグの長すぎ………吹管角度の不良，切断速度の速すぎ	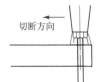 図4　吹管を進める

備考	【切断作業上の注意】 1．切断作業は高圧のため，特にガス漏れに注意し，スラグの飛散による可燃物の引火燃焼に注意すること。 2．鋼板を切断する場合の板厚に対する標準的な切断速度と酸素の圧力との関係を参考表1に示す。	参考表1　切断速度と酸素圧力

参考表1　切断速度と酸素圧力

鋼板の厚み [mm]	切断速度 [mm/min]	酸素の圧力 [MPa]
4	450〜500	0.2〜0.22
5	400〜480	0.21〜0.25
10	340〜450	0.22〜0.28
15	300〜375	0.26〜0.32
20	260〜350	0.27〜0.37
25	240〜270	0.36〜0.41
30	210〜250	0.39〜0.46

番号		No. 2.21
作業名	アーク溶接	主眼点	アークの発生

	材料及び器工具など
	軟鋼板（例：4.5 × 125 × 150） 溶接棒（E 4316（JIS）φ3.2） 溶接装置一式 溶接用保護具一式 ワイヤ・ブラシ

電源スイッチ
スイッチ
電流目盛り
電流調整ハンドル
接地
二次端子

図1　アーク溶接機（可動鉄心形）　　図2　姿　勢

番号	作業順序	要　　　点	図　　　解
1	準備する	1．母材（軟鋼板）を作業台の上に水平に置き，表面をワイヤ・ブラシで清掃する。 2．電源スイッチと溶接機のスイッチを確実に入れる。 3．電流調整ハンドルを回して，矢印を使用電流目盛りに正しく合わせる（図1）。	約10mm 図3　アークの維持高さ
2	姿勢を整える	1．体の位置は，作業台に対して平行に腰を掛け，足を半歩開く。 2．ホルダを軽く握り，肩の力を抜いて，ホルダを持つ肘を水平に張り，上身をやや前かがみに無理のない安定した姿勢にする（図2）。	
3	アークを発生させる	1．溶接棒をホルダに確実に挟む。 2．溶接棒先端を母材面のアーク発生位置から10mm離れた位置に近づける（図3）。 3．溶接面で顔面を保護する。 4．アークを次の方法で発生させる。 （1）溶接棒を直角に保持し，棒の先端を母材面に軽く打って，その反動で2〜3mmの間隔にしてアークを発生させる（タッピング法）（図4（a））。 （2）マッチをするときの要領で，母材面を溶接棒先端で軽くすって，2〜3mmの間隔にしてアークを発生させる（ブラッシング法）（図4（b））。	2〜3mm　　　　2〜3mm （a）タッピング法　　（b）ブラッシング法 図4　アークの発生方法の種類
4	アークを切る	切る直前に2〜3mmの間隔をやや短くして，素早く切る（右→斜め左へ）。	
5	繰り返す	1．アーク発生→切るを繰り返して行い，溶接棒の先端を崩さないで発生できるまで練習する。 2．アーク発生と同時にアーク間隔2〜3mmを保つことができるまで練習する。	

備考	1．電源スイッチ及び溶接機のスイッチは，休憩又は作業終了時には必ず切っておくこと。 2．アークの発生操作を乱暴に行い，溶接棒先端の被覆剤を欠き落とすと良好な溶接ができない。 3．溶接棒が母材に溶着して取れないときは，スイッチを切り，少し時間をおいてから取る。 4．溶接電流調整時には，電流計を用いる（溶接機の目盛りでは狂っていることがある）。

| 作業名 | 炭酸ガス・アーク溶接装置の取り扱い | 主眼点 | 溶接機の取り扱いと電流，電圧調整 |

材料及び器工具など

軟鋼板（例：9.0 × 125 × 150）
炭酸ガス・アーク溶接用ワイヤ（φ1.2）
炭酸ガス・アーク溶接装置一式
溶接用保護具一式
容器弁開閉レンチ
モンキ・レンチ
ペンチ

図1　炭酸ガス・アーク溶接機

番号	作業順序	要　点	図　解
1	溶接作業の準備をする	1．一次側回路を点検する。 2．二次側回路を点検する。 3．炭酸ガスフロー・メータのヒータ電源を入れる。 4．水冷式のものは，冷却水回路を点検する。 5．使用ワイヤ径に合ったワイヤ送給ローラであることを確認し，ワイヤをスプール軸に取り付ける（図2）。 6．溶接機の電源スイッチを入れる。 ※水冷方式のものは，冷却水の循環状態を水冷確認ランプで確認する。 7．溶接トーチのコンタクト・チップを取り外し，ワイヤ径に合っているか，摩耗・損傷がないかを確かめる。 ※コンタクト・チップの摩耗・損傷は，通電不良を生じ，溶接中のアーク不安定を生じるので注意する。炭酸ガス・アーク溶接におけるアーク不安定及び溶接欠陥の発生原因となっていることが，特に多い。 8．インチング・ボタンあるいはトーチ・スイッチを入れ，ワイヤをトーチに装着する。 ※ワイヤをトーチに装着するとき，ワイヤがコンタクト・チップから出る程度の長さにしておくことが望ましい。コンタクト・チップにワイヤ先端が突っかかり，コンジットを傷める原因となる（図3）。 9．コンタクト・チップを取り付け，もう一度トーチ・ケーブルのたるみを点検する。	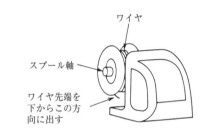 図2　溶接用ワイヤのセット 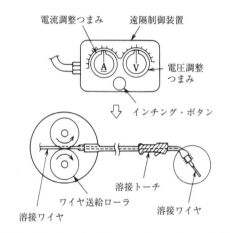 図3　インチング・ボタンによるワイヤの装着
2	炭酸ガスの流量を調整する	1．炭酸ガスの容器弁をあけ，ガス圧を0.2〜0.3MPaに調整する。 2．溶接機のガス・スイッチをチェックに切り換え（ない場合は，ワイヤ送りを停止させトーチ・スイッチを入れる），ガス流量を15L/minに調整し，終わったらガス・スイッチを溶接（あるいはワイヤ送り）に切り換える（図4）。	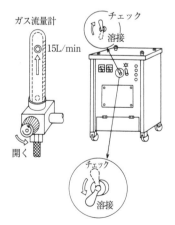
3	溶接条件を調整する	1．ワイヤを送り出し，ノズルより10mm程度の長さに切り落とす。 2．電流調整目盛り（ワイヤ送り目盛り），電圧調整目盛りを適当な位置にセットする。	図4　ガス流量計とガス・チェック

| 作業名 | 炭酸ガス・アーク溶接装置の取り扱い | 主眼点 | 溶接機の取り扱いと電流，電圧調整 |

番号	作業順序	要　点	図　解
3		※各電流に対応した適正電圧はV = 0.04 I + 155 ±1.5で与えられ，この範囲内で作業に合う電圧を決定する。ただし，Iは溶接電流，Vはアーク電圧である。 3．ノズル母材間距離（突き出し長さ）を10〜15mmに一定に保つようトーチを保持し，トーチ・スイッチを入れ，アークを発生させる（図5）。 4．アークの状態を観察しながら溶接条件を調整し，安定なアークを得るようにする。 ※ワイヤが突っ込んでアークが不安定なときは，電圧調整目盛りを大きくし，アークが高くのぼって不安定なときは，電圧調整目盛りを小さくする。この操作を繰り返し，安定なアークを得る（図6）。 5．突き出し長さを一定にして，安定なアーク状態の電流値・電圧値を読み取る（図6）。 6．電流調整目盛り，電圧調整目盛りを少しずつ変化させながら，所定の溶接条件に調整する（図6）。	

※各電流に対応した適正電圧は

$$V = 0.04 I + 155 \pm 1.5$$

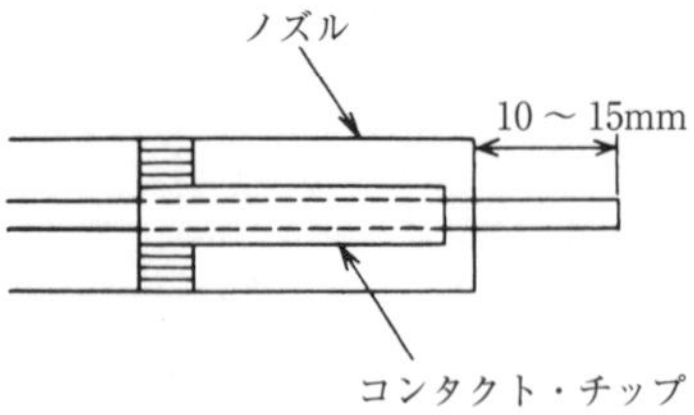

図5　ワイヤの突き出し長さ

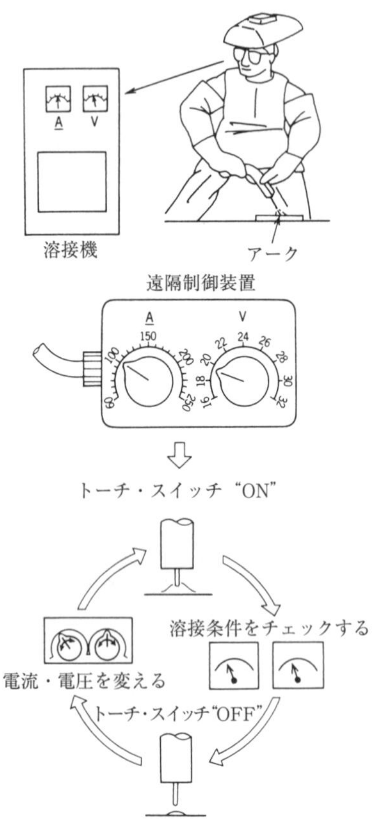

10〜15mm
ノズル
コンタクト・チップ

溶接機　アーク
遠隔制御装置

トーチ・スイッチ "ON"

溶接条件をチェックする
電流・電圧を変える
トーチ・スイッチ"OFF"

図6　遠隔制御装置による溶接条件調整

| 4 | ガス・ノズルを清掃する | ガス・ノズルをトーチより取り外し，ノズル内及びチップ先端に付着したスパッタを取り除く（図7）。
※ガス・ノズルへのスパッタの多量付着は，シールド・ガスの機能を不完全にし，アーク不安定・溶接品質の悪化の原因になる。
また，スパッタの多量付着は，その除去が困難になるうえ，ガス・ノズルやコンタクト・チップの破損のおそれが生じるので，一作業終了ごとに清掃することが望ましい。 | |

【安全衛生】
1．炭酸ガス・アーク溶接では，僅かではあるが，一酸化炭素が出るので，通風・換気に注意する。
2．電源スイッチ及び溶接スイッチは，休憩又は作業終了時には必ず切るようにする。
3．体，被服などが汗などで湿っていないように注意する。
4．アーク光による目の災害を防止するため，正しい濃度の遮光ガラスのついた溶接面（ハンド・シールド形、ヘルメット形など）を使用し，付近の人々にもつい立てなどを用いて害を与えないようにする。
　炭酸ガス・アーク溶接では，特に強いアーク光を発生するので，電光性眼炎，結膜炎などの損傷が起こりやすい。
5．屋内作業場の床などを，毎日1回以上水洗又は超高性能（HEPA）フィルタ付き真空掃除機によって清掃する。

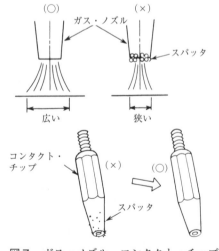

（○）　　　　（×）
ガス・ノズル
スパッタ
広い　　　　狭い

コンタクト・チップ
（×）　　（○）
スパッタ

図7　ガス・ノズル，コンタクト・チップの正常な状態

| 作業名 | 炭酸ガス・アーク溶接による下向きビード置き | 主眼点 | ストリンガ・ビードの置き方（前進法） |

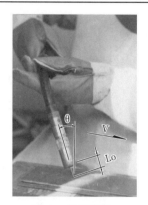

図1　溶接姿勢

V：溶接速度
θ：トーチ角度
Lo：突出し長さ

材料及び器工具など

軟鋼板（例：9.0 × 150 × 200）
炭酸ガス・アーク溶接用ワイヤ（φ1.2）
炭酸ガス・アーク溶接装置一式
溶接用保護具一式
モンキ・レンチ
ペンチ
溶接用清掃工具一式
平やすり

番号	作業順序	要　　点	図　　解
1	準備する	1．母材を作業台の上に水平に置き，表面を清掃し，アースの状態を点検する。 2．溶接電流（短絡方式の場合は 130 A，グロビュール（グロビラー）移行方式の場合は 250 A），アーク電圧（各電流値に対応する適正電圧範囲内のもの，130 A では 21 V），炭酸ガス流量（15L/min）を調整する。 ※同一電流で電圧が低いと，溶込みが深く，幅の狭い盛り上がったビードになる。	溶接トーチ 作業台 鋼板 溶接トーチ 溶接方向　10〜15mm 母材 図2　トーチ保持角度
2	姿勢を整える	1．母材に対し平行に腰を掛け，足を半歩開く。 2．トーチを軽く握り，肩の力を抜き，トーチを持つ方の肘を水平に張って，溶融池の状態がよく見える程度に前かがみにする（図1，図2）。	
3	アークを発生させる	1．ワイヤを送り出し，ノズルより 10mm 程度の長さに切り落とす。 2．溶接開始点に，突出し長さ 10 〜 15mm 程度にトーチを保持する。 3．トーチ・スイッチを入れる。	溶接トーチ 70°〜75° アーク 溶融池 図3　トーチ保持角度
4	ビードを置く	1．トーチ保持角度は進行方向に 70°〜 75°，母材に対しては 90°に保ち，溶融池の状態を見ながらビードを置く（図3）。 （1）実体ワイヤを用いる方式では，ビード形状，溶接線の見やすさ，ガスの被包効果の点で前進角が一般に用いられる。 （2）前進法では，幅の広い扁平なビード形状になり，溶込みは浅い。 2．溶接速度，トーチ保持角度は，溶融池の状態に応じて変化し，均一で真っすぐなビードを置く（図4）。 （1）溶接速度は 40cm/min を目安にビードを置く（溶接長さは 200mm で約 29 秒）。 （2）溶接速度が増大すると溶込み，余盛，ビード幅は減少し，幅の狭い凸ビード形状になる。 （3）深い開先内の溶接では速度を落とすと溶融金属が先行し，スパッタが多く，ビード不正やコールド・ラップ（溶込み不良）の欠陥が生じやすい。 （4）ワイヤ先端を常に溶融池先端に向ける。	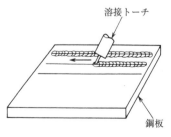溶接トーチ 鋼板 図4　均一で真っすぐなビード波形

| 作業名 | 炭酸ガス・アーク溶接による下向きビード置き | 主眼点 | ストリンガ・ビードの置き方（前進法） |

番号	作業順序	要　　　点	図　　　解
5	アークを切る（クレータ処理をする）	ビード終端では，クレータ部で小さな円運動によりクレータ処理をした後，トーチ・スイッチを切り，クレータが完全に冷却するまで，トーチをクレータ上方で保持する（図5）。 　クレータ・フィラ装置のあるものについては，トーチ・スイッチを切りアークが切れ，クレータが完全に冷却するまでトーチをクレータ上方で保持する。 　※クレータ・フィラ装置とは，クレータ割れ防止装置のことで，被包（ガス・シールド）の効果によって，クレータ部の溶接欠陥を防止する。	溶接トーチ けがき線 鋼板 図5　クレータの処理
6	検査する	下記のことについて調べる。 （1）ビードの表面及び波形の均一性 （2）ビード幅及び余盛高さの適否（図6） （3）アンダ・カット，オーバラップの有無 （4）ビード表面の酸化の有無 （5）ビードの始端及び終端の状態	ビード幅 余盛高さ 母材 最大余盛高さ＝ 0.1 ×ビード幅＋ 0.5mm 図6　ビード幅と余盛高さ

備考

1．前進法（押し角）でストリンガ・ビード置きができるようになったら，後退法（引き角）でストリンガ・ビード置きの練習もする（参考図1）。
　　後退法では，幅の狭い凸なビード形状になり，溶込みは深い。
2．基本動作の目的は，次の事柄が同時にできるようになることである。
（1）腕を水平に動かす。
（2）溶融池を絶えず観察し，アークの位置，短絡回数，運棒速度，トーチ保持角度を適正に調節しながら行う。

10°〜15°

溶接方向

参考図1　トーチ保持角度（後退法）

番号		No. 2.24－1

作業名	塗　装（1）	主眼点	パテ付けと水研ぎ

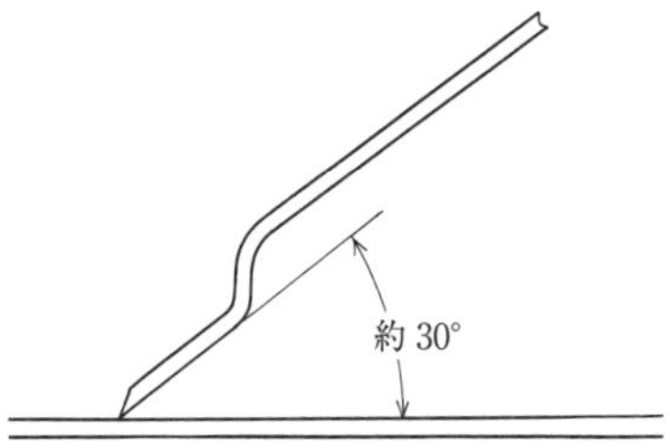

図1　塗料の剥離 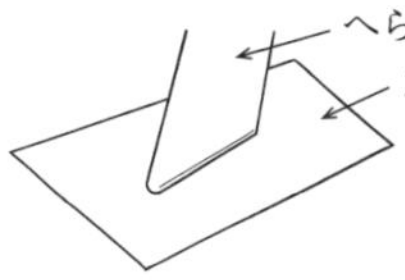　　　図2　へらの刃先調整

材料及び器工具など

素材（例：1.0 × 300 × 450）
ラッカ・パテ
研磨紙
耐水ペーパ
溶剤
スクレーパ
ワイヤ・ブラシ
パテ台
木べら
当てゴム，ゴムべら
スプレ・ガン，ウエス

番号	作業順序	要　　　　点	図　　　解
●パテ付け			
1	素地を作る	1．素材板に塗料が付いているときには，スクレーパを約30°に当てて剥離する（図1）。 2．素材板に付いているさびは，ワイヤ・ブラシで縦横に交互にこすって落とし，研磨紙で磨いた後，布で奇麗にする。 3．油脂が付いているときは，ウエスに溶剤を浸して，素材全面を丁寧に拭き取る。	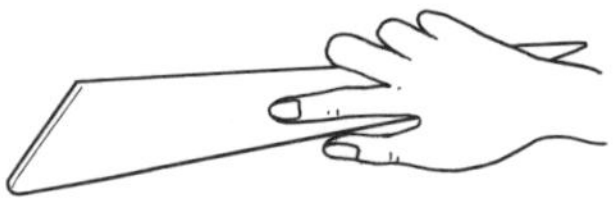 図3　へらの持ち方
2	さび止めする	はけ又はスプレ・ガンで塗る。	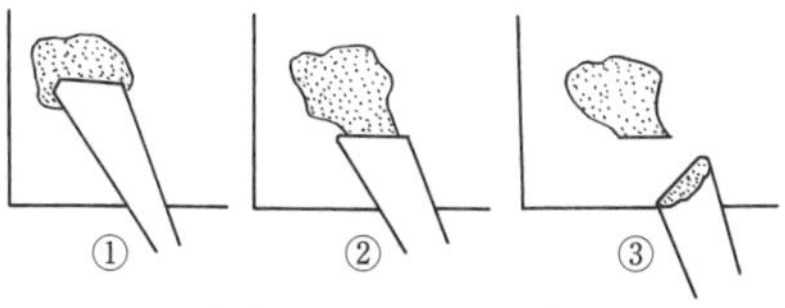 （a）パテの取り方①
3	パテ付けの準備をする	1．研磨紙（布）を平らな台に載せ，へらの刃先を調整する（図2）。 2．パテ台の面を奇麗にする。 3．必要量のパテをパテ台に載せ，溶剤を加えて粘度を調整する。	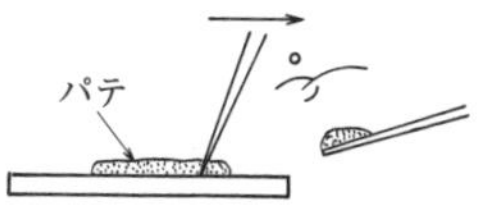 （b）パテの取り方② 図4　パテの取り方
4	パテを取る	1．へら先でパテ台のパテを十分に練る。 ※速乾性のパテの場合，これを繰り返して凝固を防ぐ。 2．へら先の角を取ったほうを左にして，人差し指を真っすぐに伸ばしてへらを持つ（図3）。 3．へら先を斜め下にして手前のパテから1回にパテ付けする十分な量だけ取り，手首を返してへらを裏返しにして，パテをへらに載せる（図4）。	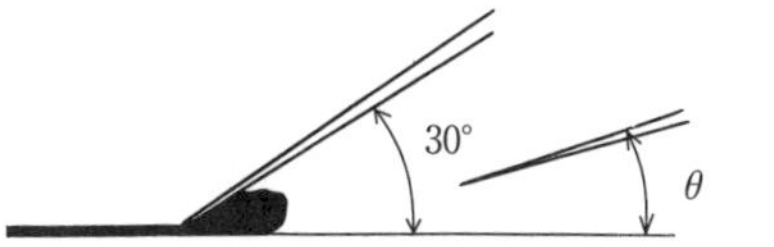 30° θ 引きながら徐々に傾ける 図5　パテの付け方
5	パテを付ける	1．幅広く，長くパテ付けするときは，へらの角度を30°位からしだいに傾けて付ける（図5）。 2．小さい部分のパテ付け（拾いパテ）の場合は，40°〜60°傾けてへらを引き，できるだけ薄く均一に付ける（図6）。 3．穴埋めの場合は，へらの表を使って反対方向に返しべらをする。	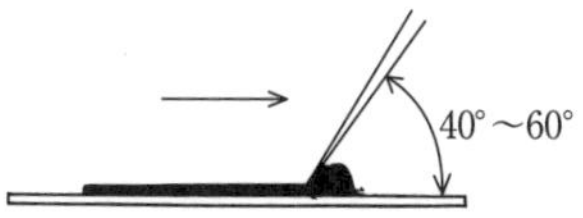 40°〜60° 図6　拾いパテ

作業名	塗　装（1）	主眼点	パテ付けと水研ぎ

番号	作業順序	要　　　点	図　　解
6	むら直しをする	1．パテ付け面に垂直よりやや手前に傾けてへらを当て，一定角度で素早く手前に引き，平らに修正する。 2．広い面のパテ付けをする場合は，前にパテ付けした直角方向に更にパテ付けをする。 3．最後に，全面を軽く1．の要領でへらを引き，仕上げをする。	耐水ペーパ 当てゴム　　押さえゴム 図7　耐水ペーパを当てゴムに取り付ける

●水研ぎ

番号	作業順序	要　　　点	図　　解
1	水研ぎの準備をする	1．乾燥の程度を調べる。 2．当てずりした耐水ペーパを当てゴム（当て木）に取り付ける（図7）。 3．指先と手のひらでパテ面をさすって，凹凸を調べる。	ゴムべら 図8　水の拭き取り
2	水研ぎする	1．パテ面及び耐水ペーパに，十分水を付ける。 2．パテ面の高い部分に耐水ペーパを平らに当て，手早く回すように研ぐ。 3．あまり力を入れず，時々水を与えながら平らになるまで研ぐ。	
3	調べる	1．指先と手のひらでさすって調べる。 2．光にかざしてみて，光っている部分は研げていない。	
4	拭き取る	奇麗な水で研ぎかすを流し，ゴムべらで水をぬぐって乾かす（図8）。	

備考	1．素地作りの場合，脱脂方法としては，から焼き法，サンド・ブラスト法，溶剤脱脂，エマルション洗浄法，電解脱脂法等がある。 2．さび落としの方法としては，吹き付け加工法（ブラスト法），焼き取り法，酸洗い法，酸による拭き取り法などがある。 3．古い塗料を剥離する場合には，剥離剤を用いると楽に剥離することができる。 4．1回にあまり厚くパテ付けすると，パテの表面だけが乾燥し，内部が乾燥しない。そのため，後でしわができるので，1回にあまり厚く塗らず，乾燥してからパテ付けを繰り返すこと。

番号		No. 2.25
作業名	塗　装　(2)	主眼点	スプレ・ガンによる吹き付け

		材料及び器工具など

材料及び器工具など

素材　(例：1.0 × 300 × 450)
塗料
スプレ・ガン
粘度計
保護具
コンプレッサ
エア・トランスフォーマ

図1　吹き付け作業　　　　図2　粘度計

番号	作業順序	要　点	図　解
1	準備する	1．エア・トランスフォーマの圧力を 0.34MPa に調整する。 2．スプレ・ガンを点検する。 3．塗料の粘度を粘度計（図2）で 20 〜 25 秒になるように溶剤で薄め，ろ過してカップに入れる。 4．保護マスクを着用する。 5．被塗面上のほこりやごみをエアで吹き飛ばして奇麗にする。	単位［mm］ 進行 150 〜 200 90° 20 〜 30 素材 図3　スプレ・ガンと被塗面の距離と角度
2	姿勢をとる	1．人差し指は第二関節を引き金に軽く当て，他の4指でスプレ・ガンの握りを持つ。 2．試し吹きをしながら噴射パターンの調整をする。 3．左手でスプレ・ガンより約1m先のホースを軽く握る。 4．半歩開いて姿勢を整える（図1）。 5．スプレ・ガンのノズルが被塗面から 150 〜 200mm の距離に垂直に構える（図3）。	
3	吹き付ける	1．スプレ・ガンを被塗物の端から少し外れた位置に置き，引き金を引く前にスプレ・ガンの運行を始める（図3）。 2．塗面に対し垂直に向け，等速度（40cm/s）で平行に運行する。 3．運行が終わる寸前に引き金を放す。 4．1／3 程度重ねて，厚さにむらがないように全面に吹き付ける（図4）。 5．先に吹き付けた方向に直交するように，前の要領で重ねて吹き，むらを修正する。	重ね部分 図4　吹き付け方

備考	1．厚く塗りすぎると塗面に流れを生じたり，塗膜にしわを生じたりして硬化の妨げとなるので，一度に厚く塗らないで塗り回数を多くする。 2．湿度が高いと塗膜の白化（ブラッシング）を起こす（主にラッカなど）。 3．ゆず肌になる原因は，粘度が高い，スプレ・ガンの運行が速すぎる，スプレ・ガンが遠い，圧力が低いなどである。 4．流れる原因は，粘度が低すぎる，スプレ・ガンの運行が遅すぎる，スプレ・ガンが近すぎるなどである。 5．ザラザラに塗れる原因は，スプレ・ガンが遠すぎる，スプレ・ガンの運行不適，圧力が強い，ノズルが不適などである。 6．作業終了後は，直ちにスプレ・ガンはシンナでから吹きして洗い，スプレ・ガンの先端を指で押さえ，シンナを逆流して内部を洗う。また，塗料孔や空気孔などは，ブラシにシンナを付けてよく洗っておくこと。 7．スプレ・ガンを洗浄した後は，目詰まり防止のため，カップ内に少量の洗浄用シンナを入れて保管する。

作業名	レンチ類の使い方	主眼点	トルク・レンチの使い方

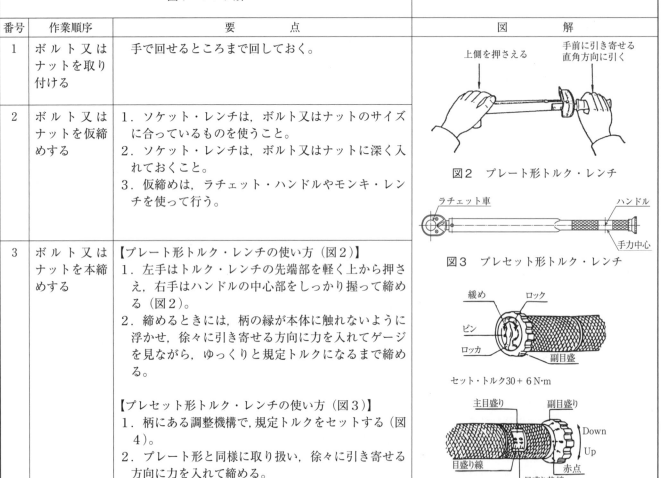

図1　レンチ類

材料及び器工具など

ソケット・レンチ・セット
プレート形トルク・レンチ
プレセット形トルク・レンチ
モンキ・レンチ
ラチェット・ハンドル

番号	作業順序	要　　　　点	図　　　解
1	ボルト又はナットを取り付ける	手で回せるところまで回しておく。	図2　プレート形トルク・レンチ
2	ボルト又はナットを仮締めする	1．ソケット・レンチは，ボルト又はナットのサイズに合っているものを使うこと。 2．ソケット・レンチは，ボルト又はナットに深く入れておくこと。 3．仮締めは，ラチェット・ハンドルやモンキ・レンチを使って行う。	図3　プレセット形トルク・レンチ
3	ボルト又はナットを本締めする	【プレート形トルク・レンチの使い方（図2）】 1．左手はトルク・レンチの先端部を軽く上から押さえ，右手はハンドルの中心部をしっかり握って締める（図2）。 2．締めるときには，柄の縁が本体に触れないように浮かせ，徐々に引き寄せる方向に力を入れてゲージを見ながら，ゆっくりと規定トルクになるまで締める。 【プレセット形トルク・レンチの使い方（図3）】 1．柄にある調整機構で，規定トルクをセットする（図4）。 2．プレート形と同様に取り扱い，徐々に引き寄せる方向に力を入れて締める。 3．規定トルクに達すると，手応えに変化があり，また「カチ」と音がする。	セット・トルク30＋6N·m 図4　トルク調整機構

備考	1．モンキ・レンチ（アジャスタブル・レンチ）を用いてボルトやナットを締めたり，緩めたりするときは，力が多く掛かる側に固定部が当たるようにレンチを掛けて締めたり，あるいは緩めたりすること（参考図1）。 2．レンチ類は，パイプなどをつないで柄を長くして用いると，レンチが破損したり，ボルトが折れたりすることがあり危険である。組レンチ（組スパナ）などは使用せずに，締め付けが足りなかったり，緩まないときには，スピンナ・ハンドルとソケット・レンチなどを用いて締めたり，あるいは緩めたりすること。 3．トルク・レンチは，定期的に点検・校正（較正）を行う必要がある。  （○）　　　　　　　　（×） 参考図1　モンキ・レンチの使い方

作業名	スタッド・ボルトの抜き方	主眼点	スタッド・ボルト・リムーバの使い方

図1　スタッド・ボルト・リムーバ

材料及び器工具など

シリンダ・ヘッド
スタッド・ボルト・リムーバ
スピンナ・ハンドル

番号	作業順序	要　点	図　解
1	スタッド・ボルト・リムーバにハンドルを付ける	スタッド・ボルト・リムーバのハンドル取り付け穴にスピンナ・ハンドルの角部を完全に差し込む（図1）。	 図2　スタッド・ボルトをローレットにくわえる
2	スタッド・ボルト・リムーバをスタッド・ボルトに入れる	スタッド・ボルトにその直径に応じたスタッド・ボルト・リムーバの穴を入れる（図1，図2）。	
3	スタッド・ボルトをローレットにくわえる	1．左手でスピンナ・ハンドルの先端を軽く押さえ，右手でスピンナ・ハンドルを左に回す。 2．スタッド・ボルトにスタッド・ボルト・リムーバのローレット部が完全に食い付くようにする（図2）。	
4	スタッド・ボルトを抜く	スピンナ・ハンドルをしっかり握って，左に回す。	参考図1　ソケット・タイプによる方法
5	スタッド・ボルトをスタッド・ボルト・リムーバから外す	1．スタッド・ボルトを手で押さえ，スピンナ・ハンドルを右に回す。 2．なかなか取れないときには，スタッド・ボルトのねじを切っていない部分を万力にくわえ，スピンナ・ハンドルを右に回す。	 参考図2　パイプ・レンチによる方法
備考	【ソケット・タイプのスタッド・ボルト・リムーバよる方法】 1．中央の穴にスタッドボルトを入れる。 2．スタッド・ボルトに内部のローラが食い付くように回す（参考図1）。 【スタッド・ボルト・リムーバを使わないで，スタッド・ボルトを抜く方法】 1．パイプ・レンチによる方法（参考図2）。 　パイプ・レンチをスタッド・ボルトにかませて，左に回して抜き取る。 2．ダブル・ナットによる方法（参考図3）。 　スタッド・ボルトに2個のナットをねじ込み，下のナットはねじの緩む方向に，上のナットはねじの締まる方向に，互いにスパナで締め付ける。その後，下のナットだけにスパナを掛けてねじの緩む方向に回して，スタッド・ボルトを抜き取る。		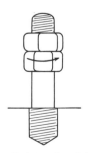 参考図3　ダブル・ナットによる方法

番号		No. 2.28
作業名	折れたボルトの抜き方	主眼点	スクリュ・エキストラクタの使い方

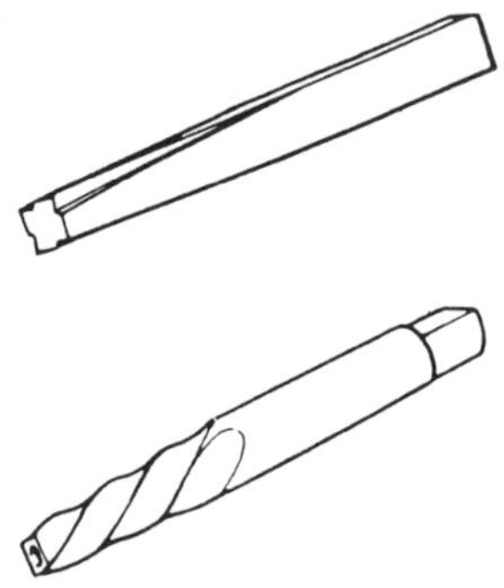

図1　スクリュ・エキストラクタ

	材料及び器工具など

スクリュ・エキストラクタ
センタ・ポンチ
ハンマ
電気ドリル
ドリル
タップ・ハンドル

番号	作業順序	要　　　点	図　　　解
1	折れたボルトにセンタ・ポンチを打つ	1．折れたボルトの上面を平らに削る。 2．折れたボルトの中心部にセンタ・ポンチの先端を合わせて，センタ・ポンチを折れたボルトに垂直に立て，最初は軽く打つ。 3．中心を確かめてからセンタ・ポンチを強く打つ（図2）。	 図2　折れたボルトの前処理
2	折れたボルトに穴をあける	電気ドリルを用い，ボルトの直径の50〜60％くらいの径のドリルで，スクリュ・エキストラクタの刃部の長さの1/2以上の穴を真っすぐにあける（図3）。	 図3　折れたボルトに穴をあける
3	スクリュ・エキストラクタを穴に入れる	スクリュ・エキストラクタを垂直に手で入るところまで入れ，ハンマでたたいて穴に打ち込む。	
4	タップ・ハンドルに付ける	1．スクリュ・エキストラクタの角部をタップ・ハンドルでしっかり挟む（図4）。 2．スクリュ・エキストラクタとタップ・ハンドルが垂直になるようにする。	図4　スクリュ・エキストラクタの使用方法
5	折れたボルトを抜く	1．タップ・ハンドルを左に回す（図5）。 2．タップ・ハンドルを握っている両手の力は平均に入れる。 3．タップ・ハンドルを続けて回しながら抜く。	
6	スクリュ・エキストラクタを折れたボルトから抜く	ボルトを万力に挟み，スクリュ・エキストラクタを締め込む方向に回してボルトから外す（図6）。	図5　折れたボルトを抜く
備考	【ポンチ又はたがねで抜く方法】 　折れたボルトの切断面がボルト穴よりやや出ているか，又は同じくらいの場合，先端があまり鋭利でないポンチ又はたがねを使って，先端を折れたボルトの外周部の比較的高いところに当て，ポンチ又はたがねの頭をねじの緩む方向に軽くたたきながら抜き取る。	 図6　折れたボルトから抜く

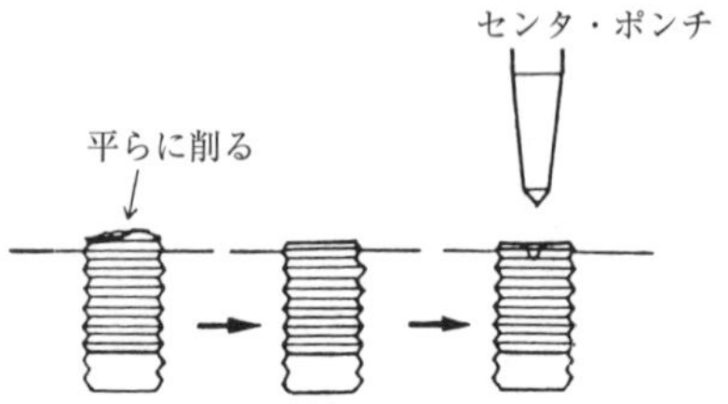

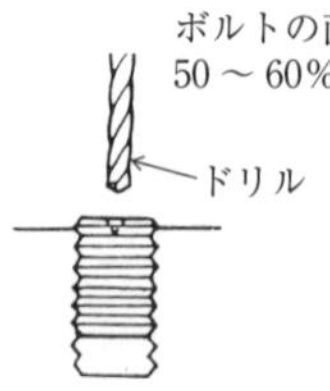

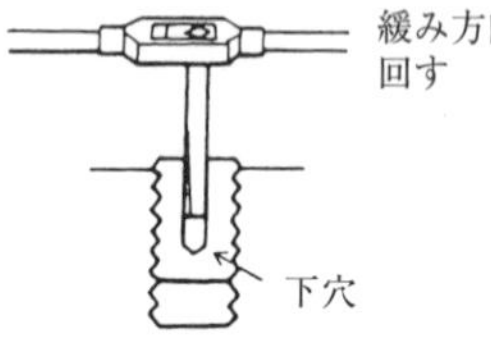

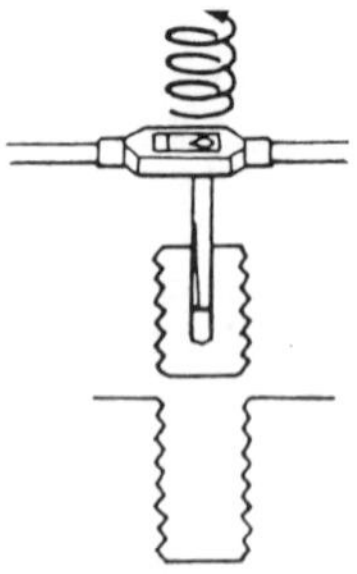

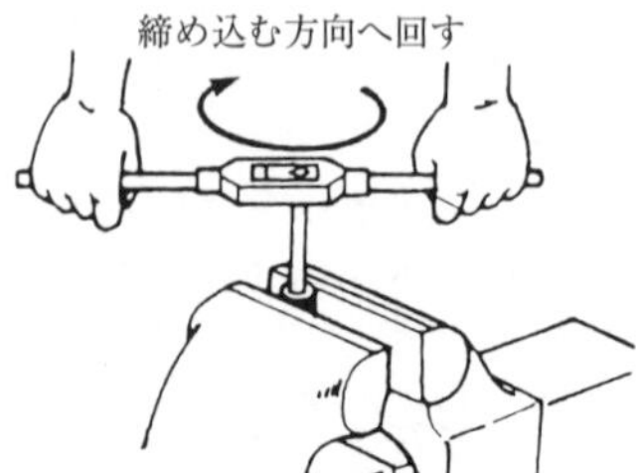

作業名	亀裂の検査	主眼点	エア・ゾル式の染色浸透探傷剤の取り扱い

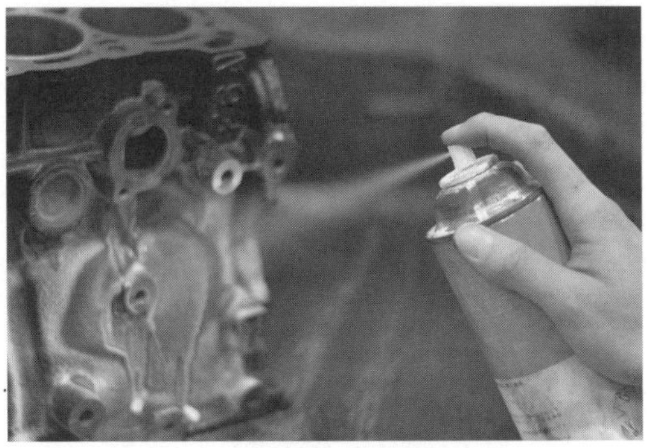

	材料及び器工具など

自動車部品
染色浸透探傷剤（エア・ゾル式）
　・赤色浸透液（A液）
　・洗浄液（B液）
　・白色現像液（C液）
シンナ
ウエス

図1　白色現象液の吹き付け

番号	作業順序	要　　点	図　　解
1	自動車部品を洗浄し，前処理をする	1．自動車部品洗浄機，又は温水ワッシャを用いて自動車部品に付着している汚れと油を取り除く。 2．塗料はシンナで取り除く。 3．洗浄液（B液）を検査面に吹き付ける。 4．奇麗なウエスで洗浄液を拭き取る（図2）。	図2　前処理
2	浸透液を付ける	赤色浸透液（A液）を検査面に吹き付け，5〜10分間程度放置する（図3）。	
3	浸透液を取る	洗浄液（B液）を吹き付け，ウエスで浸透液を拭き取る（図4）。	5〜10分放置 図3　浸透処理
4	現像液を付け，亀裂を発見する	1．白色現像液（C液）のボンベを横向き，又は逆さにして振り，十分にかくはんする。 2．ノズルを検査面より30cmくらい離して吹き付ける（図1）。 3．赤色浸透液が表面に出てくれば，そこに亀裂がある（図5）。	図4　洗浄処理
備考	（a）シリンダ・ブロックの亀裂検査　（b）シリンダ・ヘッドの亀裂検査 （c）ショック・アブソーバの漏えい欠陥の検査 参考図1　染色浸透探傷法による検査の一例		図5　観察（欠陥の発見）

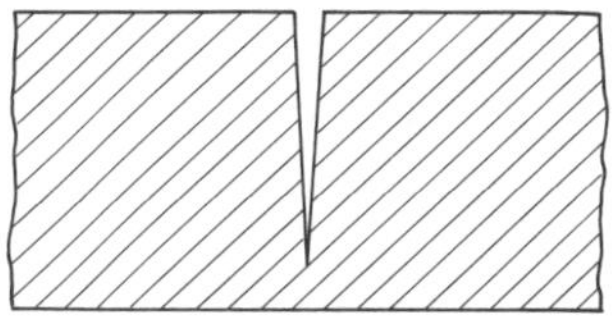

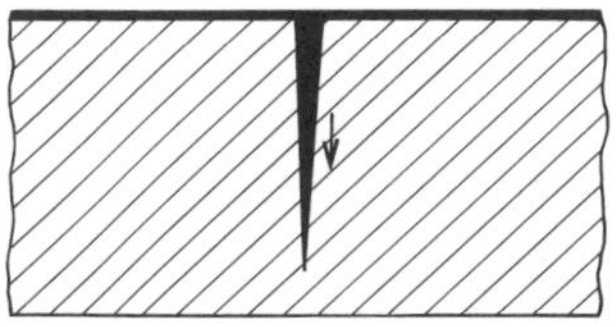

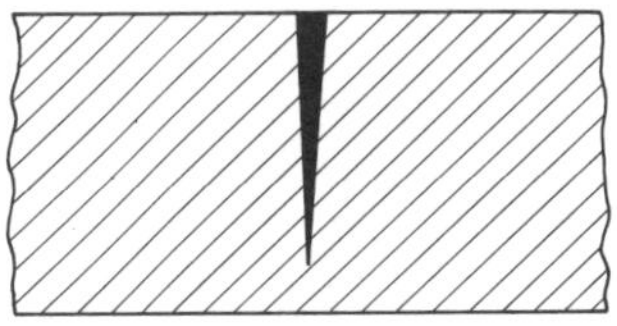

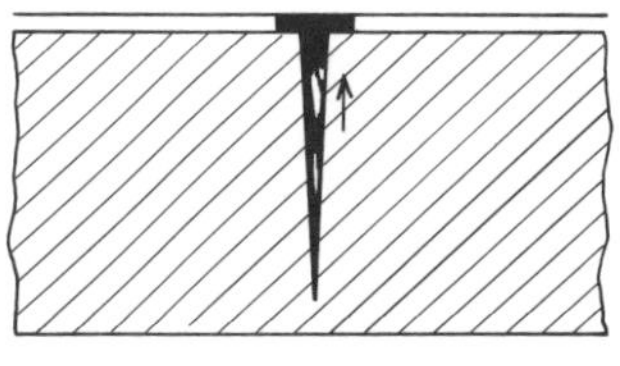

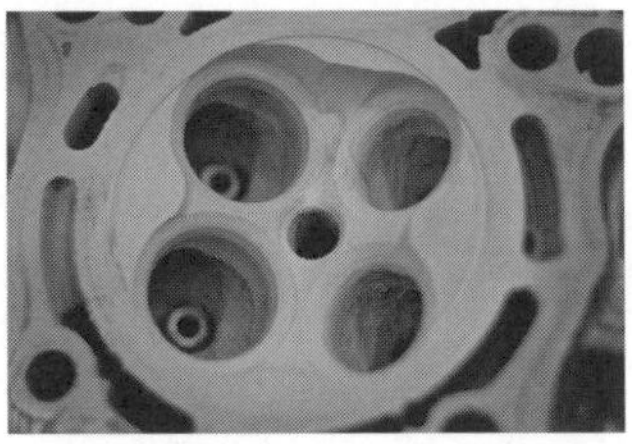

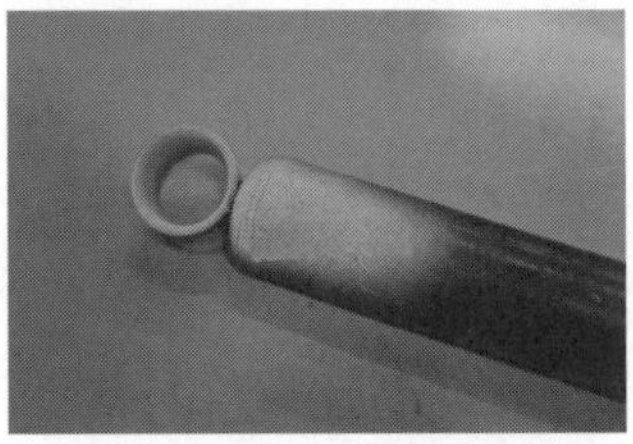

作業名	亀裂の検査	主眼点	エア・ゾル式の染色浸透探傷剤の取り扱い

【取り扱い上の注意事項】
1．火気の付近，又は火気を使用している家屋内では使用しないこと。
2．周囲温度が40℃以上になるところには保管しないこと。
3．使用後は火の中に投じないこと。缶の廃棄については，廃棄業者等が指定した処分方法に従うこと。
4．取り扱い中は換気に注意し，必要に応じ有気ガス・マスクを用いる。
5．できるだけ皮膚に触れないように手袋を着用すること。
6．取り扱い後は，手を洗い，うがいを十分行うこと。
7．場所を定めて保管すること。

（a）大きな亀裂　　　（b）小さな亀裂　　　（c）巣　　　（d）疲労亀裂（初期）

参考図2　欠陥の検出例

備

考

| 作業名 | 空気圧縮機（エア・コンプレッサ） | 主眼点 | 取り扱い方 |

図1　全体図

材料及び器工具など

空気圧縮機

番号	作業順序	要　　点	図　　解
1	準備する	1．クランクケースのオイル量をオイル・ゲージで確認する（図2）。 2．電源電圧と電源ヒューズを確かめる。 3．ストップ・バルブ，ドレン・コックを閉じる。	 図2　オイルの点検方法
2	始動する	1．電源スイッチを確実に入れる。 2．異常音や異常振動があるときは，直ちに停止する。 3．圧力計の針の動きが平均に上がっているかを確認する。 4．規定圧力に達した時，圧力スイッチが切れ，モータが自動停止するかを確認する。 5．逃し弁付きの場合は，停止した時，空気の排出を確認する。	
3	圧縮空気を使う	1．ストップ・バルブを開く。 2．規定圧力以下になると自動的に圧力スイッチが入り，始動することを確認する。	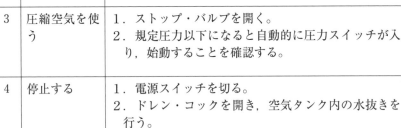 参考図1　空気清浄器の清浄方法
4	停止する	1．電源スイッチを切る。 2．ドレン・コックを開き，空気タンク内の水抜きを行う。	

備考

1．空気圧縮機の保守・点検は，次により行うこと。

点検時期	保守・点検項目	備　考
1か月ごと	クランクケースのオイルの汚れ	図2参照
	空気清浄器のフィルタの清掃	参考図1参照
	圧力スイッチ及びマグネット・スイッチの接点の汚れ	参考図2参照 電源スイッチを必ず切ってから行うこと
	ベルトの張り具合	
6か月ごと	安全弁の作動	

2．寒冷地や冬期においては，粘度の低いオイルに取り替え，始動の際，アンローダ・バルブのリフタ又はコックを開いて，暖機運転をする。

3．圧力計，安全弁，圧力スイッチなどの働きはいつも完全にし，作動不良のときは使用せずに，直ちに修理するか，部品を取り替えること。

4．都道府県労働局から交付されたタンク耐圧証明書は，必ず保管しておくこと。

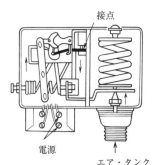

参考図2　圧力スイッチ及び
マグネット・スイッチの点検

作業名	温水洗車機（カー・ウォッシャ）	主眼点	取り扱い方

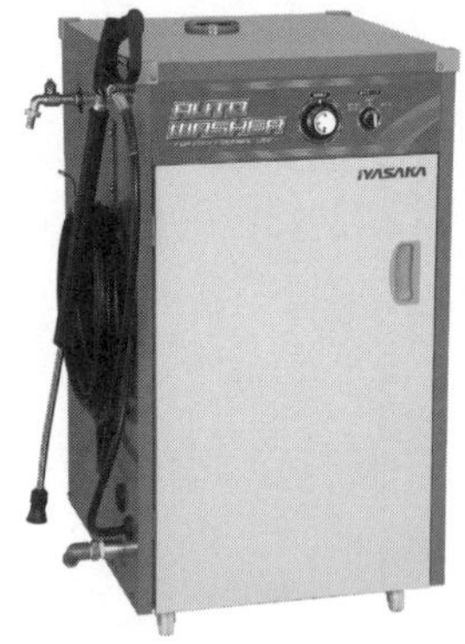

図1　全体図

材料及び器工具など

温水洗車機（カー・ウォッシャ）
白灯油

番号	作業順序	要　　　　　点	図　　　　解
1	準備する	1．電源コード，給水ホース，洗浄ホースはしっかりと取り付ける。 2．燃料の量を確かめる。 3．給水バルブを開き，タンクを満水にする。	
2	温度を調節する	1．電源スイッチを ON にする。 2．温度調節ダイヤルを希望の温度に合わせて，バーナ・スイッチを ON にする。	
3	洗浄する	1．洗浄ガンをしっかり持ち，ポンプ・スイッチを ON にする。 2．レバーを握ると高圧の温水が噴射するので，洗浄ガンを両手でしっかり持ち，振り回されないようにする。また，やけどをしないように注意する。 3．塗装面，ゴム材などには，洗浄ガンをあまり近づけないようにすること。 4．エンジン・ルーム内を洗浄する場合，電気装置に水が掛からないよう，養生するなどの保護を行う。	
4	停止する	1．温度調整ダイヤルを 0 にする。 2．バーナ・スイッチを OFF にする。 3．ポンプ・スイッチを OFF にする。 4．洗浄ガンのレバーを握り，ホース内の圧力を抜く。 5．電源スイッチを切る。 6．ボイラの温度が下がったら給水バルブを閉じ，排水バルブを開いて，タンク内の水を抜く。	

備考	1．運転中はボイラの燃焼状態に注意し，換気を十分に行う。 2．凍結時期には取り扱い説明書などに従いタンク，ポンプ内の排水を十分に行うこと。また，凍結防止ヒータが装備されたものもある。 出所：（図1）（株）イヤサカ

作業名	部品洗浄槽	主眼点	取り扱い方

図1　全体図

材料及び器工具など

部品洗浄槽
水
灯油，軽油
ブラシ
エア・ガン
ウエス
保護めがね

番号	作業順序	要　　　　点	図　　解
1	準備する	1．ろ過タンクの洗浄油の量を確かめる。 2．電源（100 V単相）を接続する。 3．エア・ホースをエア・コック背面のコネクタにつなぐ。	
2	洗浄油を出す	1．蛇口を開く。 2．送油ポンプ・スイッチを入れる。	
3	部品を洗浄する	1．蛇口から出る洗浄油を掛けながら，ブラシ又はウエスなどで洗う。 2．小さい部品は，小形のオイル・パンに入れて洗う。 3．大きい部品は，栓を閉じて，洗浄油をためて洗う。 4．部品についた汚れや洗浄油を，エア・ガンで吹き飛ばす。	図2　内部透過図
4	掃除する	1．送油ポンプ・スイッチを切り，蛇口を閉める。 2．オイル・パンや周囲の泥や汚れを掃除する。	
5	防せいする	部品洗浄後，長時間放置する場合はエンジン・オイルなどを塗布して部品がさびないようにする。	

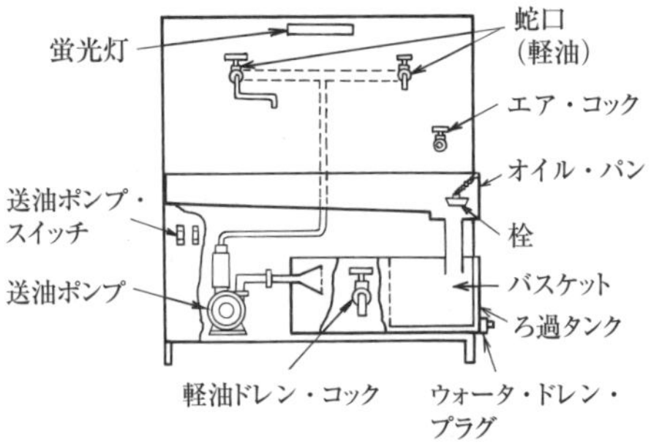

備考

1．部品洗浄槽は，灯油や軽油を用いて部品を洗浄するが，オイル・パンに落ちた泥やごみは，洗浄油と共にろ過タンクに落ちる。ろ過タンクは，下半分に水が入れてあり，泥やごみなどの重いものは比重差により水中に落ち，洗浄油は奇麗になり，再び送油ポンプでくみ上げられ，循環して使用される。洗浄油は汚れがひどくなったら交換する。

　　ろ過タンクは，掃除に便利なように，前面に引き出せるものが多い。また，オイル・パン排油口の下に，汚れを集めるバスケットを備えたものもある（参考図1）。

2．エア・ガンは，圧縮空気により，汚れや油を吹き飛ばすピストル形の工具である（参考図2）。

3．洗浄部品又はノズルを回転させ，上，下又は横から洗浄液をジェット噴射させて汚れを洗い落とす自動式のものもある。

※環境汚染に配慮した水性タイプの中性洗剤もある。

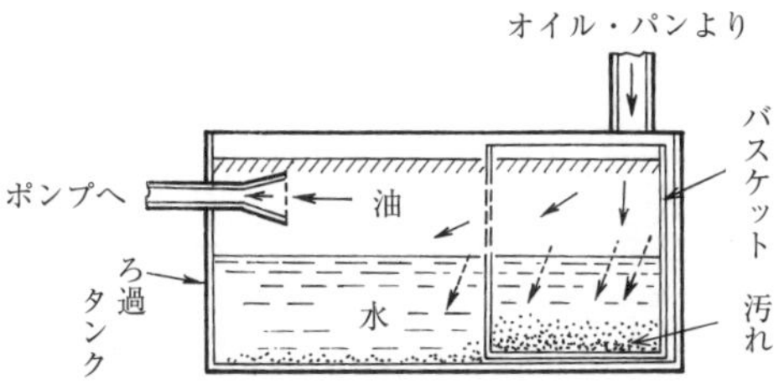

参考図1　ろ過タンク

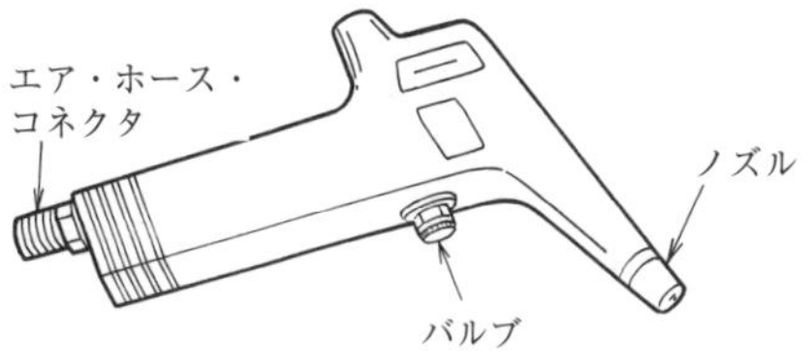

参考図2　エア・ガン

作業名	ガレージ・ジャッキの使い方	主眼点	ジャッキアップ及びジャッキダウン

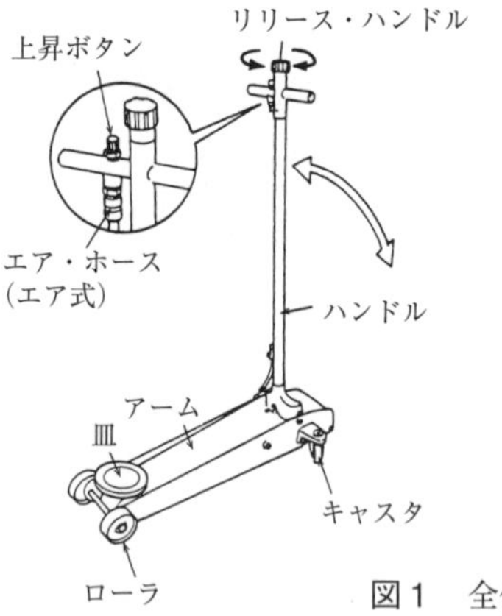

図1　全体図

上昇ボタン
リリース・ハンドル
エア・ホース（エア式）
ハンドル
皿
アーム
キャスタ
ローラ

	材料及び器工具など

ガレージ・ジャッキ
リジッド・ラック
ハンマ
輪止め
実習車

番号	作業順序	要　　点	図　　解
1	準備する	1．油圧シリンダ部の油漏れや，キャスタ部の可動状態を確認する。 2．ジャッキアップ前に，ガレージ・ジャッキ，リジッド・ラックの支持位置（ジャッキ・ポイント）を整備書で確認する（図2）。 3．リジッド・ラックの高さをそろえる。 4．リジッド・ラックを車両支持位置の近くに置く。 5．リア側左右タイヤの後に輪止めをする。	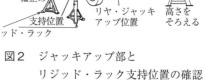 フロント・ジャッキアップ位置 ピンで固定 輪止め 支持位置 リジッド・ラック リヤ・ジャッキアップ位置 高さをそろえる 図2　ジャッキアップ部とリジッド・ラック支持位置の確認
2	ジャッキアップする	1．リリース・ハンドルを確実に締める。 2．ガレージ・ジャッキを指定位置に掛け，車両の傾きに注意しながら上げる（図3）。	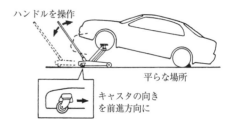 ハンドルを操作 平らな場所 キャスタの向きを前進方向に 図3　ガレージ・ジャッキでのジャッキアップ
3	リジッド・ラックで支持する	1．リジッド・ラックの足の向き，受け台のゴム溝を合わせる（図4）。 2．車両が水平になるようにリジッド・ラックの高さを再度確認する。 3．リリース・ハンドルをゆっくり緩め，リジッド・ラックに荷重が掛かったら足が完全に接地しているかハンマで軽くたたいて確認する（図5）。	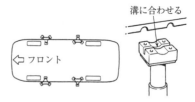 溝に合わせる フロント 図4　リジッド・ラックで支持する
4	ジャッキダウンする	1．ガレージ・ジャッキを指定位置に掛け，車両の傾きに注意しながら上げる（図6）。 2．リジッド・ラックを取り外す。 3．リリース・ハンドルをゆっくり緩め，アームを静かに降ろす。 4．タイヤが完全に接地したら輪止めをする（図7）。	

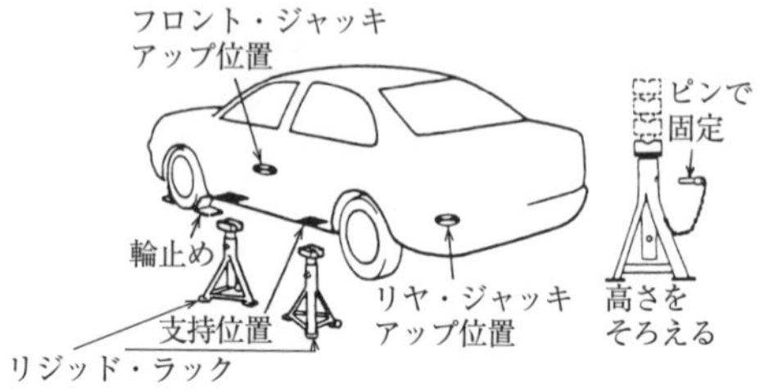

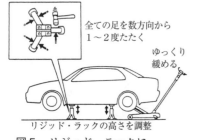

全ての足を数方向から1〜2度たたく
ゆっくり緩める
リジッド・ラックの高さを調整

図5　リジッド・ラックに荷重が掛かっているか点検

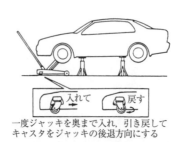

入れて　戻す
一度ジャッキを奥まで入れ，引き戻してキャスタをジャッキの後退方向にする

図6　ガレージ・ジャッキのキャスタの向き

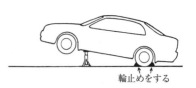

輪止めをする

図7　タイヤが完全に接地したら輪止め

| 作業名 | ガレージ・ジャッキの使い方 | 主眼点 | ジャッキアップ及びジャッキダウン |

1．ガレージ・ジャッキは，トーション・ビームに掛けない。ただし，車種によっては可能なものがあるので，整備書を確認する。

2．ジャッキアップは，車種によって順序が異なることがあるので，整備書で確認する。

3．ジャッキアップ後は，必ずリジッド・ラックを掛ける（参考図1）。リジッド・ラックを掛けるまでは，体を車両の下に入れない。

4．複数のガレージ・ジャッキを同時に使用しない（参考図2）。

5．ガレージ・ジャッキの許容重量を超える車両は持ち上げない（参考図3）。

6．エア・サスペンション付き車は構造上，特別な操作が必要なので，整備書の手順に従う。

7．昇降作業は安全確認を行い，合図をする。下降時には車両下に物がないことを確認する（参考図4）。

【注意】

　ジャッキアップ及びジャッキダウンに伴う車両とガレージ・ジャッキの位置関係の変化は，ガレージ・ジャッキの動きで修正することになる（図3，図6）。このため，日頃からガレージ・ジャッキの手入れ及び床の清掃などを心掛けておく必要がある。

備

考

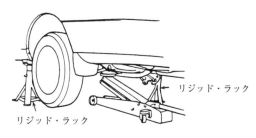

リジッド・ラック　リジッド・ラック

参考図1

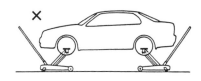

参考図2　複数のガレージ・ジャッキを
　　　　　使用しない

許容重量の表示

参考図3　ガレージ・ジャッキの許容重量の確認

参考図4　昇降作業時の安全確認

作業名	オート・リフトの使い方	主眼点	取り扱い方

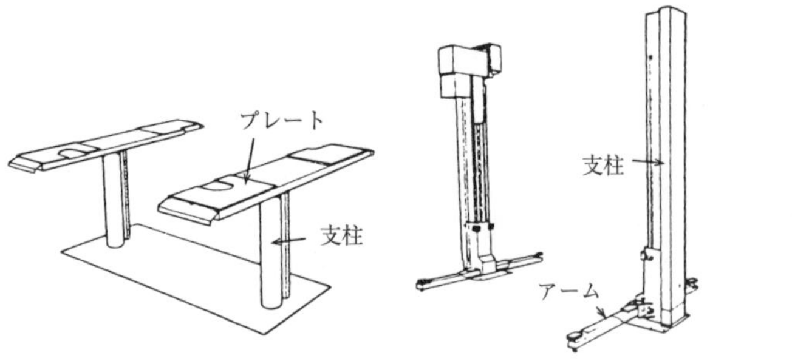

材料及び器工具など

オート・リフト
実習車

（a）プレート・タイプ　　（b）スイング・アーム・タイプ

図1　オート・リフト

番号	作業順序	要　　　点	図　　　解
1	準備する	1．プレート，アームの緩み，がたつき，ゴムの損傷などがないか点検する（図2）。 2．オイルの漏れがないか点検する。 3．昇降状態を点検する。 4．安全装置の作動を点検する。	 図2　各部の点検
2	セッティングする	1．リフト中心に車両を乗り入れる。 2．リフト中心点に車両の重心位置を合わせる（図3）。 3．プレート・タイプは，ゴム・ブロック，ウレタン・パッドを適切な位置にセットする。 4．スイング・アーム・タイプは，車両が水平になるように受け台の高さを調整し，アームは必ずロックする（図4）。	 図3　リフト中心点と車両の重心位置を合わせる
3	リフト・アップする	1．タイヤが少し浮くまで持ち上げる（図5）。 2．車両が確実に支持されているか，車両をゆすり確認する。 3．作業がやりやすい位置まで持ち上げる。	
備考		1．リフト操作時には，必ず周囲に合図をする。 2．下降時に車両の下に物がないことを確認する。 3．ドアを開けたままリフト・アップしない。 4．作業を中断するときはリフトを降ろしておく。 5．オート・リフトは安全のため，定期的に指定業者による点検を行う。	 図4　スイング・アーム・タイプのセッティング方法 図5　車両バランスの確認

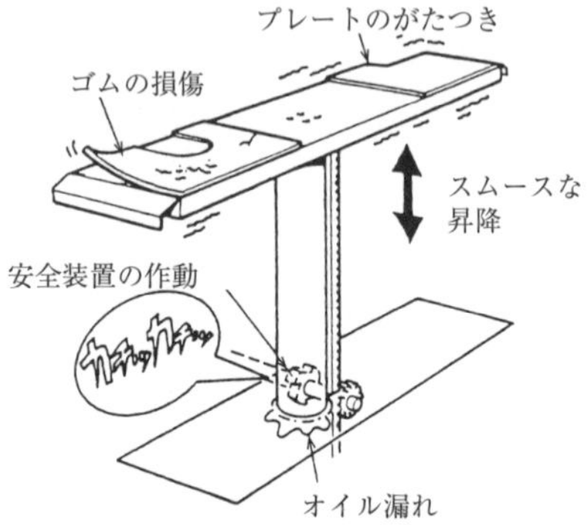

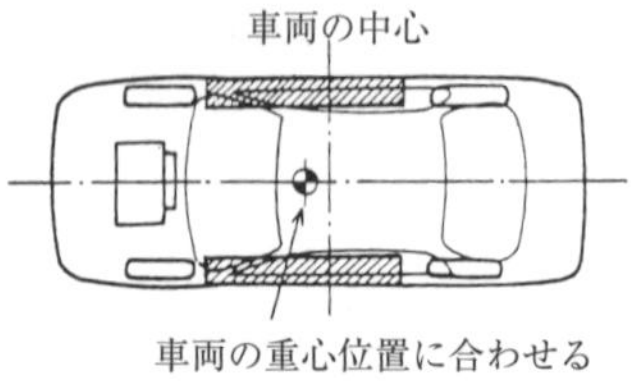

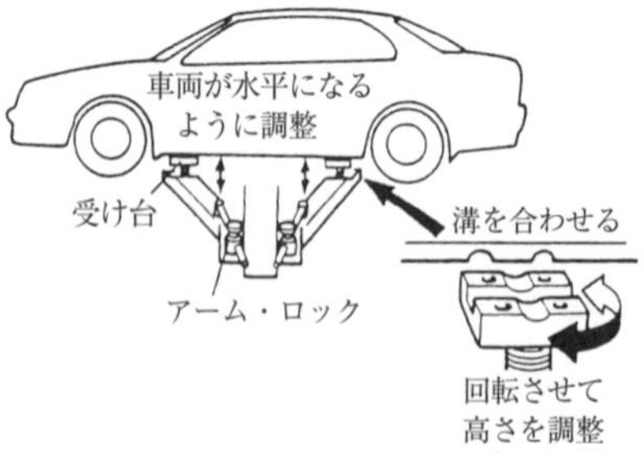

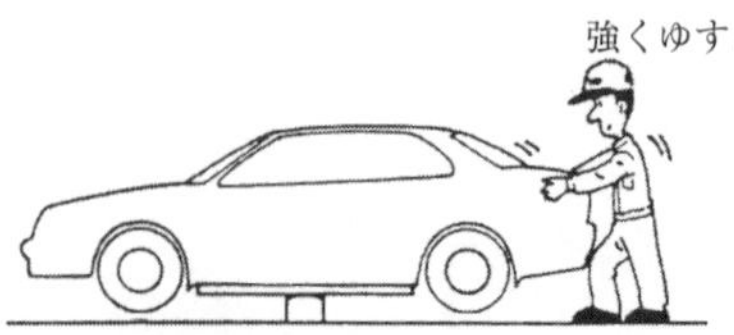

作業名	エンジン・オイル及びオイル・フィルタの交換	主眼点	点検・交換

オイル・
フィラ・キャップ

エンジン・オイル・
レベル・ゲージ

図1　エンジン・ルーム

材料及び器工具など

実習車
エンジン・オイル
オイル・フィルタ
オイル・ジョッキ
廃油受け
ウエス
特殊工具（オイル・フィルタ・レンチ）
一般工具

番号	作業順序	要　　　点	図　　解
1	準備する	1．車両を水平な場所へ停止させる。 2．パーキング・ブレーキを作動させる。 3．エンジン・フード（ボンネット）を開ける。	
2	エンジン・オイルを点検する	1．エンジン・オイルの量が，エンジン・オイル・レベル・ゲージでの適正範囲内にあるか点検する（図2）。 2．エンジン・オイルに著しい汚れ，冷却水又は燃料混入がなく，適度な粘度があるか点検する。 ※ディーゼル・エンジンの場合，DPF内のPMを除去するため，エンジン・オイルに燃料が混ざり，油量が増加する場合がある。	 図2　エンジン・オイル量の点検
3	古いエンジン・オイルを抜き取る	1．オイル・フィラ・キャップを開け，レベル・ゲージを抜き取る。 2．車両をリフト・アップさせる。 3．ドレン・ボルトの下に廃油受けを置く。 4．ドレン・ボルトを廃油受けに落とさないように取り外す。	 図3　オイル・フィルタの取り外し
4	オイル・フィルタを取り外す	1．オイル・フィルタ・レンチを使用して，オイル・フィルタをゆっくり緩める（図3）。 2．オイル・フィルタにはオイルが入っていて重いので，注意深く廃油受けに移す。 3．車両側にフィルタのパッキンが残っていないことを確認する（図4）。	 図4　車両側の確認
5	オイル・フィルタを取り付ける	1．オイル・フィルタ取り付け面の異物及び汚れを清掃する。 2．新しいオイル・フィルタのパッキン部にエンジン・オイルを薄く塗布する。 3．パッキンが当たるまで手で回し（図5），パッキン着座後，オイル・フィルタ・レンチを使用して3／4回転回す。	 図5　オイル・フィルタの取り付け
6	ドレン・ボルトを取り付ける	1．ドレン・ボルトに新しいパッキンを取り付ける。 2．ドレン・ボルトを指定されたトルクで締め付ける。	

作業名		エンジン・オイル及びオイル・フィルタの交換	主眼点	点検・交換

| 7 | エンジン・オイルを注入する | 1．新しいエンジン・オイルを給油口より規定量注入する。
2．エンジン・オイルの量が，エンジン・オイル・レベル・ゲージの適正範囲内にあるか点検する。
3．エンジンを始動する。
4．オイル・プレッシャ・ランプの消灯を確認する。
5．エンジン停止後5分程度経ってから，再度オイル・レベルを確認する。
6．不足している場合は補充する。
7．エンジンを再度始動し，オイル漏れがないか確認する。 | |

備考	1．エンジンが暖機されているときのエンジン・オイルは，熱くなっているので注意する。 2．抜いたエンジン・オイルの中に多量の鉄粉などが混入していないか確認する。 3．車両の推奨グレード及び粘度のオイルを整備書などで確認する。 4．オイルの容量は車両により異なるので，整備書などで確認する。 5．オイル・データのリセットなどが必要な車種もあるので，取り扱い説明書及び整備書などで確認する。

			番号	No. 2.36
作業名	エアコン・フィルタの交換	主眼点		点検・交換

材料及び器工具など

実習車
エアコン・フィルタ

図1　エアコン・フィルタ

図　　　解

図2　グローブ・ボックスの取り外し

番号	作業順序	要　　点
1	グローブ・ボックスを取り外す	グローブ・ボックスのフックを外し，車体より取り外す（図2）。
2	エアコン・フィルタを取り外す	1．エアコン・フィルタのカバーを取り外す。 2．エアコン・フィルタを引き抜く（図3）。
3	エアコン・フィルタを点検する	破損，過度の汚れ・悪臭がないか確認する（図3）。 【注意】 　エアコン・フィルタは，清掃して使用する前提で作られていないので，洗浄及びエア・ブローはしないこと。
4	エアコン・フィルタを取り付ける	取り外しと逆の手順で取り付ける。 【注意】 　エアコン・フィルタには向きが指定されているものもあるので注意する（図4）。
5	グローブ・ボックスを取り付ける	取り外しと逆の手順で取り付ける。

図3　エアコン・フィルタの取り外し・点検

図4　エアコン・フィルタの向き

備考

【各メーカの定期交換時期（例）】
　参考表1に，各メーカの定期交換時期の例を示す。
　ただし，交換時期は目安である。エアコンの風量が著しく減少したときなどは，エアコン・フィルタの目詰まりが考えられるので，交換が必要である。

参考表1　各メーカの定期交換時期（例）

メーカ名	交換時期目安（時期及び走行距離）
トヨタ自動車	標準タイプ：30000km 脱臭タイプ：15000km
日産自動車	12か月（12000km）
マツダ	標準タイプ：12か月（20000km） 高機能タイプ：12か月（10000km）
スズキ	24か月（20000km）
ダイハツ工業	20000km

| 作業名 | ブレード・ゴムの交換 | 主眼点 | 交　換 |

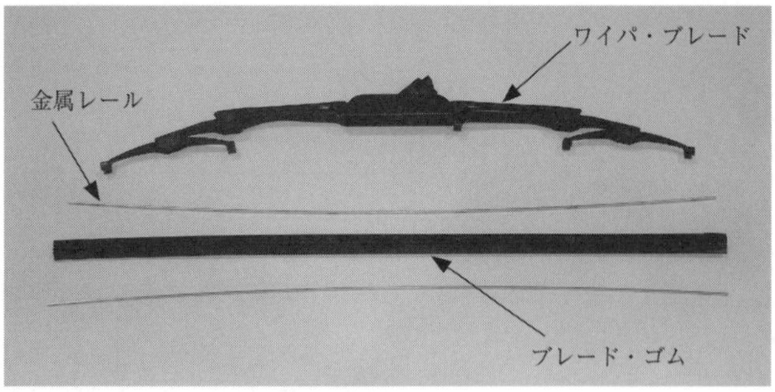

材料及び器工具など

実習車
ブレード・ゴム

図1　ワイパ・ブレード

番号	作業順序	要　　　点	図　　解
1	ワイパ・ブレードを取り外す	1. ワイパ・アームを起こす。 2. ワイパ・ブレードのロックを外す（図2）。 3. ワイパ・ブレードをワイパ・アームから外す（図3）。 【注意】 　① ワイパ・アームを起こした状態でウインドシールド・ワイパを作動させないこと。 　② ウインドシールド・ガラスが傷つかないように，ウインドシールド・ガラスとワイパ・アームの間にウエスなどを挟んでおく。	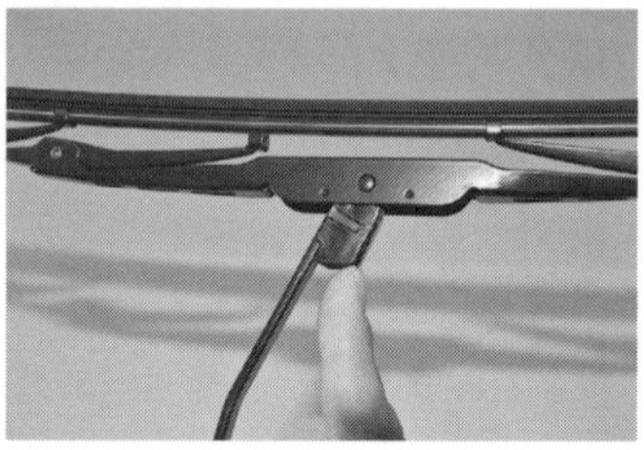 図2　ロックを外す
2	ブレード・ゴムを取り外す	ブレード・ゴムのストッパがある側を持ち，ブレード・ゴムを引き抜く。	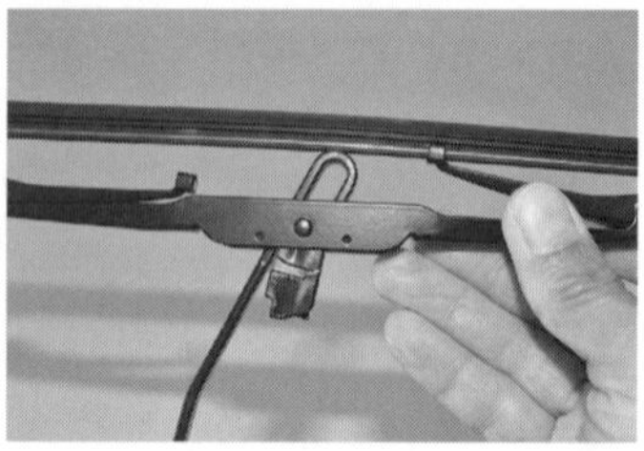 図3　ワイパ・ブレードを外す
3	ブレード・ゴムを取り付ける	1. 引き抜いた側から新しいブレード・ゴムを爪に通して入れる（図4）。 2. ブレード・ゴムのストッパ部に爪がしっかり引っ掛かるまで押し込む（図5）。 【注意】 　金属レールがブレード・ゴムの溝にはまっていることを確認する。 　ワイパ・ストッパ部がワイパ作動時，内周側になるように取り付けること（ブレード・ゴムの飛び出し防止のため）。	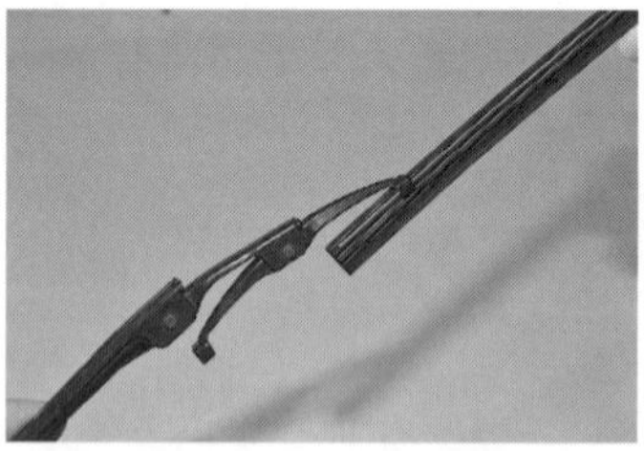 図4　ブレード・ゴムを入れる  図5　ストッパ部の確認
備考			

番号	No. 2.38

作業名	運転席側 SRS エアバッグの脱着	主眼点	脱着の仕方

図1　運転席側エアバッグ

材料及び器工具など

実習車
一般工具

図　　　解

図2　ピンのかん合を外す

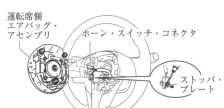

図3　コネクタのロック解除

番号	作業順序	要　　　点
1	準備する	1．バッテリのマイナス側端子に取り付けられたケーブル端子を取り外す。 2．自動車メーカが指定した時間以上，必ず待機する。
2	取り外す	1．ステアリング・ホイール裏側からサービス・ホールが目視できるまで，ステアリング・ホイールを回転させる。 2．サービス・ホールからマイナス・ドライバなどを挿入し，全てのピンのかん合を外す（図2）。 3．ステアリング・ホイールから，エアバッグ・アセンブリを後方に引き出す。 4．エアバッグ・アセンブリのコネクタのロックを解除して取り外す（図3）。 5．ホーン・スイッチのコネクタを取り外す。 6．エアバッグ・アセンブリを取り外す。 ※エアバッグ・アセンブリは，必ず展開面を外側に向けて持つ。 　エアバッグ・アセンブリの展開面は，必ず上に向けて置く（図4）。
3	取り付ける	1．ホーン・スイッチのコネクタを取り付ける。（図5） 2．エアバック・アセンブリのコネクタを取り付け，ロックする。（図5） 3．エアバッグ・アセンブリをピンがかん合するまでステアリング・ホイールに押し込む。 4．バッテリのマイナス側端子に取り付けられたケーブル端子を接続する。 5．イグニッション・スイッチ（キー・スイッチ）をONにする。 6．エアバッグ警告灯が数秒間点灯し，その後消灯することを確認する。

図4　エアバッグ・アセンブリの置き方

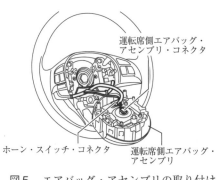

図5　エアバッグ・アセンブリの取り付け

備考	1．SRS エアバッグ・システムは正しい手順・方法で作業を実施しないと，作業中に作動し，生命に関わるような重大な事故につながるおそれがあるので，整備書などを参照し，正しい手順・方法で作業を行う。 2．SRS エアバッグ・システムの構成部品を分解すると，構成部品が正常に作動（展開）しなくなるおそれがあるので，SRS エアバッグ・システムの構成部品は絶対に分解しない。 3．コントロール・ユニット内のバックアップ電源に蓄積した電気エネルギが放出する前に作業を行うと，エアバッグ，プリテンショナ付きシート・ベルトなどが不意に作動（展開）して，負傷するおそれがある。

出所：(図3，図5)『デミオ　DJ系　整備マニュアル　2014.7』マツダ（株）（一部改変）

作業名	サーキット・テスタ	主眼点	使い方

材料及び器工具など

アナログ式サーキット・テスタ
電気・電子部品及び回路

① 指示計零位調整器つまみ
② 指示計指針
③ 指示計目盛り板
④ 導通表示用　LED
　　（CONTINUITY）
⑤ レンジ切り換えスイッチ
⑥ 零オーム調整器つまみ
⑦ 測定端子⊕
⑧ 測定端子⊖COM（−共通）
⑨ 直列コンデンサ端子
　　（OUTPUT）

図1　アナログ式サーキット・テスタ　　　　図2　テスト・リード

番号	作業順序	要　　　点	図　　　解

●直流電圧（DCV）の測定の仕方

| 1 | 準備する | 1. 指針が目盛り左端のゼロ線位置にあることを確認する。ゼロ線位置にない場合は，指示計零位調整器つまみで調整する。
2. テスト・リードの赤を⊕端子に挿入する。
3. テスト・リードの黒を⊖ COM 端子に挿入する。
4. レンジ切り換えスイッチを，測定しようとする電圧より少し高い DCV レンジにセットする（図3）。
5. 測定電圧が不明の場合は，最大レンジから順次切り換え，適切なレンジを選ぶ。 | 図3　直流電圧（DCV）レンジ例 |
| 2 | 測定する | 1. テスト・リードの赤を測定回路の＋側に，黒は−側に並列に接続する（図4）。
2. 指針の真上から指示値を読む（図5）。
3. 指示値の読み方は，レンジを切り換えることで，DCV メータのフル・スケール10 は 0.1 V，10 V，1000 V として読む。同様に 50 は 0.5 V，50 V と読み，250 は 2.5 V，250 V とそれぞれ読み替える。

【例】図3のレンジの場合，図5の指示値を読むと 25 V となる。同様に 10 V レンジでは 5 V，250 V レンジでは 125 V となる。 | 図4　サーキット・テスタの接続の仕方

図5　指示計目盛り読み例 |

●直流電流（DCA）の測定の仕方

| 1 | 準備する | 1. 指針のゼロ線位置確認，調整，テスト・リードの挿入は DCV 測定と同様にする。
2. レンジ切り換えスイッチを，測定しようとする電流より少し大きい DCmA レンジにセットする（図6）。
3. 測定電流が不明の場合は，最大レンジから順次切り換え，適切なレンジを選ぶ。 | 図6　直流電流（DCA）レンジ例 |

作業名	サーキット・テスタ	主眼点	使い方

番号	作業順序	要　　　点	図　　解
2	測定する	1．測定する回路を切り離し，テスト・リードの赤を＋側に，黒は－側に直列に接続をする（図7）。 2．指針の真上から指示値を読む（図5）。 3．指示値の読み方は，電圧測定と同様にする。 【例】図6のレンジの場合，まずDCV・Aメータのフル・スケール250を25mAと読み替え，図5から12.5mAと読む。	 図7　サーキット・テスタの接続の仕方

●抵抗（Ω）の測定及び半導体のテスト

番号	作業順序	要　　　点	図　　解
1	準備する	1．指針のゼロ線位置確認，調整，テスト・リードの挿入はDCV測定と同様にする。 2．テスト・リードの⊕⊖を接触させ，指針がΩメータ右端の0Ω位置にくるように零オーム調整器つまみ（0Ω ADJ）を回して調整する（図8）。 　この調整はレンジを切り換えるたびに行う。 3．回路中の抵抗測定は，必ず電源を切ってから行う。	 抵抗値測定 図8　0Ω位置の調整手順
2	抵抗の測定を行う	1．テスト・リードは必ず胴の部分を持ち，ピンに指が触れないようにする。 2．指針が目盛りの中央（図5）になるようなレンジを適時選択する（図9）。 3．指針の真上から指示値を読む（図5）。 4．指示値の読み方は，目盛りの数値×測定レンジで読む。 【例】図9のレンジの場合，図5の指示からそのままΩメータで20Ωと読む。また，×10では200Ω，×100では2000Ω又は2kΩ，×1kでは20kΩ，×10kでは200kΩと読む。	 図9　抵抗（Ω）レンジ例
3	半導体のテストを行う	1．レンジ切り換えスイッチを×1kにする。この場合テスタの内部電池の関係で，テスト・リードの（⊕・⊖）が逆になるので注意する（図10）。 2．良否の判定は，指針が順方向では大きく振れ，逆方向では振れなければ良とする。	 図10　半導体のテストの接続例

1．レンジを切り換えるときは，テスト・リードを測定物より離す。

2．交流電圧（ACV）の測定は，レンジ切り換えスイッチを ACV に合わせて直流電圧（DCV）と同様に行う。この場合は極性は関係ない。

3．サーキット・テスタは，大電流を測定できないので注意する。また，20 A 程度まで測定できる機種もあるが，測定は短時間で行う。

4．抵抗レンジのとき，零オーム調整器つまみ（0 Ω ADJ）を回しても指針がフル・スケールに達しない場合，全く振れない場合は，内部電池及びヒューズを点検する。

5．測定終了後は OFF レンジにする。OFF レンジがない機種の場合は，抵抗レンジ以外にしておく。

6．このほか，サーキット・テスタにはデジタル式がある（参考図１，参考図２）。
　　デジタル式は，アナログ式に比べ精度が高く，取り扱いも簡単である。

備

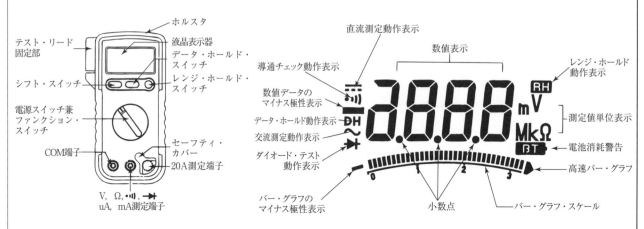

参考図１　デジタル式サーキット・テスタ

参考図２　表示部

考

【電圧測定の例】

1．使用する前に機能点検を行う（参考図３）。

2．ファンクション・スイッチにより，測定項目を選択する（参考図４の①）。

3．測定値はデジタル数値で表示される（参考図４の②）。

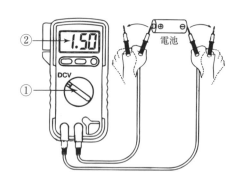

参考図４　測定項目の選択及び
　　　　　測定値表示例

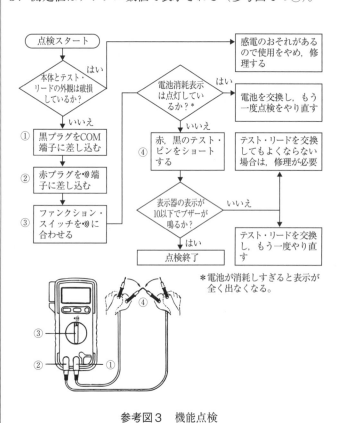

参考図３　機能点検

		番号	No. 3. 2
作業名	クランプ・メータ	主眼点	使い方

材料及び器工具など

クランプ・メータ

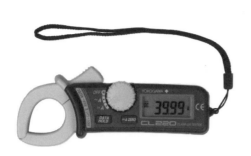

図1　クランプ・メータ

番号	作業順序	要　　点	図　　解
1	測定の準備をする	1．バッテリ・チェックを行う。 2．データ・ホールド・スイッチが解除されているか確認する。	保護バリア 開閉レバー トランス・コア ファンクション・スイッチ （電源スイッチ） 表示部 データ・ホールド・スイッチ　ゼロ調整スイッチ
2	直流電流を測定する	1．ファンクション・スイッチにて直流電流が測定できる状態にする。 2．被測定導体を挟まずにトランス・コアを閉じた状態で，ゼロ調整スイッチを1秒間押し，表示を0にする。 3．開閉レバーを押してトランス・コアの先端を開き，被測定導体の1本をトランス・コアの中心になるように挟む。 4．表示の数値を読む。 ※表側（表示部側）から裏側へ電流が流れる場合はプラス表示になり，裏側から表側に流れる場合はマイナス表示になる。	電池電圧警告 表示　データ・ホールド 表示 直流 表示 交流 表示 マイナス表示　電流 図2　各装置の名称 負荷 電源 クランプ・メータ 図3　電流の測定

備 考	【測定時の注意】 1．最大測定範囲を超えた入力信号は絶対に印加しないこと。 2．濡れた手で測定しないこと。 3．測定前に必ず測定したいファンクション（レンジ）設定されているか確認すること。 4．測定の際は，測定導体に近づき過ぎると感電のおそれがあるので，指先が保護バリア（目印）を越えることがないようにすること。 出所：(図1，図2) 横河計測（株） 　　　(図3)『電気工事実技教科書』（一社）雇用問題研究会，2014年，p.160，図3

		番号	No. 3. 3
作業名	絶縁抵抗計（メガー）	主眼点	使い方

図1　絶縁抵抗計

材料及び器工具など

絶縁抵抗計（メガー）

番号	作業順序	要　　　点	図　　　解
1	準備する	1．テスト・リードを本体のライン端子とアース端子に接続する。 2．バッテリをチェックする。 3．本体を水平に置いた状態で指針が∞Ωの位置にあることを確認する。	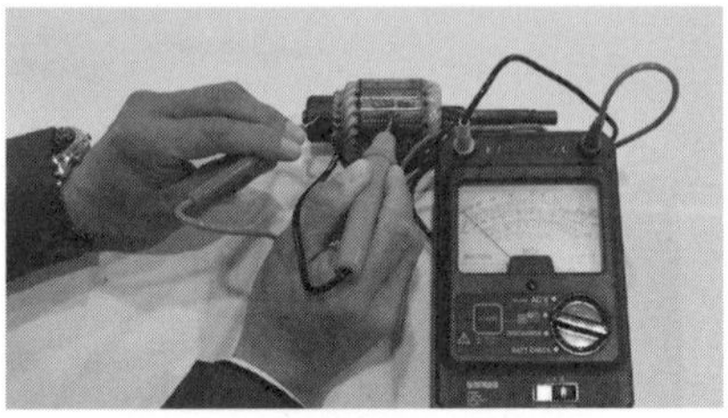
2	測定する	1．絶縁抵抗測定用プッシュ・スイッチを押す。 2．高電圧測定ランプの点灯を確認する。 3．テスト・リードを測定対象物に当てる（図2）。 4．指針を読み取る。	図2　絶縁抵抗計の測定
備考			

作業名	オシロスコープ	主眼点	使い方及び波形の観測

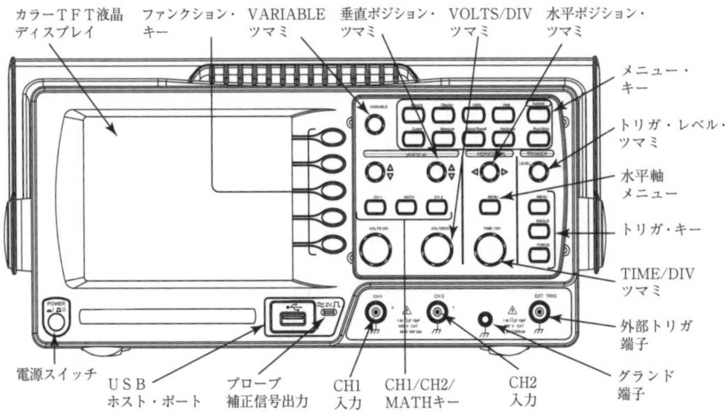

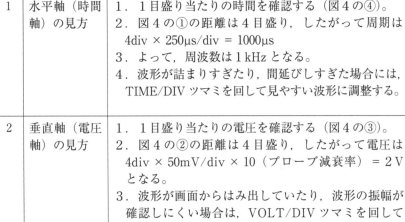

図1　オシロスコープ（デジタル・ストレージ式）

番号	作業順序	要　　　点
●信号観測の基本準備		
1	準備する	1．電源を入れ，設定を初期設定にする。 2．プローブを接続する。
2	プローブの補正をする	1．プローブの先端をプローブ補正信号出力につなぐ（図2）。 2．プローブの減衰率を×10に設定する。 3．Auto Set キーを押す。 4．波形の表示形式をラインにする。 5．プローブのトリマを調整し，波形の立ち上がりエッジを平たんにする（図3）。
●表示画面の見方		
1	水平軸（時間軸）の見方	1．1目盛り当たりの時間を確認する（図4の④）。 2．図4の①の距離は4目盛り，したがって周期は 4div × 250µs/div = 1000µs 3．よって，周波数は1kHzとなる。 4．波形が詰まりすぎたり，間延びしすぎた場合には，TIME/DIV ツマミを回して見やすい波形に調整する。
2	垂直軸（電圧軸）の見方	1．1目盛り当たりの電圧を確認する（図4の③）。 2．図4の②の距離は4目盛り，したがって電圧は 4div × 50mV/div × 10（プローブ減衰率）= 2 V となる。 3．波形が画面からはみ出していたり，波形の振幅が確認しにくい場合は，VOLT/DIV ツマミを回して見やすい波形に調整する。
3	波形の上下左右の位置を調整する	水平ポジション・ツマミと垂直ポジション・ツマミにより，波形の上下左右の位置の調整ができる。
●インジェクタ波形を観測する		
1	準備する	1．プローブをインジェクタの噴射信号端子に接続する。 2．プローブのアースはボデーに接続する。
2	波形を観測する	1．エンジンを始動し，設定運転状態にする。 2．Auto Set キーを押す。 3．波形が安定しないときは，トリガ・レベル・ツマミを回して調整する。 4．画面上の波形から，横軸で通電時間，縦軸で電圧値，波形の状態をそれぞれ観測する（図5）。

材料及び器工具など

実習車
オシロスコープ（デジタル・ストレージ式）

図　　解

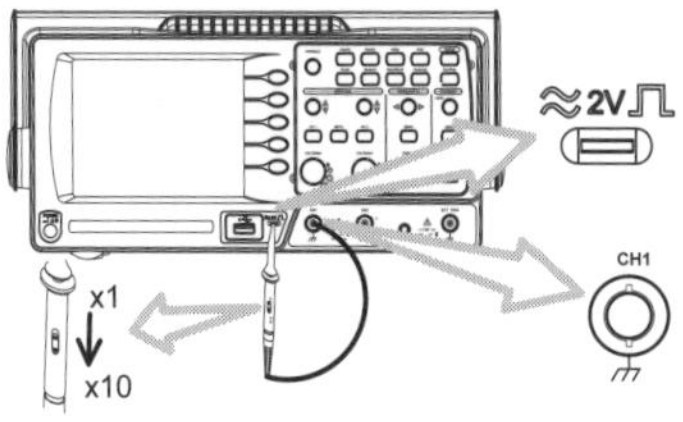

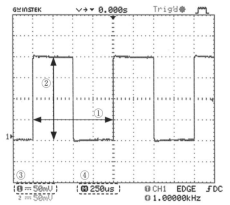

図2　補正出力信号出力への接続

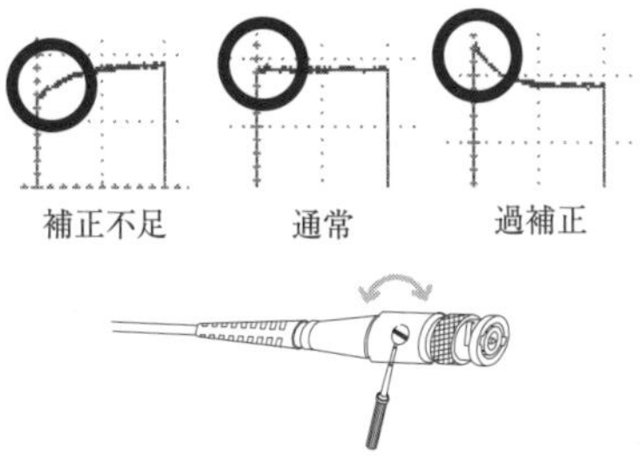

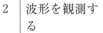

補正不足　　　通常　　　過補正

図3　波形の調整

図4　オシロスコープの表示画面

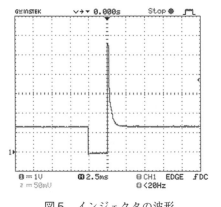

図5　インジェクタの波形

作業名		オシロスコープ	主眼点	使い方及び波形の観測

番号	作業順序	要　　点	図　　解

●クランク角センサ波形を観測する

| 1 | 準備する | 1．プローブをクランク角センサの信号端子に接続する。
2．プローブのアースはボデーに接続する。 | |
| 2 | 波形を観測する | 1．エンジンを始動し，設定運転状態にする。
2．Auto Set キーを押す。
3．波形が安定しないときは，トリガ・レベル・ツマミを回して調整する。
4．画面上の波形から，正常に信号が出ているかを観測する（図6）。 | 図6　クランク角センサの波形 |

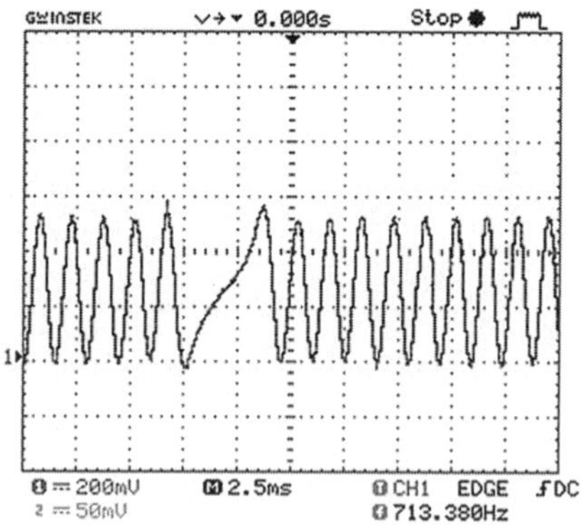

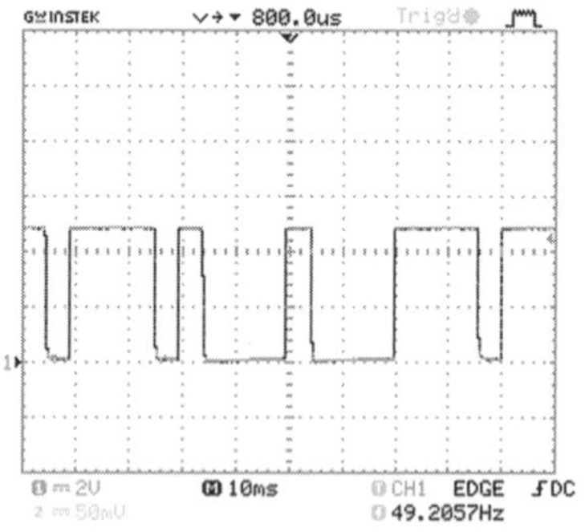

（a）エンジン回転速度　約 1500min⁻¹

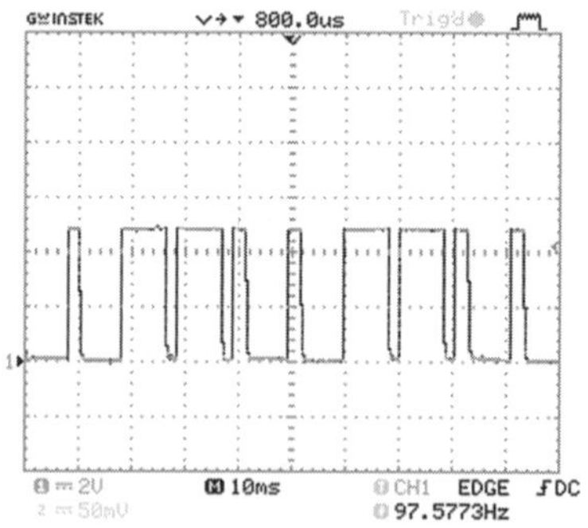

（b）エンジン回転速度　約 3000min⁻¹

参考図1　カム角センサ

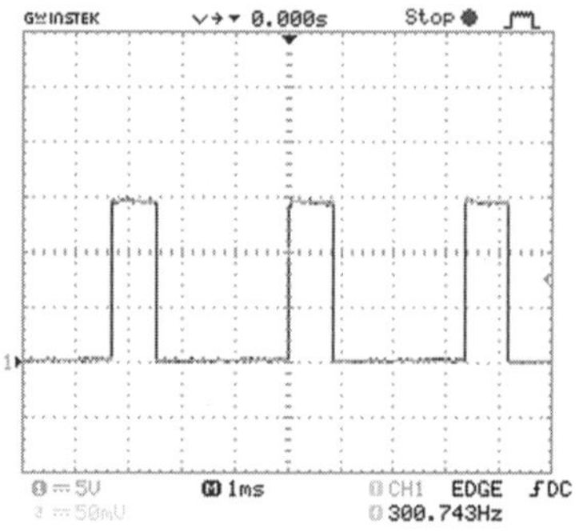

（a）デューティ比　25%

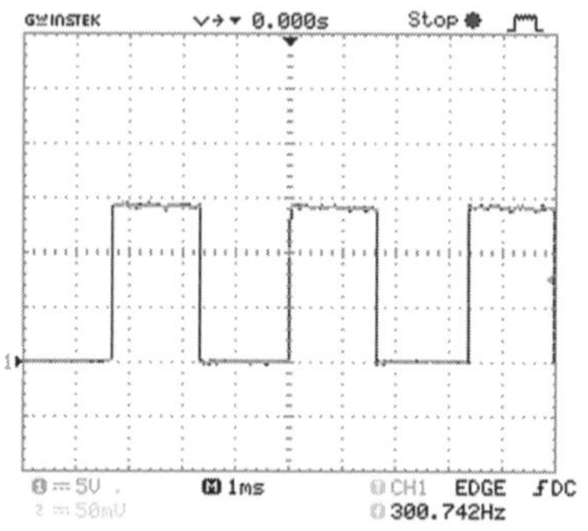

（b）デューティ比　55%

参考図2　オイル・コントロール・バルブ（デューティ波形）

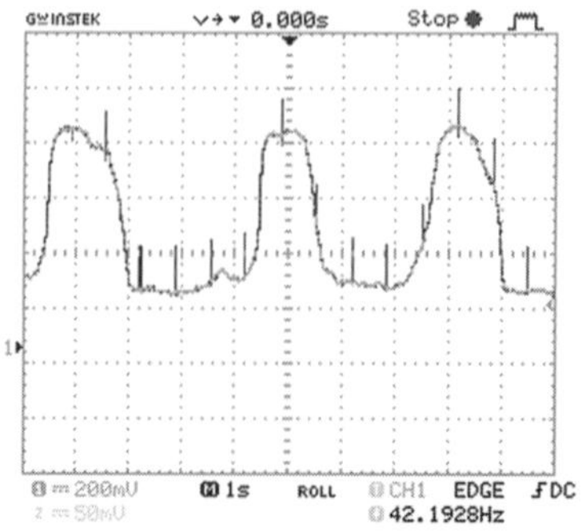

参考図3　O_2センサ（アナログ波形）

備

考

出所：（図1〜図3）『デジタルストレージオシロスコープ GDS-1052-U　ユーザーマニュアル』（株）テクシオ・テクノロジー，2018 年 10 月，p.11，p.18，p.19

| 作業名 | 音量計（騒音計） | 主眼点 | 取り扱い方 |

図1　全体図

材料及び器工具など

実習車
音量計（騒音計）
三脚
巻尺

番号	作業順序	要　点	図　解
●音量計の取り扱い			
1	準備する	音量計を三脚用台座に固定する（図1）。	
2	調整する	1. 電源スイッチを ON にして，バッテリ・チェックを行う。電池残量表示が点滅していたら，新しい電池に入れ替える。 2. キー・スイッチを押して校正（較正）モード「Cal」に切替え，電気信号による校正（較正）を行う。94.0dB が表示されていれば正常である。表示がずれている場合は，調整を行う（図2）。 　校正（較正）は，測定の都度行う。 3. キー・スイッチを押して，周波数補正回路の特性をA特性にする。 4. 最大値を読み取り易くするために，「Max Hold」モードにする。	
●近接排気騒音の測定（相対値規制適用時の測定方法）			
1	準備する	1. 自動車を走行などにより，十分暖機する。 2. 測定場所は，おおむね平たんで，車両の外周及びマイクロホンから2m程度の範囲内に壁，ガード・レールなどの顕著な音響反射物がない場所とする。 3. 周波数補正回路の特性は，A特性とし，指示機構の動特性は「速い動特性（FAST）」とする。 4. エンジン回転計を接続する。 5. マイクロホンにウインド・スクリーンを装着して，図3のM₁の位置，かつ，図4の排気管の基準点の高さ（排気管の基準点の高さが地上高さ 0.2m 未満の場合は地上高さ 0.2m）± 0.025m の位置にマイクロホン前面の中心をセットする。	

図解欄：

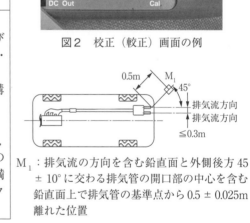

図2　校正（較正）画面の例

M_1：排気流の方向を含む鉛直面と外側後方 45 ± 10° に交わる排気管の開口部の中心を含む鉛直面上で排気管の基準点から 0.5 ± 0.025m 離れた位置

　図のように排気管の開口部を複数有し，排気管の基準点の間隔が 0.3 m 以下の場合は，最も後方（最も後方の排気管の開口部を複数有する場合は，その外側，最も後方かつ外側の排気管の開口部を複数有する場合は，その上方）の排気管の開口部を計測の対象としてマイクロホンを設置する。
　なお，排気管の基準点の間隔が 0.3 m を超える場合は，それぞれの排気管の開口部を計測の対象として，マイクロホンを設置する。

図3　マイクロホンのセット位置の例

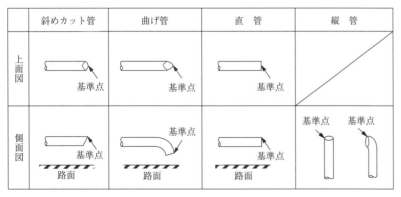

	斜めカット管	曲げ管	直管	縦管
上面図	基準点	基準点	基準点	
側面図	基準点／路面	基準点／路面	基準点／路面	基準点　基準点

図4　排気管の基準点

作業名	音量計（騒音計）	主眼点	取り扱い方

番号	作業順序	要　　点	図　　解
1		6．自動車は停止状態，変速機の変速位置は中立，クラッチは接続状態とする。	**表1　近接排気騒音測定時の原動機回転数**
2	読み取る	原動機を表1の区分に応じた回転数±5％の回転数に1秒間以上一定に保持した後，急速に減速し，アイドリングが安定するまでの間の自動車騒音の大きさの最大値を読み取る（図6）。	
3	測定値の取り扱い	1．自動車騒音の大きさの測定は3回行い，測定した騒音の数値の小数第1位（小数第2位を四捨五入）までの値を測定値とする。 　　ただし，測定した騒音の値の整数位（小数第1位を切り上げ）までの数値が基準値以下の場合には，測定した騒音の値の整数位（小数第1位を切り上げ）までの数値を測定値とする。 2．3回の測定値の差が2dBを超える場合には，測定値を無効とする。 　　ただし，いずれの測定値も基準値を超える場合には有効とする。 3．3回の測定値の平均の値の整数位（小数第1位を四捨五入）までを騒音値とする。 4．測定値と暗騒音の差が10dB未満の場合には，測定値を無効とする。 　　ただし，測定値が基準値以下の場合には有効とする。 5．測定した近接排気騒音値が，自動車検査証の備考欄に記載された近接排気騒音値から5dBを超えないこと。 ※自動車検査証により近接排気騒音値を確認できない場合は，「参考表1　近接排気騒音測定（従前規定の適用）」の値を超えないこと。	

表1　近接排気騒音測定時の原動機回転数

区　　分	原動機回転数
① 原動機の最高出力時の回転数が毎分7500回転以上の自動車	最高出力時の回転数の50％の回転数
② 二輪自動車及び側車付二輪自動車であって、原動機の最高出力時の回転数が毎分5000回転を超えるもの	
③ 二輪自動車及び側車付二輪自動車以外の自動車であって、原動機の最高出力時の回転数が毎分5000回転を超え7500回転未満のもの	3750回転
④ ①から③以外の自動車	最高出力時の回転数の75％の回転数

図5　音量計の設置

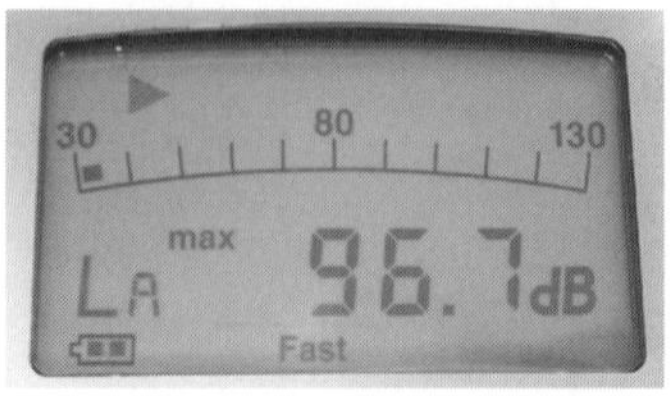

図6　計測値の表示例

●警音器の音の大きさの計測（平成16年1月1日以降の製作車の計測方法）

番号	作業順序	要　　点
1	準備する	1．音量計のマイクロホンは，車両中心線上の自動車の前端から7mの位置の，地上0.5m～1.5mの高さにおける音の大きさが最大となる高さにおいて，車両中心線に平行，かつ，水平に自動車に向けて設置する（図5）。 2．周波数補正回路は，A特性とする。 3．原動機は停止する。 4．計測場所は，おおむね平たんで，周囲からの反射音による影響を受けない場所とする。
2	読み取る	警音器を数秒間鳴らして，表示された値の最大値を読み取る（図6）。
3	計測値の取り扱い	1．計測は2回行い，1dB未満は切り捨てるものとする。 2．2回の計測値の差が2dBを超える場合には，計測値を無効とする。 　　ただし，いずれの計測値も保安基準で定める範囲内である場合には有効とする。

表2　暗騒音の影響による計測値の補正値

単位〔dB〕

計測の対象とする音の大きさと暗騒音の計測値の差	3	4	5	6	7	8	9
補正値	3	2			1		

番号				No. 3.5-3
作業名		音量計（騒音計）	主眼点	取り扱い方

番号	作業順序	要　　　　点	図　　　　解
3		3．2回の計測値（補正した場合には，補正後の値）の平均を音の大きさとする。 4．計測の対象とする音の大きさと，暗騒音の計測値の差が，3 dB 以上 10 dB 未満の場合には，計測値から表2の補正値を控除するものとし，3 dB 未満の場合には，計測値を無効とする。 5．計測した警音器の音の大きさが，87～112（二輪車 83～112）dB の範囲であること。	

備考

実施方法は，車両により異なるため，年式などを確認し，「（独）自動車技術総合機構審査事務規程」を参照すること。
・7-53，8-53 騒音防止装置（第 30 次改正　令和 2 年 6 月）
　　別添 9（7-53，8-53 関係）（第 23 次改正　令和元年 5 月）近接排気騒音の測定方法（絶対値規制適用時）
　　別添 10（7-53，8-53 関係）（第 23 次改正　令和元年 5 月）近接排気騒音の測定方法（相対値規制適用時）
・7-93，8-93 警音器（第 13 次改正　平成 29 年 10 月）

参考表 1　近接排気騒音測定（従前規定の適用）

項目　　種別			平成 13 年規制	平成 12 年規制	平成 11 年規制	平成 10 年規制	平成 10 年規制前
定員 10 人以下の乗用車（普通・小型・軽自動車）	車両の後部に原動機を有するもの	定員 7 人以上	100			103	
		定員 6 人以下	100				103
	上記以外のもの	定員 7 人以上	96			103	
		定員 6 人以下	96				103
小型二輪自動車（側車付小型二輪自動車を含む）			94	99			

　自動車検査証により近接排気騒音値が確認できない場合（平成 28 年 9 月 30 日以前に制作された車両など）や，消音器の改造又は交換を行っている車両については，近接排気騒音測定（絶対値規制適用時）により，測定値が参考表 1 に記された値を超えないことを確認する。

出所：（図 3）「（独）自動車技術総合機構審査事務規程　別添 10」（独）自動車技術総合機構, 図 2
　　　（図 4）（図 3 に同じ）図 1
　　　（表 1）（図 3 に同じ）
　　　（表 2）「（独）自動車技術総合機構審査事務規程　別添 9」（独）自動車技術総合機構

作業名	電子回路の製作	主眼点	作動原理の理解及び測定の仕方

図1　電子工作キット

材料及び器工具など

電子工作キット
オシロスコープ

図　　　　解

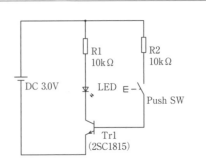

図2　トランジスタを使用したLEDの点灯回路図

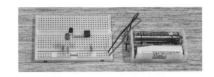

図3　LEDの点灯回路

番号	作業順序	要　　　　点
●トランジスタを使用したLEDの点灯回路		
1	回路を制作する	回路図のように部品を接続する（図2，図3）。 ※半導体の向きに気を付けること。
2	作動を確認する	プッシュ・スイッチを押すとLEDが点灯する。
備考		1．トランジスタのスイッチング作用を利用した回路である。 2．プッシュ・スイッチを押すとトランジスタにベース電流が流れ，トランジスタがONになり，LEDに電流が流れ点灯する。
●タイマICによる発振回路		
1	回路を制作する	回路図のように部品を接続する（図4，図5）。 ※半導体の向きに気を付けること。
2	作動を確認する	可変抵抗器を回すとLED点滅周期が変化することを確認する。
3	波形を観測する	1．LED両端にオシロスコープを接続し波形を観測する（図6）。 2．可変抵抗器を動かすと周波数が変化することを確認する。

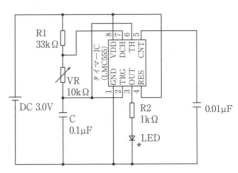

図4　タイマICによる発振回路図

図5　タイマICによるLEDの点滅

備考

　可変抵抗器を動かしたときの波形の変化は，次のとおりである。
1．抵抗値を大きくしたとき（ゆっくり点滅）（参考図1）。
2．抵抗値を小さくしたとき（早く点滅）（参考図2）。

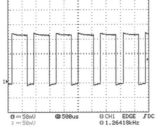

参考図1　オシロスコープ波形
　　　　　（ゆっくり点滅）

参考図2　オシロスコープ波形
　　　　　（早く点滅）

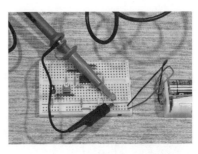

図6　オシロスコープの接続

番号				No. 3. 7
作業名	電装の基本点検	主眼点		点検の仕方

材料及び器工具など

サーキット・テスタ
ヒューズ
ヒュージブル・リンク
バルブ

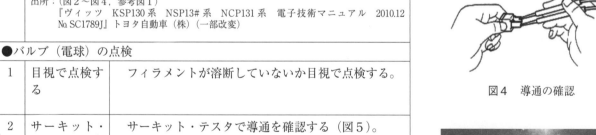

平　型	ミニ平型	低背型

図1　ヒューズ

番号	作業順序	要　　　点	図　　　解
	●ヒューズ及びヒュージブル・リンクの点検		
1	目視で点検する	可溶片が溶断していないか目視で点検する（図2，図3）。	
2	サーキット・テスタで点検する	目視で判断がつかないときは，サーキット・テスタで導通を確認する（図4）。	
備考	1．ヒューズの取り外しには専用工具を使用すること（参考図1）。 2．ヒューズが溶断した場合は、その回路に短絡（ショート）などの不具合がないかを確認すること。 3．ヒューズを交換する際は，必ず同じ電流値のものと交換すること。 参考図1　ヒューズの取り外し 出所：（図2～図4，参考図1） 『ヴィッツ　KSP130系　NSP13#系　NCP131系　電子技術マニュアル　2010.12 No.SC1789J』トヨタ自動車（株）（一部改変）		
	●バルブ（電球）の点検		
1	目視で点検する	フィラメントが溶断していないか目視で点検する。	
2	サーキット・テスタで点検する	サーキット・テスタで導通を確認する（図5）。	
備考			

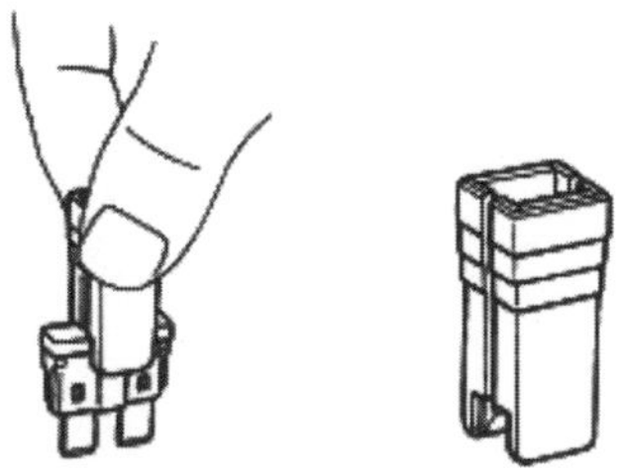

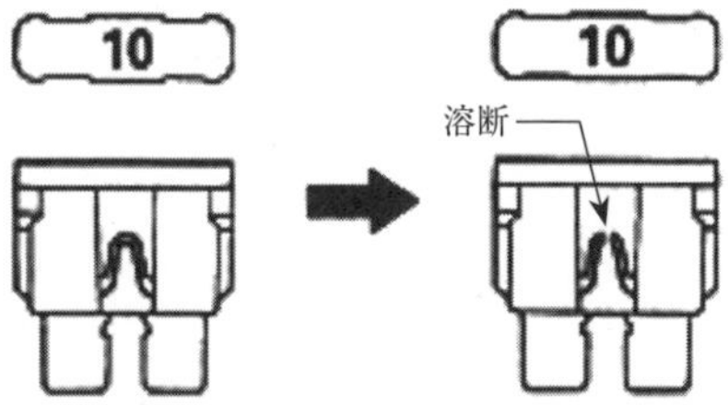

図2　ヒューズの溶断

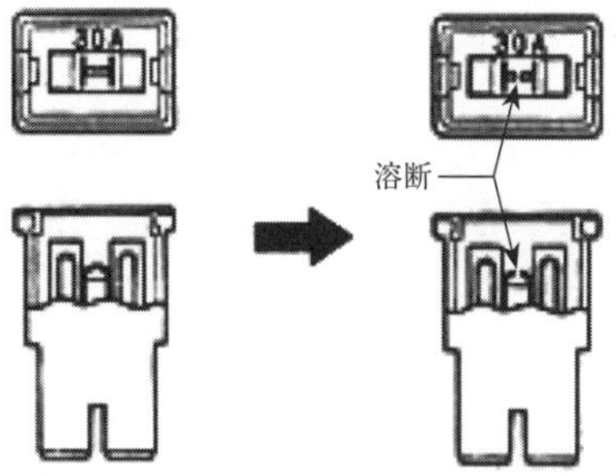

図3　ヒュージブル・リンクの溶断

図4　導通の確認

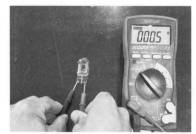

図5　サーキット・テスタによる点検

作業名	配線の接続	主眼点	はんだごて，電工ペンチの使い方

	材料及び器工具など

図1　配線接続用具

材料及び器工具など

はんだごて
こて台
糸はんだ
電工ペンチ
圧着端子
スリーブ
配線
絶縁テープ
一般工具

番号	作業順序	要　　　点	図　　解
●はんだ付けによる接続			
1	配線の被覆を切除する	接続する配線の先端部にある被覆を，電工ペンチのワイヤ・ストリッパ部やニッパなどを使い取り除く（図2）。	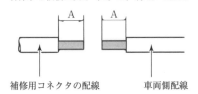　切除する被覆の長さ（A）は，約10～20mm　補修用コネクタの配線　車両側配線　図2　被覆の切除範囲
2	両方の芯線をねじり合わせる	1．熱収縮チューブを配線に通しておく。 2．芯線同士をねじり合わせる（図3）。	　芯線同士をねじり合わせる（○）
3	はんだ付けをする	1．芯線の部分にこて先を当てて加熱する。 2．はんだをこて先に当て，溶かす（図4）。 3．はんだが十分に行き渡ったことを確認してこて先を外す。 【注意】 　長時間のはんだ付けは被覆を溶かしたり，電気回路などに悪影響を与えるので，できるだけ短時間で行う。	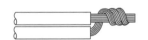　片側の芯線をもう一方の芯線に巻付ける（×）　図3　芯線のねじり合わせ
4	熱収縮チューブを被せる	1．先端部を切断し，はんだ付け部分を配線に密着させる（図5）。 2．熱収縮チューブをかぶせて，ヒートガンなどで加熱し，熱収縮チューブを収縮させる（図6）。 【注意】 ①　配線と熱収縮チューブの間に隙間ができないようにする。 ②　被覆が解けないように加熱時間に注意する。	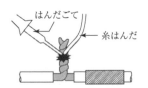　はんだごて　糸はんだ　図4　はんだ付け
5	テーピング作業を行う	1．テーピング部分の水分やほこりなどを除去する。 2．熱収縮チューブの20～30mmの範囲で絶縁テープを巻き付ける（図7）。 【注意】 　絶縁テープは重ね合わせながら巻き付ける。	

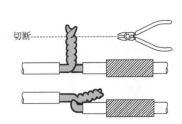

切断

図5　先端部の切断

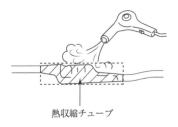

熱収縮チューブ

図6　熱収縮チューブの収縮

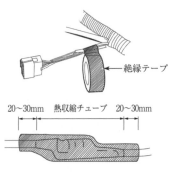

絶縁テープ

20～30mm　熱収縮チューブ　20～30mm

図7　テーピング作業

作業名	配線の接続	主眼点	はんだごて，電工ペンチの使い方

番号	作業順序	要　　点	図　　解
	●圧着端子による接続（図8）		
1	配線の被覆を切除する	接続する配線の先端部にある被覆を，電工ペンチのワイヤ・ストリッパ部やニッパなどを使い取り除く。	
2	圧着端子を付ける	1．配線にスリーブを入れておく。 2．端子後部で被覆部を仮かしめする（図9）。 3．端子中央で銅線部をかしめる。 4．被覆部を本かしめする（図10）。 5．オス側，メス側両方行う。 【注意】 　プラス側の配線がメス，マイナス側の配線がオスになるように作成する。	
3	圧着端子を接続する	1．オス側の凹にメス側の突起が合うまで確実に差し込む（図11）。 2．スリーブをかぶせる（図12）。 3．必要であればテーピング作業をする。	
	●圧着スリーブによる接続		
1	配線の被覆を切除する	接続する配線の先端部にある被覆を，電工ペンチのワイヤ・ストリッパ部やニッパなどを使い取り除く。	
2	圧着スリーブを付ける	1．配線の太さに応じた適切なサイズの圧着スリーブを選択する（図13）。 2．配線の芯線を圧着スリーブに差し込む。（図14）。 3．圧着スリーブの中央を，電工ペンチでしっかりとかしめる（図15）。 4．接続した配線の両端を引っ張り，抜けないことを確認する。 5．圧着スリーブの両端を電工ペンチでかしめる（図16）。 6．必要であればテーピング作業をする。	

図8　圧着端子，スリーブ

図9　被覆部のかしめ

図10　かしめた状態

図11　接続した状態

図12　スリーブをかぶせる

小（赤）

中（青）

大（黄）

図13　スリーブの選択

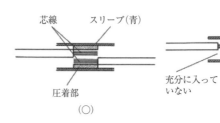

芯線　　スリーブ（青）

圧着部

充分に入っていない　　線の曲がり

（○）　　　　　　　　（×）

図14　スリーブの差し込み

接触させる

図15　スリーブ中央の圧着

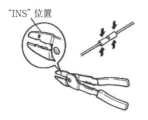

"INS"位置

図16　スリーブ両端の圧着

備考	出所：(図2～図7)『デミオ　DJ系　整備マニュアル　2014.7』マツダ（株）（一部改変） 　　　(図13～図16)『ヴィッツ　KSP130系　NSP13#系　NCP131系　電子技術マニュアル　2010.12　No. SC1789J』トヨタ自動車（株）

作業名	バッテリの整備（1）	主眼点	点検と保守

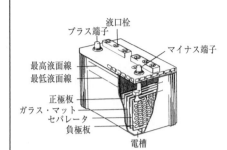

図1　バッテリの構造

表1　温度による比重の変化

温度 ℃	比重	温度 ℃	比重
−10	1.301	20	1.280
−5	1.298	25	1.276
0	1.294	30	1.273
5	1.291	35	1.269
10	1.187	40	1.266
15	1.284	45	1.262

材料及び器工具など

12 Vバッテリ
精製水
比重計又はバッテリ・クーラント・テスタ
温度計

番号	作業順序	要　　点	図　　解
1	外観を点検する	1．バッテリの端子に腐食（白い粉の付着）がないか目視で点検する。 2．白い粉が付いているときは，ぬるま湯で洗浄する。 3．ケーブル端子に緩み・がたつきがないか手でゆするなどして点検する（図2）。 4．バッテリの端子が腐食で著しいときは，ケーブル端子を取り外して，サンド・ペーパなどで磨き，取り付ける。	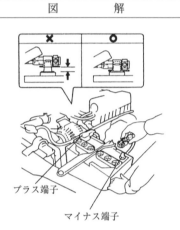 図2　ターミナル部の点検
2	液面の高さを点検する	1．電解液の液量をバッテリ側面から，液面線の範囲にあることを目視で点検する。 2．電解液が不足している場合は，精製水を規定レベルまで補充する。 3．補充した後は，普通充電を行い，バッテリの温度が下がってから，比重の点検を行う。	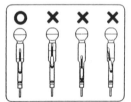 液が盛り上がっているところを読む 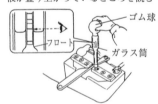
3	比重を測定する	1．各セルの液口栓を外し，比重計を用いて比重を測定する（図3）。 　　比重の基準値　1.280（液温20℃） 2．比重が1.240（液温20℃）以下の場合は充電を行う。電解液面が6セルとも同じ高さで，それぞれの比重の最大値と最小値の差（ばらつき）が0.04以上である場合は，蓄電池購買店などで点検を受ける。 3．バッテリ・クーラント・テスタを用いて比重を測定する（「No. 4.27−2」参照）。 　　境界線の示す位置が，比重である（図4，図5）。	図3　比重計を用いた比重測定

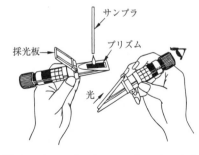

図4　バッテリ・クーラント・テスタを
　　　用いた比重測定

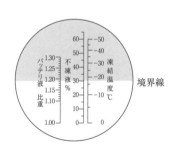

図5　目盛り例

作業名	バッテリの整備（1）	主眼点	点検と保守

番号	作業順序	要　　　点	図　　解

【注意】

1．メンテナンスフリー・バッテリは，液口栓が設けられていない型式（比重の測定及び補水などができない）が多いので，バッテリに貼付されているコーション・プレート（ラベル）の指示に従う。

※無理に開けると，バッテリに不具合が生じる。

2．現在の車両は，イグニッション・キー（キー・スイッチ）がOFFでも，状況に応じてエンジンなどの電子制御装置が作動している。そのため，バッテリ交換などで不用意にバッテリのケーブル端子を取り外してしまうと，不具合を発生させる原因となるので，十分な注意が必要である。

注意する点の例を以下に記載する。詳細については，車両の整備書を参照すること。

①　電気制御装置のダイアグノーシス・コードの記憶が消去される。→車両の不具合情報が読み取れない。

②　電子制御装置の学習値が消去される。→再学習などの操作が必要となる。

③　電子制御装置のコントロール・ユニットやカーナビゲーションなどに不具合が生じる。→修理などの対応が必要となる。

④　オーディオの各種設定やラジオの選局が消去される。→記録がなければ復元できない。

なお，バッテリ交換では，バックアップ電源を取ることにより，前記の内容に危惧することなく，交換作業ができる。

また，基本事項として，バッテリからケーブル端子を取り外す際は，必ずエンジンを停止させて，工具などによるショートを防止するために，マイナス側のケーブル端子から取り外す。取り付けは，プラス側のケーブル端子からマイナス側のケーブル端子の順に行い，ケーブル端子をバッテリのケーブル端子に十分に差し込んで，工具で確実に締め付ける。

3．アイドル・ストップ・システムを搭載している車両においては，必ず専用のバッテリと交換する。

※制御が正常に作動しない，バッテリの充電受け入れ性能の不足などの原因で，バッテリ上がりを起こす。

【バッテリ・テスタ】

従来のバッテリ・テスタは，比較的大きな電流を流して，バッテリの端子から電圧の変化にて良否判定するものであった。現在は，バッテリに大きな負担を与えない，電気伝導率（内部抵抗）で良否判定するものが主流になっている。

参考図1に示すバッテリ・テスタでは，クリップをバッテリの端子に接続し，画面の指示に従い操作することで，次の項目を簡単に測定することができる。

（1）CCA（Cold Cranking Ampere）

バッテリの始動性能を表す値で，この値が大きいほど，エンジンを始動させる能力が高い。

※JIS D 5301：2019「始動用鉛蓄電池」に「バッテリの電解液温度が−18℃の状態でバッテリを放電させ，30秒後のバッテリ端子電圧が7.2Vとなる放電電流」と規定されている。

（2）SOC（State of Charge）

バッテリの充電状態を表す値で，満充電状態の電圧を100％と定義して，現在の状態を％で表している。

（3）SOH（State of Health）

バッテリの健康状態を表す値で，測定するバッテリのCCA規格値と，現在の状態を比較して％で表している。

その他の機能としては，プリンタ機能なども搭載しているので，使用者に対して情報を提供することもできる。

なお，正しい測定をするために，テスタの取り扱いについては，取り扱い説明書などに記載されている測定方法や条件を十分に理解した上で，使用することが重要である。

参考図1　バッテリ・テスタ

作業名	バッテリの整備（2）	主眼点	充電方法

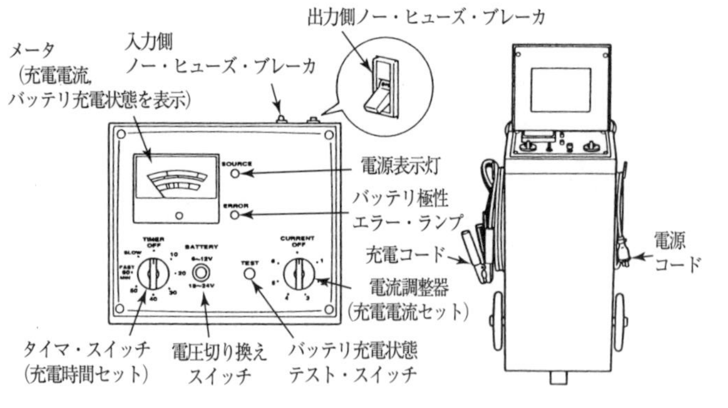

図1　バッテリ充電器

		材料及び器工具など

バッテリ
充電器
精製水
比重計又はバッテリ・クーラント・テスタ
温度計

番号	作業順序	要　　　　点	図　　　　解

●普通充電（定電流充電法）

1　準備する

1．充電器の電源スイッチ，電流調整器，タイマ・スイッチを OFF にする（図1）。

2．ケーブル端子を取り外して，本体，端子を清掃する（図2）。

3．水素ガス放出のため，液口栓を全て取り外す（図3）。

4．電解液を点検し，少なければ最高液面線レベルまで補充する。

※バッテリ側面から液面が確認しづらい場合は，液口栓を取り外して上から確認をする。液面が注入口の下端に接していれば，最高液面線レベルにあると判断する（図4）。

5．バッテリ充電電流の大きさを決める。

$$普通充電 = \frac{バッテリ容量（5時間率）}{10}\,[A]$$

6．バッテリ充電時間の目安を確認する。
電解液の比重より放電量を求める（図5）。

放電したバッテリ容量（AH）
＝バッテリ容量×放電量［％］

充電時間

$$= \frac{放電したバッテリ容量}{充電電流} \times 1.2 \sim 1.5$$

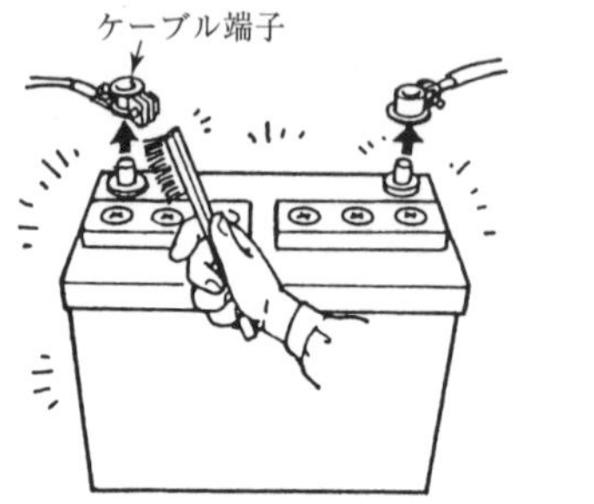

図2　バッテリ本体と端子の清掃

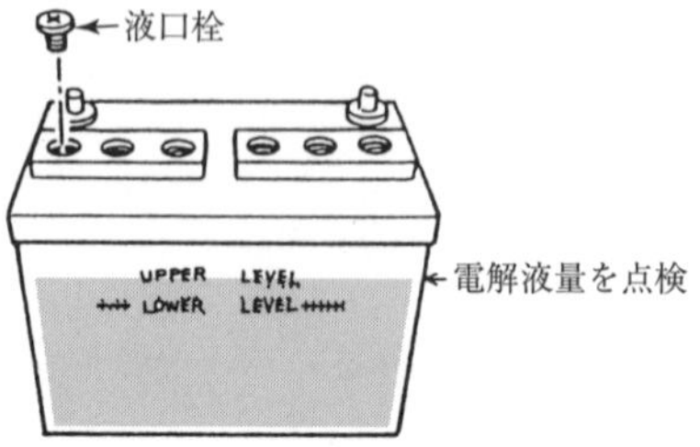

図3　液口栓の取り外し

2　充電する

1．充電器のバッテリ切り換えスイッチをバッテリの電圧に合わせる。

2．充電器とバッテリのプラス，マイナスを間違えないようバッテリに接続する。

3．充電器を 100 V 電源に接続する。

4．充電器の電源スイッチを ON にし，タイマ・スイッチを SLOW（連続）にする。

5．電流調整つまみを，充電電流にセットする（図6）。

左のセルのようになればよい

図4　電解液のレベル点検

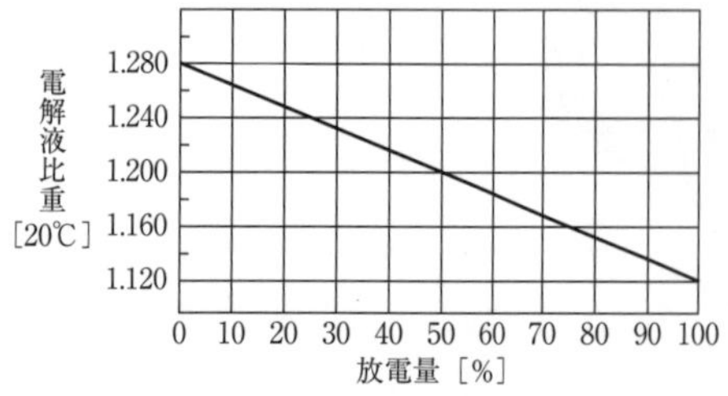

図5　放電量と電解液比重の関係

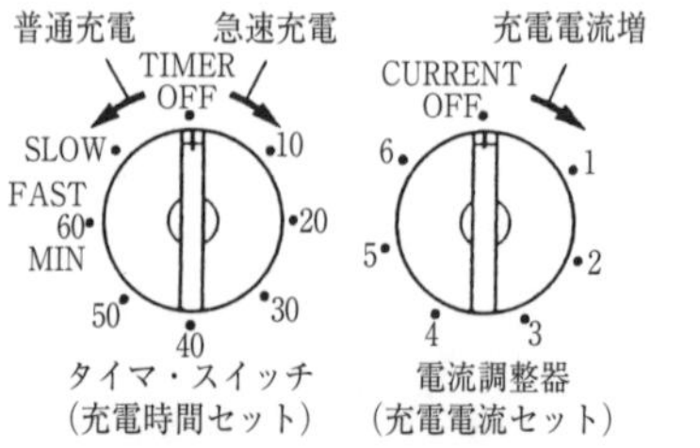

図6　調整つまみの例

| 作業名 | バッテリの整備（2） | 主眼点 | 充電方法 |

番号	作業順序	要　点	図　解
3	充電中の注意	1．充電中は，比重の上がり方，水素ガスの発生状態，電解液の温度（45℃以下），充電電流を定期的に点検する（図7）。 2．充電中には水素ガスが発生するので，火気を近づけたりスパークを発生させない（図8）。 3．液量の変化に注意する。	
4	充電を終了する	1．水素ガスが盛んに発生して電解液の比重が1.260〜1.280，バッテリ端子電圧が15〜17Vになり，比重，電圧共に1時間以上一定値を継続したとき充電を終える。 2．充電器の電流調整つまみをOFFにし，電源スイッチをOFFにする（図9）。 3．バッテリから充電器の充電コードを外す。 4．液口栓を取り付け，バッテリを水洗いする。	図7　充電中の電解液の温度（45℃以下） 図8　充電中には火気・スパークに注意する

●急速充電（下記以外は普通充電の項目に同じ）

番号	作業順序	要　点	図　解
1	準備する	バッテリ充電電流の大きさを決める。 　充電時間は30分以内とし，電解液温度は55℃を超えないようにする。 $$急速充電 = \frac{バッテリ容量（5時間率）}{1 + 充電時間（0.5）}[A]$$	普通充電の場合　　急速充電の場合
2	充電する	1．充電器の電源スイッチをONにし，タイマつまみを30分にセットする。 2．電流調整つまみを，上記急速充電電流にセットする。	
3	充電中の注意	普通充電の項目に同じ。	
4	充電を終了する	電圧，比重，発生する水素ガスの状態をチェックし，過充電にならないよう注意する。	図9　充電終了手順

| 備考 | 【注意】
1．車上で急速充電を行う場合は，電解液が飛散することがあるので，ボデーにカバーをする。もし電解液がボデーについたときは，速やかに水で洗い流す。
　また，ケーブル端子をバッテリから外さずに充電すると，オルタネータ内の部品が破損することがある。
2．密閉型メンテナンスフリー（MF）バッテリは，大電流が流れる急速充電は絶対に行ってはいけない。
　充電電流及び充電時間などについては，バッテリに貼付されているコーション・プレート（ラベル）に従う。 | 
参考図1　車上での急速充電 |

出所：（図5）『二級ガソリン自動車　エンジン編』（一社）日本自動車整備振興会連合会，2015年3月，p.77，図Ⅱ－8

作業名	スタータの整備（1）	主眼点	分解と点検

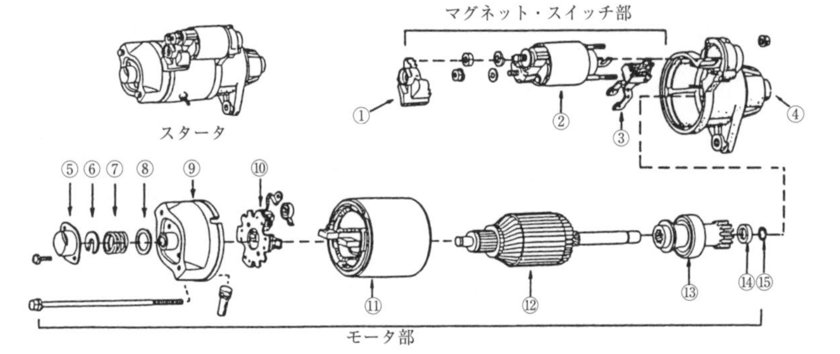

材料及び器工具など

スタータ（電磁ピニオンしゅう動型・直結型）
一般工具

①マグネット・スイッチ・カバー ⑥スタータ・ロー・プレート ⑪スタータ・ヨーク・アセンブリ
②マグネット・スイッチ・アセンブリ ⑦スタータ・ブレーキ・スプリング ⑫スタータ・アーマチュア・アセンブリ
③スタータ・ピニオン・ドライブ・レバー ⑧プレート・ワッシャ ⑬スタータ・クラッチ・サブアセンブリ
④スタータ・ドライブ・ハウジング・アセンブリ ⑨コンミュテータ・エンド・フレーム・アセンブリ ⑭ピニオン・ストップ・カラー
⑤スタータ・ベアリング・カバー ⑩スタータ・ブラシ・ホルダ・アセンブリ ⑮スナップ・リング

図1　電磁ピニオンしゅう動型・直結型スタータ構成図

番号	作業順序	要　　　　点
		●電磁ピニオンしゅう動型・直結型スタータ
1	マグネット・スイッチを取り外す	1. M端子のナットを外し，リード線を取り外す（図2）。 2. マグネット・スイッチ取り付けナットを外し，マグネット・スイッチを持ち上げながらムービング・スタットをドライブ・レバーから取り外す。
2	エンド・フレームを取り外す	1. ベアリング・カバーを取り外す。 2. ロック・プレート，スプリング，ラバーを取り外す。 3. 2本のボルトを外し，コンミュテータ・エンド・フレームを取り外す（図3）。
3	ブラシ・ホルダを取り外す	1. ブラシをブラシ・ホルダより取り外す。 2. ブラシ・ホルダを取り外す（図4）。
4	スタータ・ヨークを取り外す	ヨーク部を木ハンマなどで軽くたたき，ドライブ・ハウジングからスタータ・ヨークを取り外す（図5）。
5	アーマチュアを取り外す	ドライブ・ハウジングからアーマチュア，スタータ・クラッチ，ドライブ・レバーを取り外す。
6	スタータ・クラッチを取り外す	1. ドライバを使用し，ピニオン・ストップ・カラーを一度クラッチ側に抜く。 2. スナップ・リングを取り，クラッチをカラーと共に抜き取る（図6）。

図　　　解

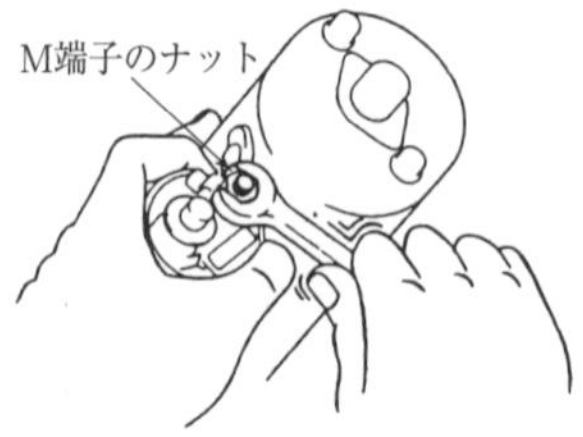

図2　M端子のナットを外す

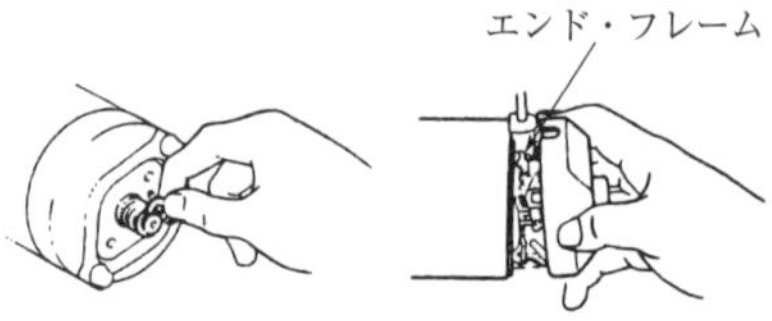

図3　エンド・フレームを外す

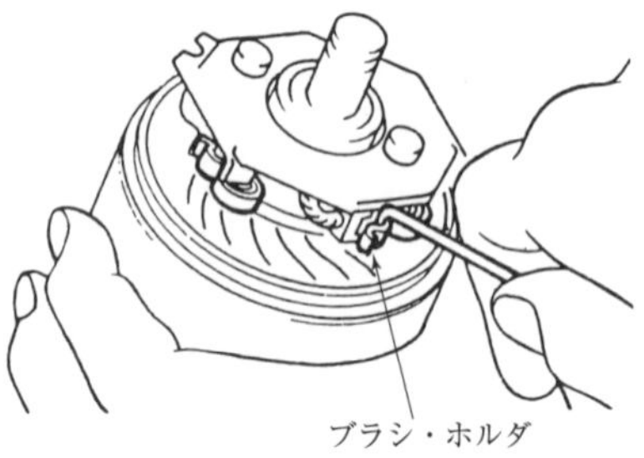

図4　ブラシ・ホルダを外す

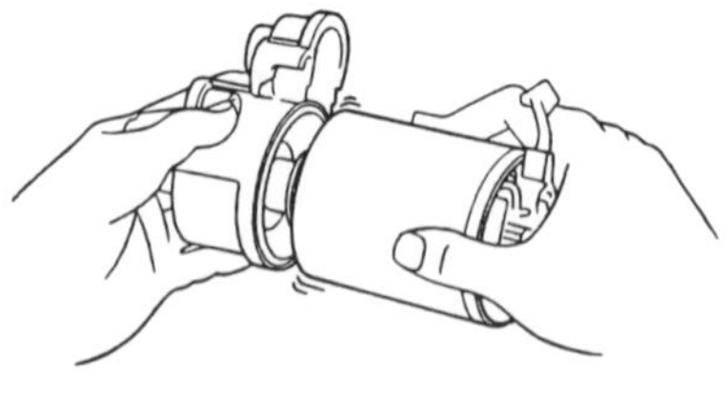

図5　スタータ・ヨークを外す

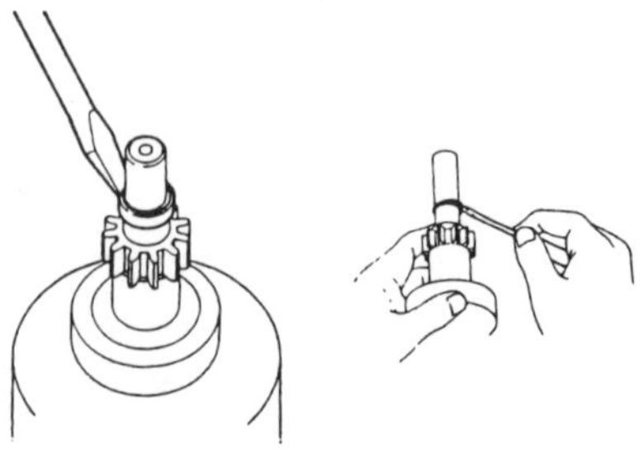

図6　スナップ・リングを取る

作業名	スタータの整備（2）	主眼点	点　検

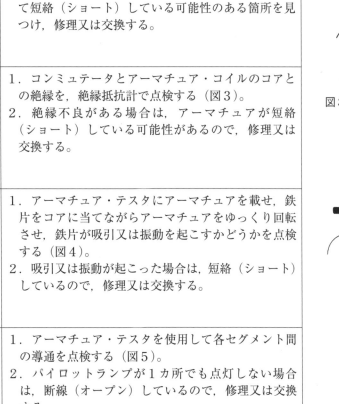

図1　フィールド・コイルの断線点検

材料及び器工具など

アーマチュア・テスタ
サーキット・テスタ
絶縁抵抗計（メガー）
ばねばかり
ノギス
ダイヤル・ゲージ
ダイヤル・ゲージ・スタンド
一般工具

番号	作業順序	要　点	図　解
1	フィールド・コイルの断線点検をする	1．フィールド・コイルは，4個のポール・コアとコイルから構成されているので，2個ずつはんだ部を切り離す。 2．サーキット・テスタで点検する（図1）。 3．導通不良の場合は断線（オープン）しているので，フィールド・コイル・アセンブリで交換する。	絶縁抵抗計 図2　フィールド・コイルの絶縁点検
2	フィールド・コイルの絶縁点検をする	1．フィールド・コイルの一端とヨーク間の絶縁を，絶縁抵抗計で点検する（図2）。 2．絶縁不良がある場合は，ポール・コアを順次外して短絡（ショート）している可能性のある箇所を見つけ，修理又は交換する。	図3　アーマチュア・コイルの絶縁点検
3	アーマチュア・コイルの絶縁点検をする	1．コンミュテータとアーマチュア・コイルのコアとの絶縁を，絶縁抵抗計で点検する（図3）。 2．絶縁不良がある場合は，アーマチュアが短絡（ショート）している可能性があるので，修理又は交換する。	鉄片 アーマチュア・テスタ 図4　アーマチュア・コイルの 短絡（ショート）点検
4	アーマチュア・コイルの短絡（ショート）点検をする	1．アーマチュア・テスタにアーマチュアを載せ，鉄片をコアに当てながらアーマチュアをゆっくり回転させ，鉄片が吸引又は振動を起こすかどうかを点検する（図4）。 2．吸引又は振動が起こった場合は，短絡（ショート）しているので，修理又は交換する。	
5	アーマチュア・コイルの断線（オープン）点検をする	1．アーマチュア・テスタを使用して各セグメント間の導通を点検する（図5）。 2．パイロットランプが1カ所でも点灯しない場合は，断線（オープン）しているので，修理又は交換する。	
6	アーマチュア・シャフトを点検する	アーマチュア・シャフトとベアリングの隙間を点検し，限度を超えるものはベアリングを交換する。	図5　アーマチュア・コイルの 断線（オープン）点検

作業名	スタータの整備（2）	主眼点	点　検

番号	作業順序	要　　点	図　　解
7	コンミュテータを点検する	1．表面の汚損，焼損あるいは段付き摩耗のあるものはサンド・ペーパで修正する。 2．外周の振れを点検し，限度以上のものは修理又は交換する（図6）。 3．セグメント（図7斜線部分）間のマイカ（図7黒の部分）深さをノギスで測り，限度以下の場合は交換する。 4．外径をノギスで測り，限度以下のものは交換する（図8）。	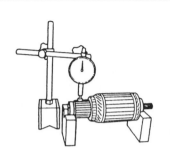 図6　コンミュテータ外周の振れ点検
8	ブラシを点検する	1．ブラシの長さをノギスで測り，限度以下の場合は交換する。 2．ブラシを交換した場合は，サンド・ペーパでブラシに当たりを付ける。	  図7　マイカ深さの点検
9	ブラシ・スプリングを点検する	ばねばかりで，ブラシ・スプリングの取り付け荷重を測り，限度以下の場合は交換する（図9）。	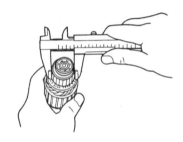
10	ブラシ・ホルダを点検する	1．プラス側ブラシ・ホルダとマイナス側ブラシ・ホルダとの絶縁を，絶縁抵抗計で点検する（図10）。 2．絶縁不良がある場合は，修理又は交換する。	図8　コンミュテータの外径測定
11	スタータ・クラッチを点検する	1．ピニオンの歯面が摩耗，損傷しているものは交換する。 2．ピニオンを駆動方向に回転させたときロックし，逆方向に回転させたときスムースに回転すればよい（図11）。	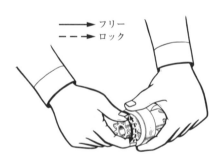

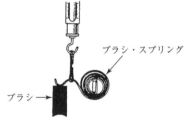

図9　ブラシ・スプリングの点検

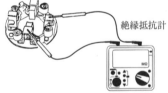

図10　ブラシ・ホルダの絶縁点検

図11　スタータ・クラッチの点検

備考	1．ブラシの使用限度は個々のスタータによって異なるが，一般に元の長さの2／3になったら新品と取り替える。 　　ブラシの測定方法を参考図1に示す。 2．ブラシ・スプリングの取り付け荷重は，個々のスタータによって異なるが，小型車では9.8N前後である。	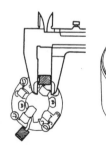 参考図1　ブラシの測定

| 作業名 | スタータの整備（3） | 主眼点 | 分解と点検 |

材料及び器工具など

スタータ（リダクション型・外接型）
一般工具

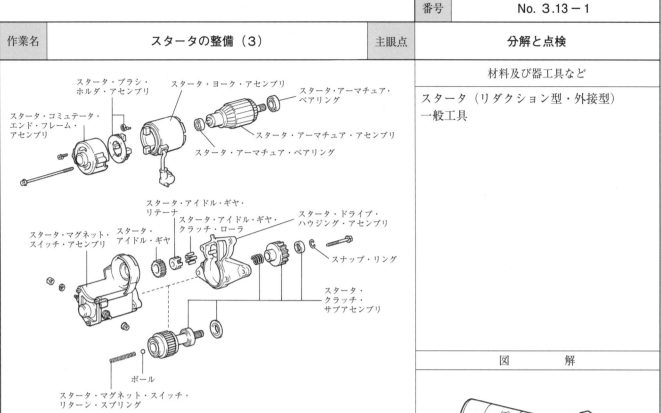

図1　リダクション型・外接型スタータ構成図

番号	作業順序	要　　　点
●リダクション型・外接型スタータ分解		
1	準備する	1．カバー，遮熱板などを取り外す。 2．M端子のナットを外し，リード線を取り外す。
2	スタータ・ドライブ・ハウジング及びスタータ・モータを取り外す	1．ボルト2本，スクリュ2本を外し，スタータ・マグネット・スイッチ・アセンブリからスタータ・ドライブ・ハウジングをスタータ・クラッチと共に取り外す（図2）。 【注意】 　スタータ・ドライブ・ハウジングを取り外すとき，スタータ・モータ，アイドル・ギヤ，リテーナ及びクラッチ・ローラがハウジングと一緒に外れるので，落とさないように十分注意すること。 2．スタータ・モータ（スタータ・ヨーク及びアーマチュア）を取り外す。 3．アイドル・ギヤ，アイドル・ギヤ・リテーナ及びアイドル・ギヤ・クラッチ・ローラを取り外す（図3）。 4．ボール及びスプリングを取り外す（図4）。
3	ブラシ，ブラシ・ホルダ及びアーマチュアを取り外す	1．スクリュ2本を外し，スタータ・ヨークからスタータ・コミュテータ・エンド・フレームを取り外す。 2．ドライバなどを用いて，ブラシ・スプリングを起こし，ブラシを取り外す（図5）。 3．スタータ・ヨークからブラシ・ホルダを取り外す。 4．スタータ・ヨークからアーマチュアを取り外す。

図　　　解

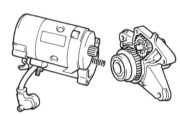

図2　スタータ・ドライブ・ハウジングの取り外し

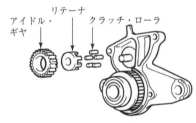

図3　アイドル・ギヤなどの取り外し

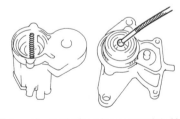

図4　ボール及びスプリングの取り外し

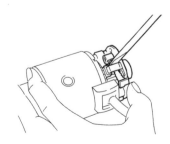

図5　ブラシの取り外し

作業名	スタータの整備（3）	主眼点	分解と点検

番号	作業順序	要　　点	図　　解

●リダクション型・外接型スタータ点検

点検方法は電磁ピニオンしゅう動型・直結型スタータとほぼ同様なので，ここでは異なる箇所のみを述べる。

| 1 | ベアリングを点検する | 1．指先に力を加えて回転させたとき，異常，引っ掛かりのないことを確認する。
2．急速に回したとき，異音がないことを確認する（図6）。
3．ベアリングに異常があれば交換する（図7，図8）。 | 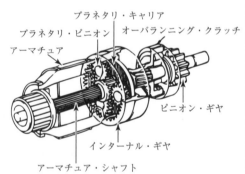
図6　ベアリングを点検する

図7　ベアリングの取り外し |
| 2 | マグネット・スイッチを点検する | 1．C端子とM端子間の導通を点検する（図9）。
【基準】導通あり
2．C端子とマグネット・スイッチ・ボデー間の導通を点検する（図10）。
【基準】導通あり | 
図10　C端子とマグネット・
　　　スイッチ・ボデー間の導通点検 |

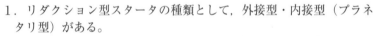

図8　ベアリングの圧入　　　図9　C端子とM端子間の導通点検

備
考

1．リダクション型スタータの種類として，外接型・内接型（プラネタリ型）がある。

　リダクション型・内接型（プラネタリ型）スタータの内部構造とギヤ機構を参考図1〜参考図3に示す。

2．分解整備については，減速ギヤ機構を除き「No. 3.11」のスタータに準じて行う。

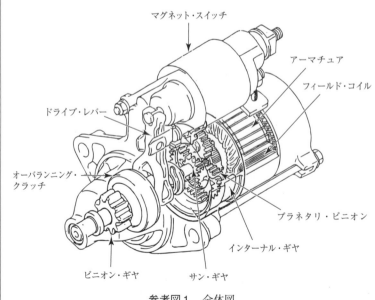

参考図1　全体図

参考図2　内部構造

参考図3　ギヤ機構

出所：（図1〜図5，図7，図8）『4S-FE　3S-FE　エンジン修理書　63032』トヨタ自動車（株），1990年11月（一部改変）

作業名	スタータの整備（4）	主眼点	組み立てと性能試験

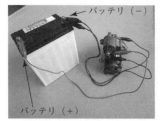 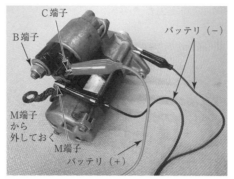

図1　プルイン・コイルの吸引試験

材料及び器工具など

スタータ
バッテリ
電流計
万力
指定グリース
一般工具

番号	作業順序	要　点	図　解
1	組み立てる	組み立ては分解の逆の順に行うが，次の点に注意する。 1．各しゅう動部には指定グリースを塗る。 2．各部組み付けの際はノック，切り欠きなどを合わせながら行い，組み付け後，スムースに動くことを確認する。	
2	単体点検する	点検方法は，電磁ピニオンしゅう動型・直結型，リダクション型・外接型，リダクション型・内接型（プラネタリ型）とも，ほぼ同様なので，リダクション型・内接型（プラネタリ型）を例として説明する。 　各試験は短時間（3～5秒）で行う。	 図2　ホールディング・コイルの保持試験
3	プルイン・コイルの吸引試験をする	1．ナットを外して，M端子に接続している配線を取り外す。 2．マグネット・スイッチのM端子とスタータ・ハウジングにバッテリのマイナス端子を接続する。 3．C端子にバッテリのプラス端子を接続したときに，ピニオン・ギヤが強く飛び出すことを確認する（図1）。	 図3　ピニオン・ギヤの戻り試験①
4	ホールディング・コイルの保持試験をする	3の状態からM端子への配線を外した後も，ピニオン・ギヤが飛び出した状態のままであることを確認する（図2）。	
5	ピニオン・ギヤの戻り試験をする	1．マグネット・スイッチのC端子とスタータ・ハウジングに，バッテリのマイナス端子を接続する。 2．M端子にバッテリのプラス端子を接続したときに，ピニオン・ギヤが飛び出すことを確認する（図3）。 3．2．の状態からC端子への接続を外したときに，速やかにピニオン・ギヤが戻ることを確認する（図4）。	 図4　ピニオン・ギヤの戻り試験②

| 作業名 | スタータの整備（4） | 主眼点 | 組み立てと性能試験 |

番号	作業順序	要　　　点	図　　　解
6	スタータの無負荷試験をする	1．スタータを万力などで確実に固定する（図5）。 2．図6のように結線する。 3．C端子を接続し，電流計の指示値が安定したところで測定する。 【注意】 1．大電流が流れるので，太いリード線を使用する。 2．バッテリは，完全充電したものを使用する。	 図5　スタータの固定 クランプ式電流計　バッテリ（−） バッテリ（＋） C端子への配線は測定時のみ接続する　バッテリ（＋） 図6　スタータの無負荷試験の結線

| 備 | 　作業は，バッテリ電圧が直接加わるほか，端子同士が近く，短絡（ショート）により焼損や破損などのおそれがあるので，配線を整理して，十分に注意して行うこと。 |
| 考 | |

番号	作業順序		
6	スタータの無負荷試験をする		

| 作業名 | オルタネータの整備（1） | 主眼点 | 分解と点検 |

図1　オルタネータ（ICレギュレータ付）　　図2　オルタネータ・プーリを外す

材料及び器工具など

オルタネータ（ICレギュレータ付）
デジタル式サーキット・テスタ
絶縁抵抗計（メガー）
ノギス
特殊工具
一般工具

（図1ラベル）リヤ・エンド・フレーム　ステータ　ドライブ・エンド・フレーム　ターミナル　コネクタ　ICレギュレータ　スプリング　ブラシ　スリップ・リング　レクチファイヤ　リヤ・エンド・カバー　ロータ　プーリ　ベアリング

番号	作業順序	要　　　　点	図　　　解
1	分解する	1．特殊工具を使用してプーリを取り外す（図2）。 2．リヤ・エンド・カバーを取り外す。 3．ブラシ・ホルダを取り外す（図3）。 4．ICレギュレータを取り外す。 5．レクチファイヤを取り外す（図4）。 6．レクチファイヤ・エンド・フレームを取り外す。 7．ロータを取り外す。ロータが固い場合はプラスチック・ハンマを使用してロータを軽くたたき取り外す。	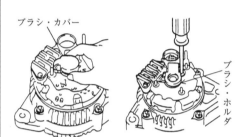 ブラシ・カバー　ブラシ・ホルダ 図3　ブラシ・ホルダを外す
2	ロータを点検する	1．デジタル式サーキット・テスタを使用して，2個のスリップ・リング間の抵抗を測定する（図5）。 2．スリップ・リングとロータ・コア間の絶縁を，絶縁抵抗計で点検する（図5）。 3．スリップ・リングの摩耗を点検する（図6）。	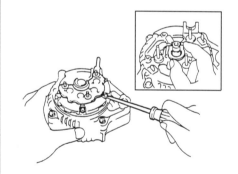
3	レクチファイヤの整流用ダイオードを点検する	デジタル式サーキット・テスタを使用して，レクチファイヤ中の整流用ダイオードの各端子（$P_1 \sim P_4$）とB間，E間の導通の有無を確認する（図7）。 【基準】極性を変えて一方に導通があり，逆方向に導通がないこと。	図4　レクチファイヤを外す
4	ブラシを点検する	1．ブラシの長さを点検し，限度以下に摩耗している場合は交換する。 2．ブラシとホルダのしゅう動部が円滑であることを点検する。	

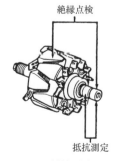

絶縁点検　抵抗測定

図5　ロータの抵抗測定及び絶縁点検

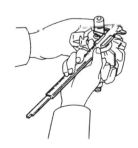

図6　スリップ・リングの摩耗点検

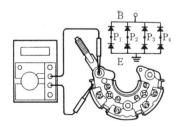

B　P_1　P_2　P_3　P_4　E

図7　レクチファイヤの整流用ダイオード点検

| 作業名 | オルタネータの整備（1） | 主眼点 | 分解と点検 |

番号	作業順序	要　　　　点	図　　　解
5	ステータ・コイルを点検する	1．サーキット・テスタを使用して，ステータ・コイルのN端子（P₃）と各リード線間の導通を点検し，導通のない場合は断線（オープン）しているので交換する（図8）。 2．絶縁抵抗計を使用して，ステータ・コイルとステータ・コア（ボデー）間の絶縁を点検し，絶縁不良がある場合は，修理又は交換する（図9）。	
6	IC レギュレータを点検する	サーキット・テスタを使用して，IC レギュレータのF端子とB端子間の導通を点検する。 【基準】F・B間で極性を変えて一方に導通があり，逆方向に導通がないこと（図10）。	
7	ベアリングを点検する	1．ベアリングを回転させ，異音，引っ掛かりのないことを確認する。 2．異常があるときは，ベアリングを交換する（図11）。	
8	組み立てる	組み立ては，分解の逆順に行えばよいが，次の点に注意する。 1．B端子，レクチファイヤの取り付けにはインシュレータを忘れずに組み付ける。 2．組み付け完了後，プーリがスムーズに回転することを確認する（図12）。	

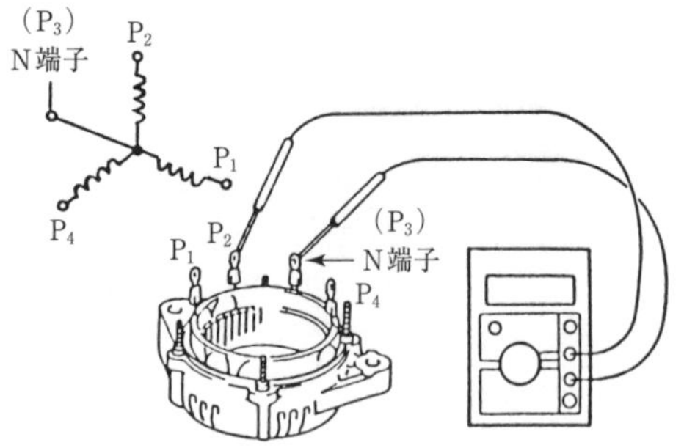

図8　ステータ・コイルの断線（オープン）点検

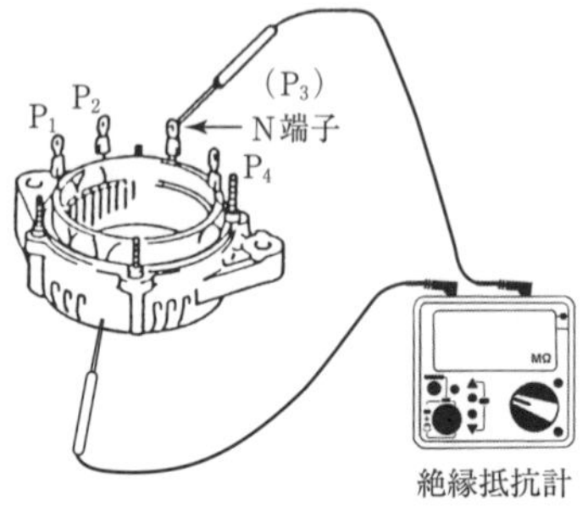

図9　ステータ・コイルの絶縁点検

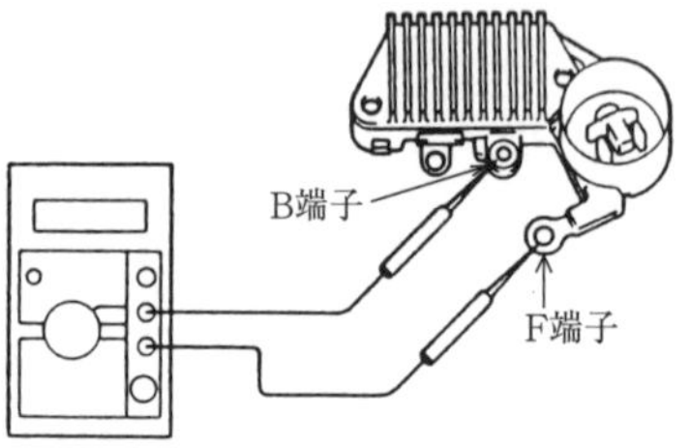

図10　IC レギュレータの点検 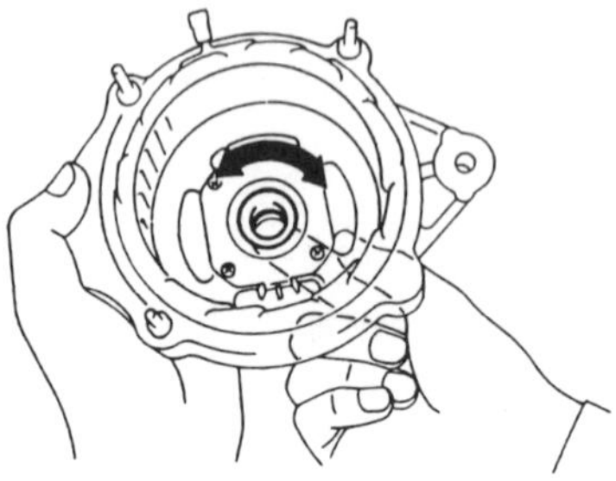　　図11　ベアリングの点検 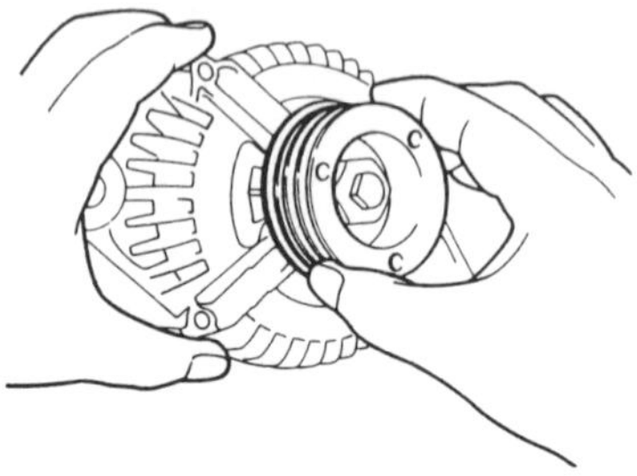　　図12　プーリの回転点検

備考

作業名	オルタネータの整備（2）	主眼点	現車における点検

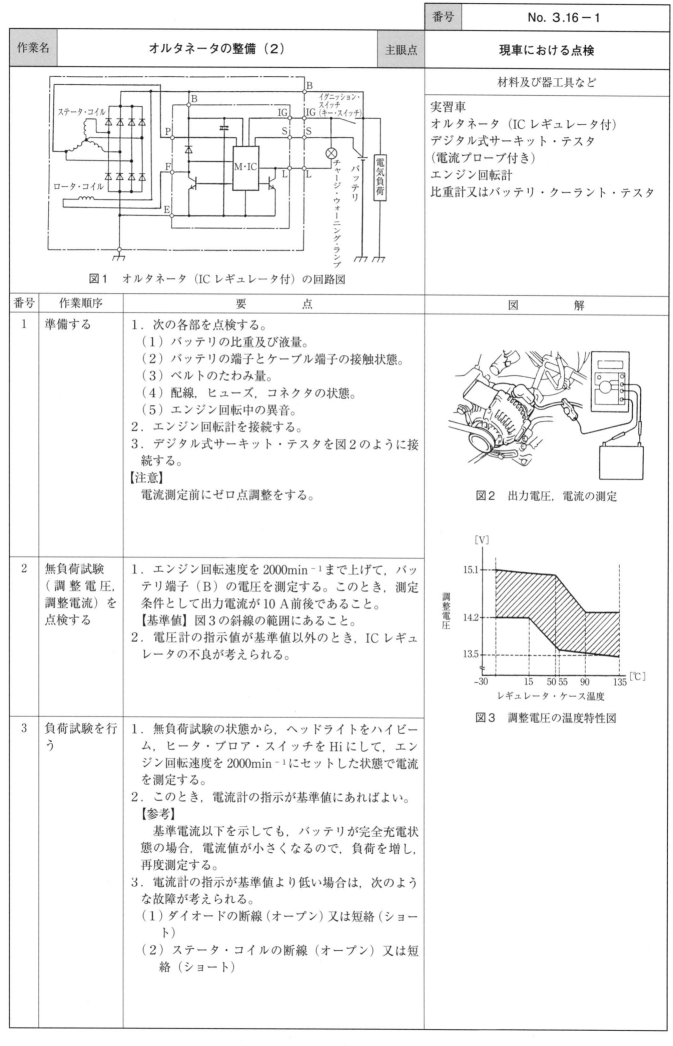

図1　オルタネータ（ICレギュレータ付）の回路図

材料及び器工具など

実習車
オルタネータ（ICレギュレータ付)
デジタル式サーキット・テスタ
（電流プローブ付き）
エンジン回転計
比重計又はバッテリ・クーラント・テスタ

番号	作業順序	要　　点	図　　解
1	準備する	1．次の各部を点検する。 （1）バッテリの比重及び液量。 （2）バッテリの端子とケーブル端子の接触状態。 （3）ベルトのたわみ量。 （4）配線，ヒューズ，コネクタの状態。 （5）エンジン回転中の異音。 2．エンジン回転計を接続する。 3．デジタル式サーキット・テスタを図2のように接続する。 【注意】 電流測定前にゼロ点調整をする。	図2　出力電圧，電流の測定
2	無負荷試験 （調整電圧， 調整電流）を 点検する	1．エンジン回転速度を2000min⁻¹まで上げて，バッテリ端子（B）の電圧を測定する。このとき，測定条件として出力電流が10A前後であること。 【基準値】図3の斜線の範囲にあること。 2．電圧計の指示値が基準値以外のとき，ICレギュレータの不良が考えられる。	図3　調整電圧の温度特性図
3	負荷試験を行う	1．無負荷試験の状態から，ヘッドライトをハイビーム，ヒータ・ブロア・スイッチをHiにして，エンジン回転速度を2000min⁻¹にセットした状態で電流を測定する。 2．このとき，電流計の指示が基準値にあればよい。 【参考】 　基準電流以下を示しても，バッテリが完全充電状態の場合，電流値が小さくなるので，負荷を増し，再度測定する。 3．電流計の指示が基準値より低い場合は，次のような故障が考えられる。 （1）ダイオードの断線（オープン）又は短絡（ショート） （2）ステータ・コイルの断線（オープン）又は短絡（ショート）	

| 作業名 | オルタネータの整備（2） | 主眼点 | 現車における点検 |

番号	作業順序	要　　点	図　　解
4	他の試験方法	1．出力電流が少ない場合，ICレギュレータのF端子を直接アースさせ，出力電流が上がればレギュレータ側に原因があり，出力電流が上がらなければオルタネータ側に原因があることが分かる（図4）。 2．オルタネータのバッテリ端子（B）電圧波形をオシロスコープで点検することにより，ロータ・コイル，レクチファイヤの点検ができる。 　最近のオルタネータは高出力化されているので，一相に不具合があっても30A以上出力するのが一般的である。 　このため，単に出力電流のみでなく，波形を観測することにより，異常の状態，原因の究明に役立つ（図5）。	F端子 図4　F端子での簡易点検方法例 正常　　　ステータ・コイル一相断線（オープン） ダイオード1個断線（オープン）　　ステータ・コイル一相短絡（ショート） ダイオード1個短絡（ショート） 図5　出力波形と異常の状態の関係

| 備考 | 車種によっては，充電制御機能を持つ方式もあるので，整備書を確認すること。 |

| 番号 | 作業順序 | | |

作業名	ヘッドランプの整備	主眼点	バルブ交換

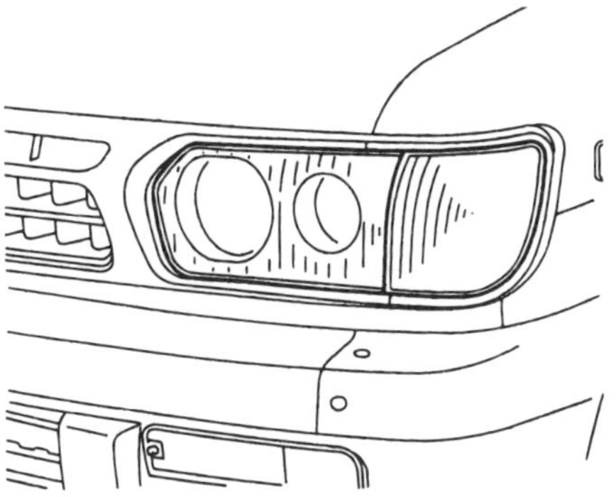

材料及び器工具など
実習車 ヘッドランプ・ユニット ハロゲン・バルブ各種 HID バルブ各種

図1　ヘッドランプ外観

番号	作業順序	要　　　点	図　　解
1	ハロゲン・バルブの交換	【防水ゴム・キャップを使用している場合】 1．ライト・スイッチを OFF にする。 2．バッテリのマイナス端子に取り付けられたケーブル端子を取り外す。 3．ヘッドランプのコネクタを取り外す。 4．防水ゴム・キャップを取り外す。 5．バルブ固定金具を取り外す。 6．バルブ電極を持ち，ガラス面を周りに接触させないように取り外す。 【注意】 1．濡れた手では作業を行わないこと。 2．ガラス面には素手で触れないこと。もし触れてしまったときは，アルコールなどで油分を拭き取り，十分乾いてから取り付けること。 3．点灯確認を行うときは，車両に仮組み付け状態にして，電源は必ず車両側コネクタと接続すること。	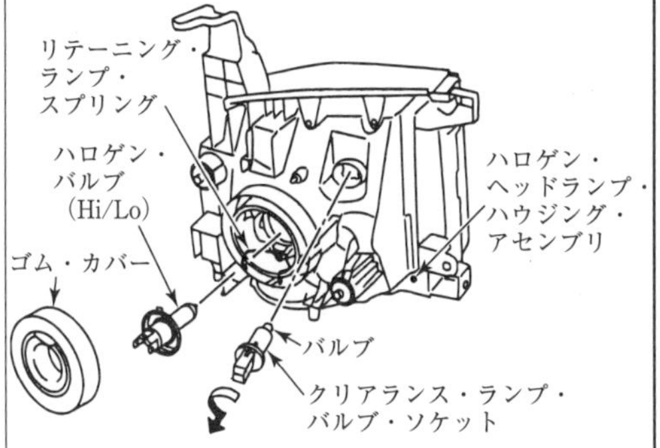 図2　ハロゲン・バルブを用いたヘッドランプ
2	HID バルブの交換	1．ライト・スイッチを OFF にする。 2．バッテリのマイナス端子に取り付けられたケーブル端子を取り外す。 3．樹脂キャップを取り外す。 4．ヘッドランプのコネクタを取り外す。 5．バルブ固定金具を取り外す。 6．バルブ電極を持ち，ガラス面を周りに接触させないように取り外す。 【注意】 1．濡れた手では作業を行わないこと。 2．ガラス面には素手で触れないこと。 3．ライト・スイッチが ON のときは，ハーネス，HID コントロール・ユニット，ランプ内部，バルブ金属部分には手を触れないこと。 4．HID コントロール・ユニット，ハーネスは，分解禁止である。 5．サーキット・テスタを用いて HID アセンブリの電気回路点検は行わないこと。 6．点灯確認を行うときは，車両に仮組み付け状態にして，電源は必ず車両側コネクタと接続すること。 7．HID バルブ装着後は水密性確保のため，樹脂キャップ及びバルブ・ソケットは，確実に取り付けること。 　HID バルブは，バルブ・ソケットの取り付けが不完全な場合，高電圧のリーク又はコロナ放電の発生によりバルブ・コネクタ，ハウジングなどが溶損するおそれがあるので，取り付けには十分注意すること。	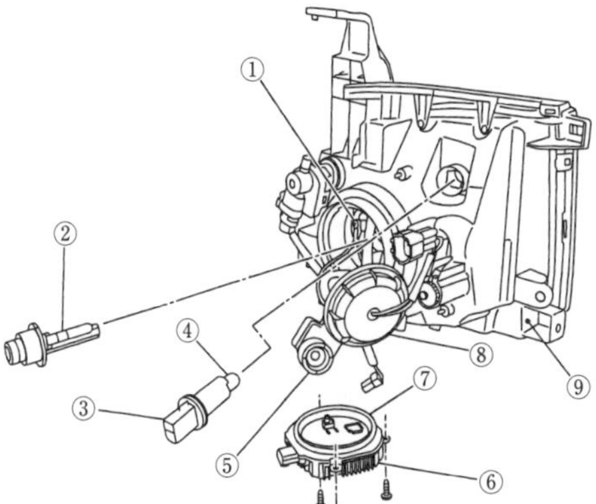 ①リテーニング・ランプ・スプリング ②HID バルブ ③クリアランス・ランプ・バルブ・ソケット ④クリアランス・ランプ・バルブ ⑤HID バルブ・ソケット ⑥HID コントロール・ユニット ⑦シール・パッキン ⑧樹脂キャップ ⑨HID ヘッドランプ・ハウジング・アセンブリ 図3　HID バルブを用いたヘッドランプ

作業名	ヘッドランプの整備	主眼点	バルブ交換

備

考

1．HID（高輝度放電　High Intensity Discharge）バルブについて

　　HIDバルブは，フィラメントを有しないバルブである。

　　バルブ内は，水銀と金属ヨウ化合物及びキセノン・ガスが充填されており，高電圧パルスを印加することによって，キセノンが発光する。それによりバルブ内の温度が上昇し，次に水銀が蒸発して，電極間にアーク放電が発生する。このアーク放電により，バルブ内の温度は更に上昇することになり，ついには水銀アーク内で金属ヨウ化合物が蒸発し，この金属原子が単独分離して放電が継続され，発光する。

　　光量はハロゲン・バルブの２倍程度あり，寿命も 1500 時間程度長いという特長を有する。

2．LED（Light Emitting Diode）ヘッドランプについて

　　LEDヘッドランプは，単体での交換ができないので，アセンブリ交換となる。

　　LEDヘッドランプは，発光ダイオードを用いており，消費電力が少なく，長寿命である。また，発熱が少ないといった特長がある。

　　光源であるLEDは，ハロゲン・バルブなどと比べて小さいので，複数のLEDを組み合わせて１つのユニットを形成している場合がある。その場合，LEDの一部を自動に制御してON・OFFさせ，対向車や前走車に幻惑を与えないように配光する車種も，近年多くなってきている。

作業名	HIDバルブを用いたヘッドランプの整備	主眼点	点　検

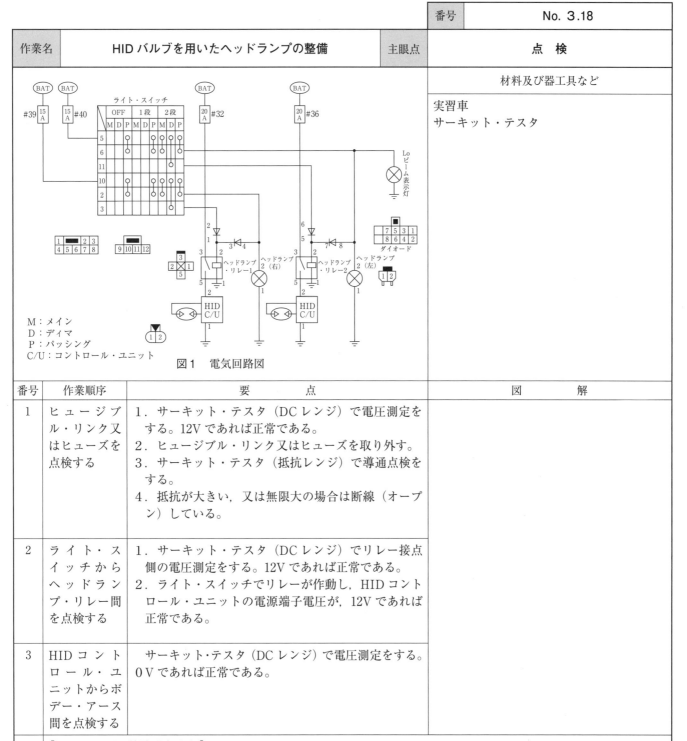

M：メイン
D：ディマ
P：パッシング
C/U：コントロール・ユニット

図1　電気回路図

材料及び器工具など

実習車
サーキット・テスタ

番号	作業順序	要　　点	図　　解
1	ヒュージブル・リンク又はヒューズを点検する	1．サーキット・テスタ（DCレンジ）で電圧測定をする。12Vであれば正常である。 2．ヒュージブル・リンク又はヒューズを取り外す。 3．サーキット・テスタ（抵抗レンジ）で導通点検をする。 4．抵抗が大きい，又は無限大の場合は断線（オープン）している。	
2	ライト・スイッチからヘッドランプ・リレー間を点検する	1．サーキット・テスタ（DCレンジ）でリレー接点側の電圧測定をする。12Vであれば正常である。 2．ライト・スイッチでリレーが作動し，HIDコントロール・ユニットの電源端子電圧が，12Vであれば正常である。	
3	HIDコントロール・ユニットからボデー・アース間を点検する	サーキット・テスタ（DCレンジ）で電圧測定をする。0Vであれば正常である。	
備 考	【HIDバルブの故障現象など】 1．HIDヘッドランプの故障現象には「点灯しない」「点滅する」「照度不足」がある。これらの故障の原因はほとんどの場合，HIDバルブであるが，まれにHIDコントロール・ユニット不良，ランプ・ハウジング・アセンブリ不良もある。 2．HIDバルブは点灯直後，光量及び発光色が変化するが，異常ではない。 3．HIDバルブが寿命となった場合，著しく光量が低下したり点滅を繰り返したり，発光色が赤っぽくなることがある。 【整備上の注意】 1．濡れた手で作業しないこと。 2．コネクタの脱着は，ライト・スイッチがOFFの状態で行うこと。 3．ランプ・ソケットの取り外しは，必ずバッテリのマイナス端子に取り付けられたケーブル端子を外してから行うこと。 4．ライト・スイッチがONのときは，ハーネス，HIDコントロール・ユニット，ランプ内部，バルブ金属部分には手を触れないこと。 5．サーキット・テスタを用いてHIDアセンブリの電気回路点検は行わないこと。 6．HIDコントロール・ユニット，ハーネスは分解禁止である。		

作業名	ホーンの整備	主眼点	点　検

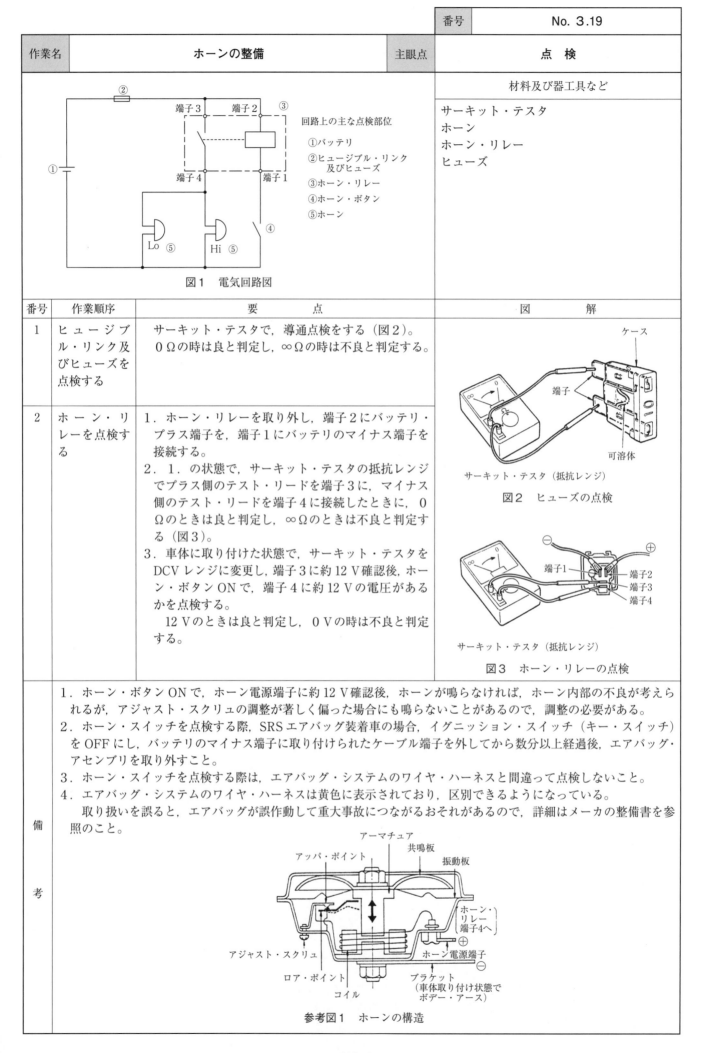

		材料及び器工具など

図1　電気回路図

回路上の主な点検部位
①バッテリ
②ヒュージブル・リンク及びヒューズ
③ホーン・リレー
④ホーン・ボタン
⑤ホーン

材料及び器工具など

サーキット・テスタ
ホーン
ホーン・リレー
ヒューズ

番号	作業順序	要　　　点	図　　解
1	ヒュージブル・リンク及びヒューズを点検する	サーキット・テスタで，導通点検をする（図2）。 0Ωの時は良と判定し，∞Ωの時は不良と判定する。	ケース 端子 可溶体 サーキット・テスタ（抵抗レンジ） 図2　ヒューズの点検
2	ホーン・リレーを点検する	1．ホーン・リレーを取り外し，端子2にバッテリ・プラス端子を，端子1にバッテリのマイナス端子を接続する。 2．1.の状態で，サーキット・テスタの抵抗レンジでプラス側のテスト・リードを端子3に，マイナス側のテスト・リードを端子4に接続したときに，0Ωのときは良と判定し，∞Ωのときは不良と判定する（図3）。 3．車体に取り付けた状態で，サーキット・テスタをDCVレンジに変更し，端子3に約12V確認後，ホーン・ボタンONで，端子4に約12Vの電圧があるかを点検する。 　12Vのときは良と判定し，0Vの時は不良と判定する。	端子1 端子2 端子3 端子4 サーキット・テスタ（抵抗レンジ） 図3　ホーン・リレーの点検

備 考	1．ホーン・ボタンONで，ホーン電源端子に約12V確認後，ホーンが鳴らなければ，ホーン内部の不良が考えられるが，アジャスト・スクリュの調整が著しく偏った場合にも鳴らないことがあるので，調整の必要がある。 2．ホーン・スイッチを点検する際，SRSエアバッグ装着車の場合，イグニッション・スイッチ（キー・スイッチ）をOFFにし，バッテリのマイナス端子に取り付けられたケーブル端子を外してから数分以上経過後，エアバッグ・アセンブリを取り外すこと。 3．ホーン・スイッチを点検する際は，エアバッグ・システムのワイヤ・ハーネスと間違って点検しないこと。 4．エアバッグ・システムのワイヤ・ハーネスは黄色に表示されており，区別できるようになっている。 　取り扱いを誤ると，エアバッグが誤作動して重大事故につながるおそれがあるので，詳細はメーカの整備書を参照のこと。 アッパ・ポイント　アーマチュア　共鳴板　振動板 ホーン・リレー端子4へ アジャスト・スクリュ　ホーン電源端子 ロア・ポイント　ブラケット（車体取り付け状態でボデー・アース） コイル 参考図1　ホーンの構造

作業名	エア・コンディショナの整備	主眼点	点検とガス・チャージ

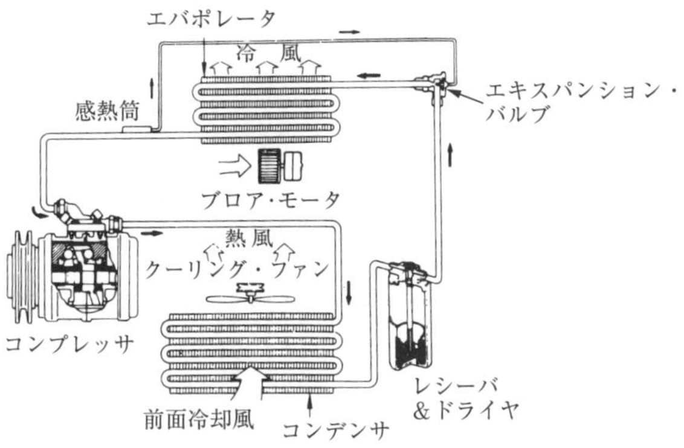

図1　構成図

材料及び器工具など

実習車（マグネット・クラッチ付き）
ゲージ・マニホールド（HFC-134a 用）
真空ポンプ
冷媒回収再生装置
冷媒ガス・リーク・テスタ（ガス漏れ検知器）
冷媒（HFC-134a）
外部診断器（スキャン・ツール）

※ HFC は，ハイドロ・フルオロ・カーボンの略
※外部診断器は，単体で使用できるものとパソコンに接
　続して使用するものがある。
　本書では，パソコンとの接続方法やパソコンの起動な
　どの操作については，省略する。

番号	作業順序	要　　点	図　解
	●エア・コンディショナの点検		
1	冷媒量を点検する	1．車両のドアを全開にし，温度調整を最強冷，内外気切り換えを外気，ブロア回転を Hi に設定し，エンジンを所定の回転数にする。 2．ゲージ・マニホールド又は外部診断器の圧力により，冷媒量を判断する（図2）。	 （青） （赤） （黄） 図2　ゲージ・マニホールド
2	コンデンサを点検する	コンデンサ・フィン部に泥やごみが多量に付着していないか点検する。	
3	コンプレッサ及びマグネット・クラッチを点検する	1．エアコン・スイッチをONにしたとき，マグネット・クラッチが ON になるか点検する。 2．マグネット・クラッチ及びコンプレッサから異音が出ていないか確認する。	
4	ベルト及びアイドル・プーリを点検する	1．ベルトに損傷がないか点検する。 2．ベルトの張りが基準値であるか点検する。 3．アイドル・プーリから異音が出ていないか確認する。	
5	ブロア・モータを点検する	ブロア・モータを作動させ，異音が出ていないか確認する。	
6	その他の部分を点検する	1．配管接続部が油で汚れていないか点検する。 　※油で汚れている場合，漏れがある。 2．各スイッチ及びレバーの作動を点検する。 3．各部品の取り付け状態を確認する。	

作業名	エア・コンディショナの整備	主眼点	点検とガス・チャージ

番号	作業順序	要　　点	図　　解

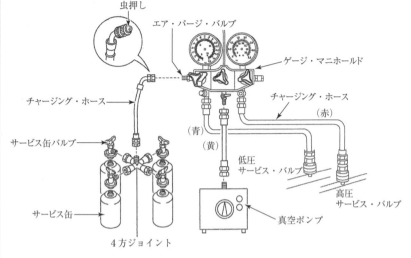

図3　ゲージ・マニホールドの接続

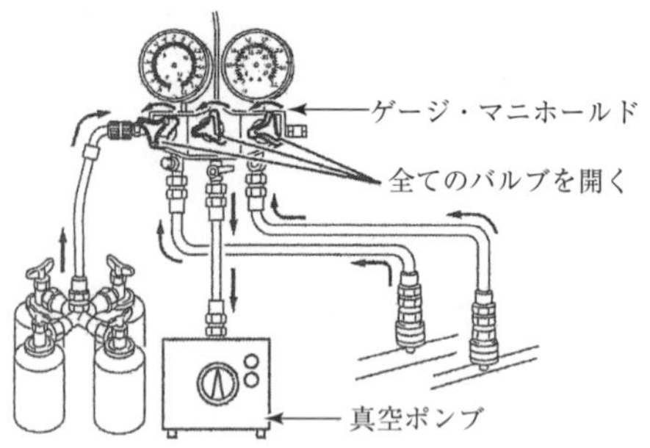

●エア・コンディショナのガス・チャージ

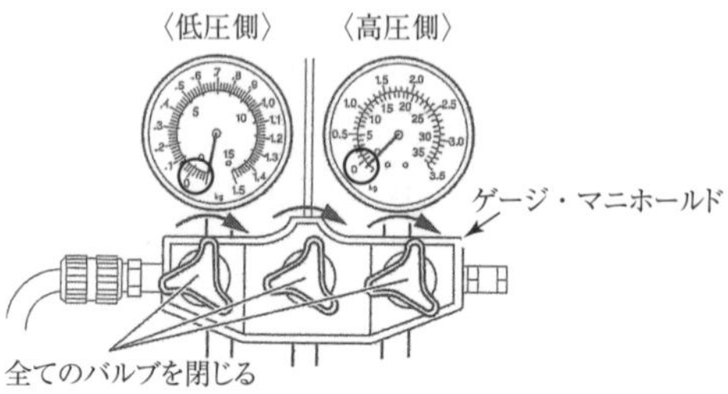

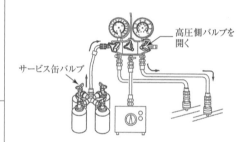

図4　真空引き

1	ゲージ・マニホールドを取り付ける	1．ゲージ・マニホールドの全てのバルブを閉じる。 2．チャージング・ホースを，車両の高圧（赤）及び低圧（青）のサービス・バルブに接続する。 3．サービス缶バルブを閉じて，チャージング・ホースに接続する。 4．真空ポンプを中央のチャージング・ホース（黄）に接続する（図3）。	

図5　気密チェック

| 2 | 真空引き及び気密チェックをする | 1．ゲージ・マニホールドの全てのバルブを開く。
2．真空ポンプを始動して，低圧ゲージの目盛りが約－0.1MPaに達するまで，15分程度真空引きを行う（図4）。
3．真空引きが完了したら，ゲージ・マニホールドの全てのバルブを閉じた後に，真空ポンプを停止する。
4．5分以上放置して，ゲージの指示が変化しないことを確認する（図5）。 | |

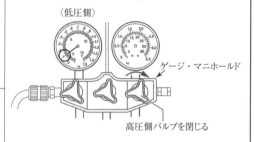

図6　冷媒の充填①

| 3 | 冷媒を充填する | 1．ゲージ・マニホールドに取り付けられているサービス缶バルブを開く。
2．エンジンを始動せずに，ゲージ・マニホールドの高圧バルブを開き，低圧ゲージの指示が0.1MPaになるまで冷媒を充填する（図6）。
3．高圧バルブを閉じる（図7）。 | |

図7　冷媒の充填②

| 4 | ガス漏れを点検する | 冷媒ガス・リーク・テスタを使用して，サイクル内の冷媒が漏れていないか入念に点検を行う（図8）。
※エンジン・ルーム内のエアコン部品や配管及び室内のエアコン部品からの漏れを確認する。 | |

図8　冷媒の漏れ点検

| 作業名 | エア・コンディショナの整備 | 主眼点 | 点検とガス・チャージ |

番号	作業順序	要　　　点	図　　解
5	冷媒を規定量充填する	1．エンジンを始動せずに，高圧側から規定量の約1/2の冷媒を充填する。 ※サービス缶をはかりに載せて，充填量を確認する。規定量は，エンジン・ルームのコーション・プレートや整備書で確認する。 2．ゲージ・マニホールドの高圧バルブを閉じる。 3．エンジンを始動し，車のドアを全部開ける。 4．エアコンのスイッチをONにする。 5．ゲージ・マニホールドの低圧バルブのみを開き，規定量の冷媒を充填する（図9）。 6．ゲージ・マニホールドの低圧バルブを閉じる。 7．エンジンを停止し，ガス漏れチェックを再度行う。 8．ゲージ・マニホールドを取り外す（図10）。	低圧側バルブを開く　←ゲージ・マニホールド 図9　冷媒の充填③
6	性能試験	1．車両を規定のテスト条件にする。 【例】　①　エンジン回転速度：2000min^{-1} 　　②　ブロア・スピード：Hi 　　③　温度コントロール：最強冷 　　④　高圧冷媒圧力：1.5MPa 　　⑤　車のドア：全開 　　⑥　吸い込み口温度：25〜35℃ 2．吸い込み口に乾湿温度計を，吹き出し口に乾球温度計を設置する（図11）。 3．吸い込み口の乾球温度計及び湿球温度計から，相対湿度を求める。 　　乾球と湿球それぞれの示度を読み，湿度表から相対湿度を求めることができる（表1）。 【例】 ①　乾球の示度から湿球の示度を差し引き，示度の差を求める（図12）。 　　乾球示度30℃−湿球示度25℃＝示度の差5℃ ②　湿度表の乾球示度（30℃）と示度の差（5℃）が交わったところの数値（65％）が，相対湿度となる。 4．吹き出し口温度と吸い込み口温度の温度差を求める。 5．エアコン性能図に照らし合わせ，基準内にあればよい（図13）。	クイック・カプラ　クイック・カプラ キャップ　キャップ 低圧サービス・バルブ　高圧サービス・バルブ 低圧配管　高圧配管 図10　チャージング・ホースの取り外し 乾湿温度計　乾球温度計 図11　車両への温度計の設置

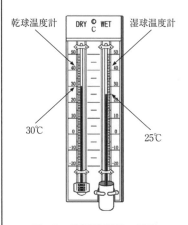

図12　乾湿温度計の示度

表1　湿度表

乾球の湿度 [℃]	乾球と湿球の示度の差 ［℃］			
	0	1	2	5
30	100	92	84	65
29	100	92	84	64
28	100	91	83	64
27	100	91	83	63

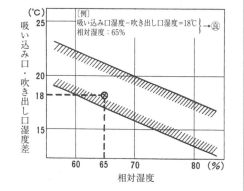

図13　エアコン性能図の一例

作業名	エア・コンディショナの整備	主眼点	点検とガス・チャージ

番号	作業順序	要　　　点	図　　　解
	●冷媒の回収		
1	冷媒を回収する	1．ゲージ・マニホールドを車両に取り付け，中央のチャージング・ホースを冷媒回収再生装置（図14）の回収口に接続する。 2．回収スイッチを ON にする。 3．回収が終了するとブザーとランプの点灯で知らせる。	 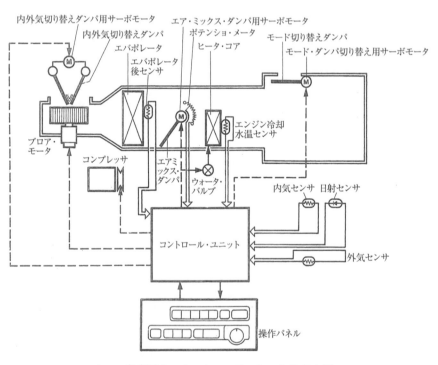 図 14　冷媒回収再生装置

備

考

1．ゲージ・マニホールドは，異なる冷媒で使用しない。また，コンプレッサ・オイルが異なる場合も同様である。
2．冷媒は，はかりなどにより重量を計量して充填する。
3．エンジンが始動している状態で高圧バルブを開くと，高圧の冷媒がサービス缶に逆流して破損する場合があるので，絶対に高圧バルブを開けない。
4．サービス缶を逆さにして冷媒を充填すると，冷媒が液体のまま充填され，コンプレッサが液圧縮し，破損するおそれがあるので，サービス缶を逆さにして充填しない。
5．ハイブリッド自動車や電気自動車のコンプレッサは，電動式のものが多い。
6．R-134a（HFC-134a）の代替冷媒として，R-1234yf（HFO-1234a），R744（CO_2）を使用している車両もある。
7．オート・エアコンは，各センサの検出した信号をコントロール・ユニットに送り，運転者の設定した温度が一定になるように，コントロール・ユニットにより制御するエアコンである（参考図1）。

参考図1　オート・エアコン・システム図

出所：(図3～図7，図9，図10)「デミオ」マツダ（株）（一部改変）
　　　(図11)『トヨタ　サービスマン技術修得書　第3ステップ』トヨタ自動車（株），1984年3月，図7-74
　　　(図13)（図11に同じ）図7-75
　　　(参考図1)『トヨタサービス　技術テキスト　第3ステップ』トヨタ自動車（株），1994年3月（一部改変）

番号	No. 4. 1－1

作業名	エンジンの基本点検（1）	主眼点	エンジンの基本点検

材料及び器工具など

バキューム・ゲージ
３ウェイ・ジョイント
追加ホース
エンジン回転計
コンプレッション・ゲージ

図1　バキューム・ゲージによる吸入管圧力点検

番号	作業順序	要　　　点	図　　解

●吸入管圧力の点検

| 1 | 準備する | 1．エンジンを暖機（冷却水温約80℃以上）する。
※冷却水温はエンジンごとに異なるので，整備書を参考にすること。
2．３ウェイ・ジョイントを使用して，バキューム・ゲージをインテーク・マニホールドに接続する（図1）。
3．エンジン回転計を接続する。 | |

指示値が低いが振れが少なく安定している

2	測定する	1．エンジンを始動し，アイドル回転速度が基準値であることを確認する。 2．バキューム・ゲージの指示値を読み取る。

区分	不具合原因
エンジン本体	バルブ・クリアランス不良
	バルブ・タイミングの狂い
	機械的抵抗が大きい
点火系統	点火時期の狂い
燃料系統	混合気の不良（過濃，希薄ぎみ）

図2　指示値が低い

3	測定結果と考察	1．正常な状態 （1）アイドル回転時の圧力の指示値が基準値内にあること。 　　※基準値はエンジンごとに異なるので，整備書を参考にすること。 （2）圧力の指示値が振れることなく安定していること。 2．不具合が疑われる状態 （1）指示値が低いが振れが少なく安定している（図2）。 （2）指示値の振れが大きくエンジンの振動が大きい（図3）。

●燃圧の点検

1	フューエル・ポンプの作動を確認する	1．燃料タンクのキャップを外す。 2．イグニッション・スイッチ（キー・スイッチ）ON（エンジン停止）して，燃料給油口からフューエル・ポンプの作動音を確認する。 ※フューエル・ポンプの作動条件は，車両により異なる場合があるので，詳細は整備書を参照して確認すること。

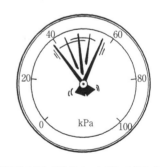

指示値の振れが大きくエンジンの振動が多い

2	燃圧を点検する（簡易点検方法）	フューエル・ポンプ作動時に，エンジン・ルーム内のフューエル・ホースからフューエル・デリバリ・パイプ間のゴム・ホース部を指でつまんだときに，張りがあること又は脈動があることを確認する。 ※燃圧点検の方法は，「No. 4.31－1」を参照すること。

区分	不具合原因
エンジン本体	圧縮圧力のバラツキ
点火系統	失火
燃料系統	混合気の不良（過濃，希薄）
吸気系統	インテーク・マニホールドのエアの吸い込み
その他	EGRバルブの漏れ
	各配管，ホースからのエアの吸い込み

図3　指示値の振れが大きい

●圧縮圧力の点検

1	準備する	1．バッテリが完全充電状態であることを確認する。 2．エンジンを暖機（冷却水温約80℃以上）する。 ※冷却水温はエンジンごとに異なるので，整備書を参考にすること。

| 作業名 | エンジンの基本点検（1） | 主眼点 | エンジンの基本点検 |

番号	作業順序	要　　　点	図　　解
1		3．ガソリン・エンジンの場合はスパーク・プラグを，ディーゼル・エンジンの場合はグロー・プラグを全数取り外す。 4．燃料が噴射しない措置を行う。 5．スタータを作動させ，シリンダ内の異物を排出させる。	押し付ける
2	コンプレッション・ゲージを取り付ける	コンプレッション・ゲージを，測定するシリンダのスパーク・プラグ・ホール（又はグロー・プラグ・ホール）に取り付ける。この際，ガスケットなどを忘れずに取り付けること（図4）。	（a）ガソリン・エンジンの例
3	測定する	1．アクセル・ペダルを一杯まで踏み込む。 2．スタータを作動させ，エンジン回転速度が250min^{-1}以上で指示値が上がり，安定した最高値で目盛りを読み取る。 3．測定は各シリンダについて2回以上行う。	ガスケット アタッチメント
4	測定結果と考察	1．読み取った値を基準値，限度値及び気筒差と照らし合わせる。 ※基準値などは，車両の整備書を参照すること。 2．圧縮圧力が低い場合は，シリンダ内に5cm^{3}程度のエンジン・オイルを注ぎ，再度測定する。 （1）圧縮圧力が上昇した場合 　　ピストン及びピストン・リングの摩耗，シリンダの摩耗及び傷などの不具合の可能性がある。 （2）圧縮圧力が変化しない場合 　　バルブの密着不良，シリンダ・ヘッド・ガスケットの吹き抜けなどの不具合の可能性がある。	（b）ディーゼル・エンジンの例 図4　コンプレッション・ゲージの取り付け

●パワー・バランスの点検

1	準備する	1．エンジンを暖機（冷却水温約80℃以上）する。 ※冷却水温はエンジンごとに異なるので，整備書を参考にすること。 2．点火時期及びアイドル回転速度が，規定値であることを確認する。	
2	点検する	1．アイドル回転中に，第1気筒のみ燃料が噴射しない措置を行い，エンジンの回転状態の変化を確認する（図5）。 2．1．で行った措置を元に戻し，第2気筒に同じ措置を行い，エンジンの回転状態の変化を確認する。 3．同様に，次の気筒へと順に確認する。	図5　インジェクタ・コネクタの取り外し
3	観察結果と考察	燃料が噴射しない措置を行ったときに回転状態が変化しなければ，その気筒に不具合がある可能性がある。	

| 備

考 | 1．パワー・バランスの点検は，外部診断器（スキャン・ツール）を用いて行うことができる（「No. 4.31－2」参照）。
2．各点検を実施した後に，必ずダイアグノーシス・コードを点検し，ダイアグノーシス・コードが記録されていないことを確認すること。
　なお，ダイアグノーシス・コードが記録されていた場合には，紙などに記録した上で一度ダイアグノーシス・コードを消去し，再度確認する。ダイアグノーシス・コードが消えない場合は，原因を探究して修理を行うこと。 |

			番号	No. 4. 2
作業名	エンジンの基本点検（2）	主眼点	ハイブリッド自動車の整備モードへの移行	

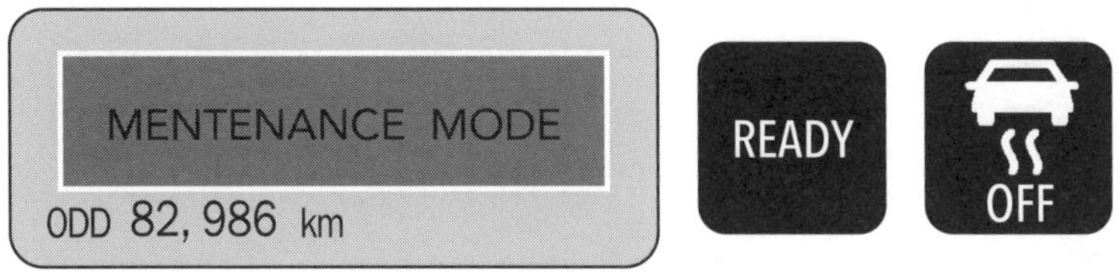

材料及び器工具など
外部診断器（スキャン・ツール）

図1　整備モード時の表示例

番号	作業順序	要　　点	図　　解
	●車両の操作（コマンド）による方法		
1	整備モードに移行する（備考1.参照）	1．パワー・スイッチを OFF にする。 2．ブレーキ・ペダルを踏まずにパワー・スイッチを操作して，イグニッション ON の状態にする（図2）。 3．シフト・レバーを「P」の位置でアクセル・ペダルを全閉から全開まで2回踏む（図3）。 　　　　　　　　　　　　　　　　　　［操作1回目］ 4．ブレーキ・ペダルを踏み，シフト・レバーを「N」の位置にして，アクセル・ペダルを全閉から全開まで2回踏む（図4）。 　　　　　　　　　　　　　　　　　　［操作2回目］ 5．シフト・レバーを「P」の位置にして，アクセル・ペダルを全閉から全開まで2回踏む（図5）。 　　　　　　　　　　　　　　　　　　［操作3回目］ 6．ブレーキを踏んだままの状態で，パワー・スイッチを操作して，エンジンを始動させる。 7．モニタ（又はメータ）に図1のように「整備モード」を示す内容が表示がされるので，エンジンが始動していることを確認する（備考2.参照）。	図2　パワー・スイッチ
2	整備モードを解除する	1．パワー・スイッチを操作し，イグニッション OFF にする。 2．エンジンが停止し，モニタが消灯していることを確認する（備考3.参照）。	
	●外部診断器（スキャン・ツール）による方法		
1	整備モードに移行する	1．外部診断器を接続する。 2．パワー・スイッチを操作して，イグニッション ON の状態にする。 3．外部診断器の電源を ON にする。 4．外部診断器の表示に従い，「作業サポート（又は車検モード）」で「整備モード」を選択する。 5．モニタ（又はメータ）に図1のように「整備モード」を示す内容が表示がされるので，エンジンが始動していることを確認する。	
2	整備モードを解除する	1．外部診断器の表示に従い，モードを終了する。 2．パワー・スイッチを操作し，イグニッション OFF にする。 3．再度パワー・スイッチを ON にして，「整備モード」を示す内容が表示がされていないことを確認する。	

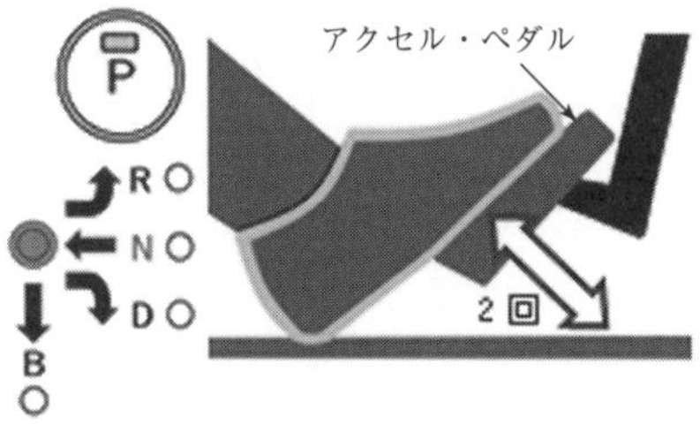

図3　操作1回目

「Nレンジ」

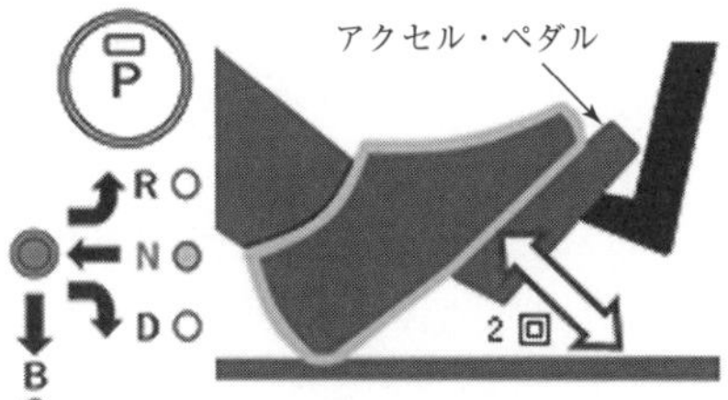

※ブレーキ・ペダル ON

図4　操作2回目

「Pレンジ」

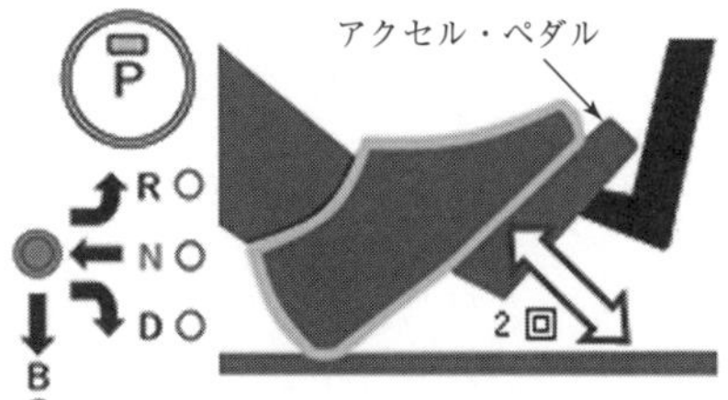

※ブレーキ・ペダル ON

図5　操作3回目

備考	1．操作方法は，代表的な例を示している。各車両の整備書などによって，正しい操作方法を確認すること。 2．整備モードへの移行操作は 60 秒以内に行う。60 秒を超えてしまった場合は，初めから操作をやり直すこと。 3．整備モードは，検査や点検など必要時以外は，直ちに解除すること。 　※整備モードよる長時間の運転は，車両に不具合を発生させるおそれがある。

			番号	No. 4.3
作業名	シリンダ・ヘッドの点検	主眼点	ストレート・エッジ（直定規）による ひずみの測定	

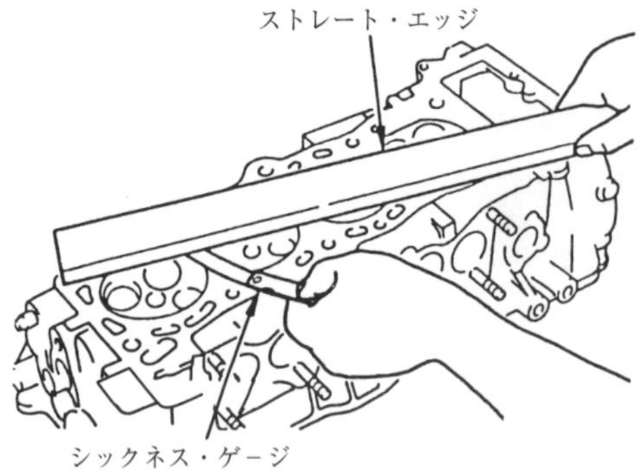

図1　ひずみの測定

材料及び器工具など

シリンダ・ヘッド
ストレート・エッジ（直定規）
シックネス・ゲージ

番号	作業順序	要　点	図　解
1	準備する	1．シリンダ・ヘッドのシリンダとの接触面は，オイル，水あか，ガスケット，シール剤，カーボンなどを落として奇麗にしておく。 2．シリンダ・ヘッドは，がたつかないように木片などを用いて，燃焼室を上に向けて作業台に置く。	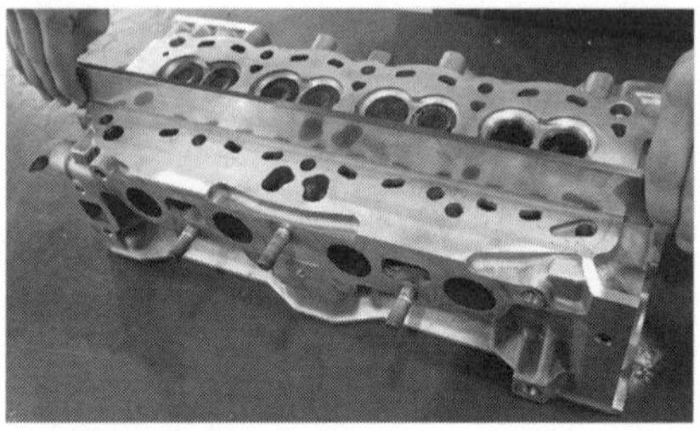 図2　ストレート・エッジを シリンダ・ヘッドに載せる
2	ストレート・エッジをシリンダ・ヘッドに載せる	1．ストレート・エッジを奇麗に拭く。 2．ストレート・エッジをシリンダ・ヘッドの上に静かに載せる（図2）。	
3	シリンダ・ヘッドのひずみを測る	1．片手でストレート・エッジの仕上げ面がシリンダ・ヘッドに当たるように軽く押さえ，片手でシックネス・ゲージを差し込みながら調べる（図1）。 2．ストレート・エッジの仕上げ面とシリンダ・ヘッドの隙間の最も大きいところを測る。 ※シリンダ・ヘッドとストレート・エッジとの隙間の光の通り具合で判断する。	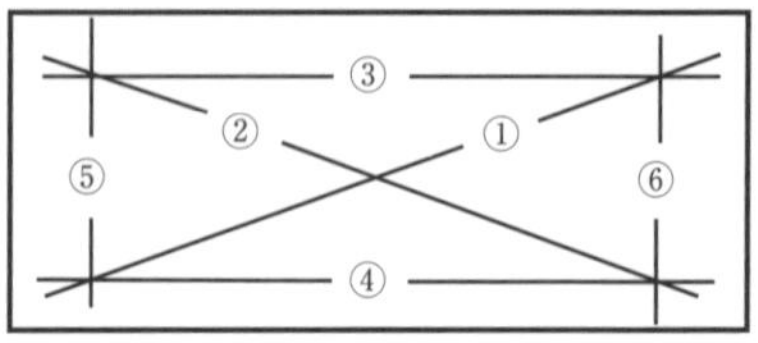 図3　ストレート・エッジの当てる部分
4	繰り返してひずみを測る	6つの方向について，ひずみを調べる（図3）。	

備 考	1．ひずみを測定し，最大寸法がそのエンジンの規定の数値を超えるものは，シリンダ・ヘッドを交換するか，又は修正する。 2．シリンダの上面及びマニホールド面のひずみも，上記と同じ方法で測定する（参考図1）。 3．シリンダ・ヘッドの点検事項として大切なことは，上記のひずみのほか，亀裂の点検である。目視点検をして，亀裂と思われるときは，染色浸透探傷剤（詳細は「No. 2.29」参照）又は亀裂探傷機で，亀裂があるかどうか確かめること。 参考図1　マニホールド面のひずみの測定

| 作業名 | シリンダ・ボア（シリンダ内径）の測定 | 主眼点 | シリンダ・ゲージによる測定 |

図1　シリンダ・ゲージによる測定

材料及び器工具など

シリンダ
ノギス
シリンダ・ゲージ（カルマ型）
マイクロメータ
マイクロメータ・スタンド

図　　　解

図2　ノギスによる測定

図3　ロッド及び測定子の長さの確認

図4　専用ワッシャの選択

図5　基準点の調整

番号	作業順序	要　　点
1	準備する	1．シリンダは，がたつかないように分解台又は木片の上に置く。 2．シリンダ内面は奇麗にしておく。
2	シリンダ・ゲージを組み立てる	1．ノギスでシリンダ・ボアの直径を測定する（図2）。 2．測定した値に基づいた，シリンダ・ボアの直径に合うロッドを選び，測定子のロッド取り付け部に取り付ける。 3．バーを持ち，測定子をシリンダ・ボアに当てて軽く押しながら，シリンダ・ボアに入れてみて，ロッドがシリンダ・ボアに入るか確かめる。 　　入った場合には，ロッド及び測定子がシリンダ・ボア壁に接触するか確かめる（図3）。 4．上記の点検でロッドがボアに入らないときは，取り付けたロッドより短いロッドに交換する。 　　また，反対にロッドと測定子が接触しないときは，ロッドを外して，適当な厚さの専用ワッシャを入れ，接触するように調整する（図4）。 5．シリンダ・ゲージをバーのゲージ取り付け部に差し込み，ゲージの指針が約1回転した位置で，ゲージ取り付け部のナットをしっかり締め付ける。 6．測定子を手で押してみて，ゲージの針が動くことを確かめる。
3	基準点（0点）を調整する	1．シリンダ・ボアの直径が測定範囲となるマイクロメータを，マイクロメータ・スタンドに取り付ける。 2．マイクロメータを，ノギスで測定したシリンダの直径にセットする。 3．シリンダ・ゲージの測定子をマイクロメータに入れ，指示値が最小となる（ダイヤル・ゲージが最も時計回りに回る）位置，すなわちロッドの長さがセットした直径の値になる位置で，マイクロメータの長針と目盛り盤の「0」を合わせる（図5）。 ※同時に短針の指示も確認する。
4	シリンダ内径を測定する	1．バーの握りの部分を片手で持ち，シリンダ・ボアの壁に対し，バーを少し寝かせた状態でガイド及び測定子の側から先にボアに入れ，バーをボアに平行になるように立てる。

| 作業名 | シリンダ・ボア（シリンダ内径）の測定 | 主眼点 | シリンダ・ゲージによる測定 |

番号	作業順序	要　　点	図　　解
4		2．測定はシリンダ上面から約20mmのところ，シリンダ中央，シリンダ下部から約20～30mmのところの3カ所をクランクシャフトと平行な方向，クランクシャフトと直角の方向と合計6カ所の測定をする（図6）。 3．測定は，バーを測定子とロッドが当たっている方向に前後に動かして，この時指示値が最小となる目盛りを読み取る（図7）。 　同時に短針の指示が基準点から1回転（1mm）以上ずれていないことを確認する（備考1．参照）。 4．読み取った目盛りから次の式により，シリンダ・ボアを算出する（備考2．参照）。 　ボア＝マイクロメータのセット値（3の2．の値） 　　　±基準点（0点）からのゲージの読み取り値 　　　（＋：0点から反時計回り，－：0点から時計回り） 5．6カ所の測定した値から，次の式によりシリンダの摩耗量を算出する。 　摩耗量＝最大ボア－最小ボア ※摩耗量は，長針の指示の読みの最大と最小との差から，直接算出することもできる。	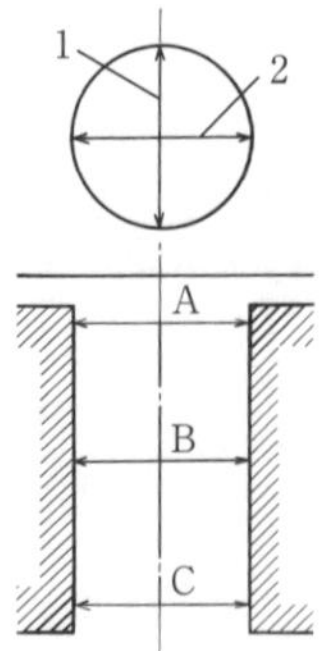 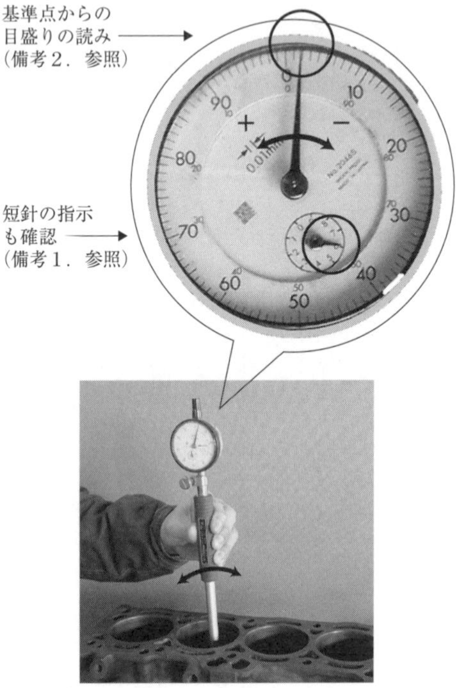

図6　測定箇所

基準点からの
目盛りの読み
（備考2．参照）

短針の指示
も確認
（備考1．参照）

図7　指示値の読み取り

| 備

考 | 1．ノギスによる測定は，できる限り正確に行う（実測値に対して，誤差が0.5mm以内）と，目盛りの読み取りが間違えにくくなり，測定作業をスムースに行うことができる。
2．参考図1において，表示している目盛り盤の「0」が72.00mmに設定した場合は，長針が2目盛り（0.02mm）時計回り側を指しているので，シリンダ・ボアは，71.98mm（72.00 - 0.02）と読み取る。

【ピストン・クリアランスの測定】
　マイクロメータでピストンの外径を予め測定し，前頁「番号3」の基準点（0点）をピストン外径とすることで，ゲージの読み取った目盛りの最小値がピストン・クリアランスである。
　ピストン・クリアランス＝シリンダ最小ボア－ピストン外径 |

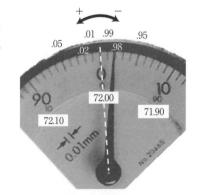

参考図1　指示値の読み取り

		番号	No. 4. 5

作業名	ピストンの点検	主眼点	ピストン各部の測定

図1　測　定

	材料及び器工具など
	ピストン ピストン・リング マイクロメータ シックネス・ゲージ ピストン・バイス ウエス

番号	作業順序	要　　　　点	図　　　解
1	準備する	1．ピストンをピストン・バイスにくわえるか，又は測定台の上に載せておく。 2．ピストン上面やリング溝のカーボンは，奇麗に落としておく。 3．ピストン側面は，洗油で洗浄し，ウエスで奇麗に拭いておく。	 ピストン・ボスに対して直角方向 図2　測定方向
2	測定する	1．ピストン・スカート部のピストン・ボスに対して直角方向で，指定された位置で測る（図2）。 2．マイクロメータのアンビルとスピンドルが，ピストン上面と平行に当たるように当てる（図3）。 3．メーカの指定する位置で測定する。 4．各測定箇所とも2回以上測って，測定値が正しいかを確かめる。 5．各測定箇所を測定するごとに測定値を記録する。	 ピストン上面と平行に 図3　スピンドルの当て方
3	ピストンのリング溝とコンプレッション・リングとの隙間を測る	1．コンプレッション・リングをピストンのリング溝に差し込み，その隙間をシックネス・ゲージを使って測る（図4）。 2．ピストンの外周を数カ所測って，最大の隙間を調べる。	
4	測定値を記録する	最も厚いシックネス・ゲージが入った寸法を記録する。	図4　ピストンのリング溝と コンプレッション・リングとの隙間測定
5	繰り返す	ピストンごとに，そのピストンに組み込まれるピストン・リングを全て測定する。	

備考	1．シリンダ・ボアの測定と合わせて，ピストン・クリアランスを測定する（「No. 4. 4」参照）。 2．ピストン全体にわたり，亀裂やかき傷などの有無を点検すること。 3．ピストン・ヘッド部の焼損やピストン・リング溝の亀裂については，細部まで慎重に点検すること。 4．ピストン・リング溝とピストン・リングの隙間が，各車に定められた最大寸法より大きいときは，通常，ピストンとピストン・リングの両方を交換する。

			番号	No. 4.6

作業名	ピストン・リングの点検	主眼点	合い口及び隙間の測定

材料及び器工具など

ピストン・リング
ピストン
シリンダ・ブロック
シックネス・ゲージ

図1　ピストン・リングの合い口隙間

番号	作業順序	要　　　点	図　　解
1	準備する	1．シリンダ・ボア及びピストンのリング溝は，奇麗にしておく。 2．ピストン・リングは，奇麗に掃除し，各シリンダごとに区分しておく。	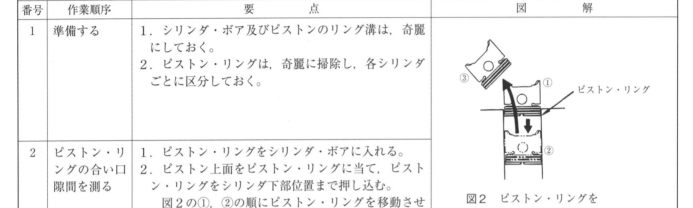
2	ピストン・リングの合い口隙間を測る	1．ピストン・リングをシリンダ・ボアに入れる。 2．ピストン上面をピストン・リングに当て，ピストン・リングをシリンダ下部位置まで押し込む。 　図2の①，②の順にピストン・リングを移動させる。	図2　ピストン・リングをシリンダ下部位置に押し込む
3	測定値を記録する	最も厚いシックネス・ゲージが入った寸法を記録する（図3）。	
4	繰り返す	シリンダごとに，そのシリンダに組み込まれるピストン・リングを全て測定する。	 図3　合い口隙間の測定

備 考	

作業名	ピストン・ピンの脱着・点検	主眼点	脱着・点検

図1　ピストン，ピストン・ピン及びコンロッド

材料及び器工具など

ピストン
ピストン・ピン
スナップ・リング・プライヤ
工業用ドライヤ（ヒート・ガン）
油槽（ピストン・ヒータ）
ピストン・バイス
マイクロメータ
マイクロメータ・スタンド
キャリパ・ゲージ
特殊工具（ピストン・ピン・リムーバ）
プレス

番号	作業順序	要　　　　点	図　　解
●ピストンを加熱して挿入する方法（フル・フローティング式）			
1	準備する	スナップ・リング・プライヤを用いてスナップ・リングを取り外す（図2）。	
2	ピストンを加熱する	ピストンを工業用ドライヤや油槽などで60～70℃に加熱する（図3，図4）。	
3	ピストン・ピンを抜く	ピストン・ピン径より少し細い丸棒でピストン・ピンを押し出す（図5）。	
4	ピストン・ピンを挿入する	1．ピストンを加熱する。 2．ピストンをピストン・バイスに挟み，ピンを親指で押し込む（図6）。 3．ピンを押し込むときは，やや力を入れて入る程度が良好である。	
●プレスとピストン・ピン・リムーバにより圧入する方法 　（コンロッド小端部にピンを圧入）			
1	準備する	ピストン及びコンロッドにピストン・ピン・リムーバをセットする（図7）。	
2	ピストン・ピンを抜く	プレスでピストン・ピン・リムーバにゆっくりと推力を掛け，ピストン・ピンを抜く。	
3	ピストン・ピンを圧入する	「No. 4.20-1」参照。	

図2　スナップ・リングの取り外し

図3　工業用ドライヤでのピストン加熱

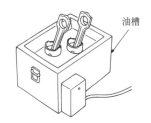

図4　油槽でのピストン加熱

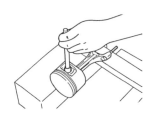

図5　ピストン・ピンの押し出し

図6　ピストン・ピンの押し込み

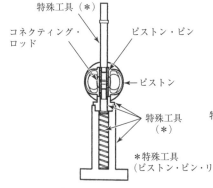

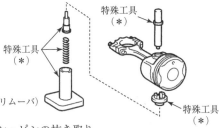

図7　ピストン・ピンの抜き取り

| 作業名 | ピストン・ピンの脱着・点検 | 主眼点 | 脱着・点検 |

番号	作業順序	要　　　点	図　　解

●ピストン・ピン・クリアランスの点検

| 1 | ピストン・ピンの外径を測定する | マイクロメータでピストン・ピンの外径を測定する（図8）。 | |

図8　ピストン・ピンの外径測定

| 2 | ピストン・ピン穴の内径を測定する | 1. マイクロメータ・スタンドにマイクロメータをセットし，目盛りをピストン・ピンの外径に合わせる。
2. キャリパ・ゲージの測定アームをマイクロメータに入れ，指示値が最小となる位置（測定子の幅がピストン・ピンなる位置）でキャリパ・ゲージの長針と目盛り盤の「0」を合わせる（備考参照）。
3. キャリパ・ゲージの測定アームをピストン・ピン穴に入れ，測定子の芯と平行に左右に動かして，このときの指示値が最小となる目盛りを読み取る（図9）。
4. 2. で合わせた「0」との差をピストン・ピン・クリアランスといい，ピストン・ピン穴の内径を，次の式により求める。

ピストン・ピンの内径
＝ピストン・ピン穴の外径＋ピストン・ピン・クリアランス

5. ピストン・ピン・クリアランスが規定値を超えている場合は，ピストンとピストン・ピンを交換する。 | |

図9　ピストン・ピン穴の内径測定

　キャリパ・ゲージの「0」点の設定方法などは，「No. 4.4」に記載されているシリンダ・ゲージと基本的に同じだが，指針の回転方向が逆になるので，読み違いなどに注意すること。

【参考】キャリパ・ゲージ（内径測定）について

| 備

考 | 
移動アーム　　固定アーム
押しボタン
0.01mm　20-32mm
目盛り盤 | 　押しボタンを押すと，移動アームが動き，固定アームに近づき，指針は反時計回り（測定値が小さくなる方向）に回転する。

参考図1　キャリパ・ゲージ |

出所：（図7）『1NZ-FE　エンジン修理書　63094』トヨタ自動車（株），2003年9月（一部変更）

番号			No. 4.8
作業名	オイル・クリアランスの点検	主眼点	大端メタルのクリアランスの測定

図1　クランクシャフト

材料及び器工具など

軸受け隙間ゲージ（プラスチ・ゲージ）
コンロッド
クランクシャフト
トルク・レンチ
一般工具

番号	作業順序	要　　点	図　　解
1	準備する	1．クランクシャフトのピン部及びコンロッド大端部，メタルなどは奇麗に清掃しておく。 2．クランクシャフトは，シリンダ・ブロックに組み付けておく（図3）。	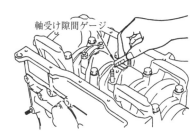 図2　軸受け隙間ゲージを 　　　メタルの中央部に載せる
2	軸受け隙間ゲージを入れ，コンロッドを組み付ける	1．軸受け隙間ゲージをコンロッド大端メタルの幅よりやや短く切り，コンロッドのキャップのメタルの中央部に載せる（図2）。 2．コンロッドをクランク・ピンに当て，キャップを軸受け隙間ゲージを載せたまま，静かに組み付ける。 3．コンロッドの締め付けナットをトルク・レンチを用いて規定トルクに締め付ける。	
3	コンロッドを取り外す	クランクシャフトを回転させないようにして，コンロッドの締め付けナットを緩め，コンロッドをクランク・ピンから取り外す。	図3　オイル・クリアランスの測定①
4	オイル・クリアランスを測る	クランク・ピンに張り付いた軸受け隙間ゲージの幅を，軸受け隙間ゲージの袋についている寸法に合わせて，その寸法を読み取る。この寸法がコンロッド大端メタルのオイル・クリアランスである（図3，図4）。	図4　オイル・クリアランスの測定②

備考	【注意】 1．オイル・クリアランスの読み取りは，つぶれた軸受け隙間ゲージの最も広い部分（クリアランス最小部分）で読む。 2．クランクシャフト・ジャーナル・ベアリングのオイル・クリアランスの測定も，上記の手順と同様に行う。 3．軸受け隙間ゲージがない場合は，マイクロメータとシリンダ・ゲージを用いて，オイル・クリアランスを測定することもできる。

			番号	No. 4. 9
作業名	クランクシャフトの点検		主眼点	曲がり及び摩耗の点検

材料及び器工具など

クランクシャフト
Ｖブロック
ダイヤル・ゲージ
ダイヤル・ゲージ・スタンド
マイクロメータ
定盤

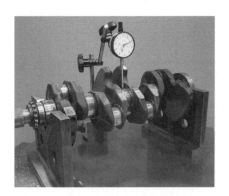

図1　クランクシャフトの取り付け

番号	作業順序	要　　点	図　　解
1	準備する	1．クランクシャフトは奇麗に洗浄しておく。 2．クランクシャフトを，定盤の上に置いたＶブロックに載せる。	図2　クランクシャフトの曲がり測定
2	クランクシャフトの曲がりを測る	1．ダイヤル・ゲージをダイヤル・ゲージ・スタンドに取り付け，ゲージの触針をクランクシャフトの中央ジャーナルに直角になるように当てる（図1）。 2．クランクシャフトを静かに回しながら，ダイヤル・ゲージの目盛りを読む。 3．ダイヤル・ゲージに現れた寸法は，図2に示すAの寸法であるから，この1／2，すなわち図2のBの寸法がクランクシャフトの曲がり寸法である。 ※Aの寸法を「振れ」という。	図3　ジャーナル及びクランク・ピンの外径測定
3	クランクシャフトの摩耗量を測る	1．それぞれのクランク・ジャーナル及びクランク・ピンについて，4カ所の直径寸法をマイクロメータを使って測る（図3，図4）。 2．測定した各ジャーナル及びクランク・ピンの最大寸法と最小寸法との差を求める。これがジャーナル及びクランク・ピンの摩耗量である。	テーパ度：1－2 楕円度：A－B 図4　測定箇所
備考	クランクシャフトの曲がり及び摩耗量が，規定値を超えている場合には，クランクシャフトを交換する。		

			番号	No. 4.10
作業名	カムシャフトの点検（1）	主眼点	曲がり及びカム・リフトの測定	

材料及び器工具など
カムシャフト シリンダ・ヘッド Ｖブロック ダイヤル・ゲージ ダイヤル・ゲージ・スタンド マイクロメータ 定盤

第1ジャーナル　　　　　　最終ジャーナル

図1　曲がり測定

番号	作業順序	要　　　　　点	図　　　　解
1	準備する	1．カムシャフトは奇麗に清掃しておく。 2．カムシャフトの第1ジャーナルと最終ジャーナルを，定盤の上に置いたＶブロックの上に載せる（図1）。	
2	曲がりを測る	1．カムシャフトの中央ジャーナルにダイヤル・ゲージを当てて，カムシャフトを静かに回しながらダイヤル・ゲージの目盛りを読む。 2．ダイヤル・ゲージの最大の目盛りと最小の目盛りとの差の1／2がカムシャフトの曲がりである。 ※曲がりと振れの関係は，クランクシャフトの測定と同じである。	図2　カムの高さ測定
3	カム・リフトを測る	1．カムの高さ（カムの長径）を測定する（図2）。 2．基本円の直径（カムの短径）を測定する（図3）。 3．カムの高さと基本円の直径の差がカム・リフトである（図4）。	図3　基本円の直径測定
備 考		カムシャフトの曲がり及びカム・リフトが，限度値を超える場合は，カムシャフトを交換する。	カム・リフト 基本円の直径 カムの高さ 図4　カム・リフト

| 作業名 | カムシャフトの点検（2） | 主眼点 | カムシャフト・タイミング・ギヤの点検 |

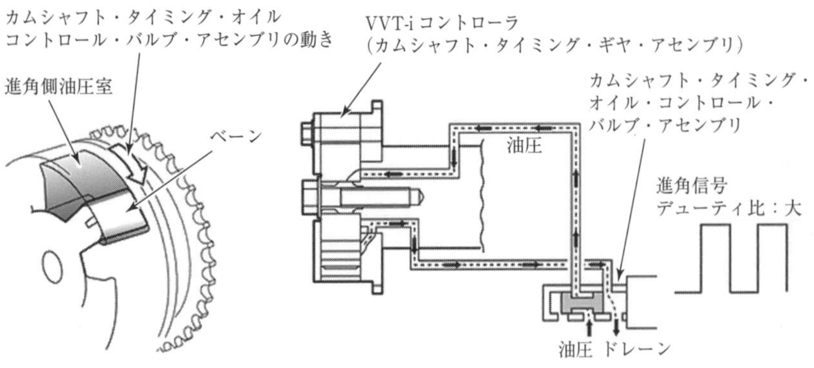

図1　可変バルブ・タイミング機構

カムシャフト・タイミング・オイル
コントロール・バルブ・アセンブリの動き

進角側油圧室

ベーン

VVT-i コントローラ
（カムシャフト・タイミング・ギヤ・アセンブリ）

カムシャフト・タイミング・
オイル・コントロール・
バルブ・アセンブリ

油圧

進角信号
デューティ比：大

油圧 ドレーン

材料及び器工具など

エア・ガン
エア・トランスフォーマ
ビニール・テープ
ゴム片など（油穴を塞ぐためのもの）
ウエス

図　解

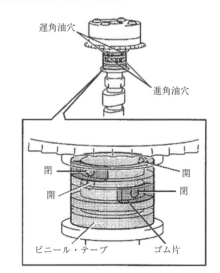

遅角油穴

進角油穴

閉　　　　開
開　　　　閉

ビニール・テープ　　　ゴム片

図2　動作点検前の準備

番号	作業順序	要　　　点
1	準備する	1．カムシャフト・タイミング・ギヤに対して，カムシャフトが回転しないこと（ロック状態であること）を確認する。 2．カムシャフトのジャーナル部の油穴4箇所（進角油穴2箇所，遅角油穴2箇所）をビニール・テープなどで塞ぐ。 　進角，遅角それぞれ1箇所は，ゴム片などで溝を含めて通気漏れないように塞ぐ（図2）。 3．進角油穴，遅角油穴それぞれ1箇所を通気できるように，ビニール・テープに穴をあける。
2	動作を点検する	1．ビニール・テープで穴をあけたそれぞれの油穴に，エア・ガンを用いて，圧縮空気をゆっくりと加え，保持する（図3）（備考1．参照）。 2．1．の状態から遅角油穴側のエアを徐々に弱めていくと，カムシャフト・タイミング・ギヤがカムシャフトに対して反時計回り（進角方向）に回転することを確認する（図4）。 3．カムシャフト・タイミング・ギヤが最大の進角位置まで移動したら，遅角油穴の圧縮空気を抜いた後に，進角油穴の圧縮空気を抜く（備考2．参照）。
3	しゅう動を点検する	1．カムシャフト・タイミング・ギヤを可動範囲内で（最大の進角位置からロックしない位置まで）2，3回手で回転させたときに，引っ掛かりなどがなく，しゅう動に異常がないことを確認する。 2．カムシャフト・タイミング・ギヤを最大の遅角位置まで手で回転させたときに，ロックし，回転しなくなることを確認する。
備 考		1．圧縮空気を掛けたときに油穴内のオイルが飛散する場合があるので，ウエスなどで覆うなど飛散防止措置をしてから，ゆっくりと圧縮空気を掛けること。 2．進角側の圧縮空気を先に抜いてしまうと，タイミング・ギヤが急激に遅角方向に移動して，ロックピンなどを破損させてしまうおそれがあるので，必ず遅角側の圧縮空気を抜くこと。 　なお，本書の記載内容はインテーク側のカムシャフトの例だが，エキゾースト側では異なる場合もあるので，詳細は整備書を参照すること。

遅角油穴　　　　進角油穴

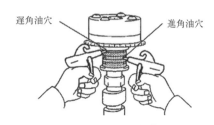

図3　動作点検①

遅角油穴　　　　進角油穴

エア圧力を
弱める　　　　圧力保持

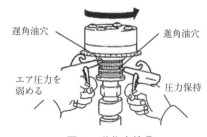

図4　動作点検②

ロック機構

図5　タイミング・ギヤ・ロック機構の内部

出所：（図1）『ヴィッツ　KSP130系　NSP13#系　NCP131系　電子技術マニュアル
　　　　2010.12　№SC1789J』トヨタ自動車（株）（一部改変）
　　　（図2〜図4）『1NZ-FE　エンジン修理書　63094』トヨタ自動車（株），2003年9月

		番号	No. 4.12

作業名	バルブの点検	主眼点	曲がり及び摩耗の点検

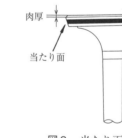

図1　バルブ・フェース部及びバルブ・ステム部の曲がり目視点検

材料及び器工具など

バルブ
定盤
シックネス・ゲージ
マイクロメータ
ノギス

番号	作業順序	要　　　点	図　　解
1	準備する	バルブ及び定盤を奇麗に清掃しておく。	図2　シックネス・ゲージでの曲がり点検
2	バルブの曲がりを調べる	1．バルブのフェース部を定盤の外側に出し，バルブ・ステムを定盤に静かに載せ，手のひらでバルブ・ステムを軽く回して，バルブ・フェース部が曲がっていないかどうかを目視点検する（図1）。 2．バルブ・ステムを定盤上で軽く転がしながら，シックネス・ゲージを使って，バルブ・ステムと定盤との最大隙間を測る（図2）。	図3　当たり面幅測定
3	バルブの摩耗を調べる	1．バルブ・フェースの肉厚をノギスで測る。 2．バルブ・フェースとバルブ・シート・リングの当たり面の幅をノギスで測る（図3）。 3．バルブ・ステムの直径を，マイクロメータを用いて，指定された箇所で測る（図4）。 4．バルブ・ステム・エンドの摩耗を目視点検する。 5．バルブの全長をノギスで測る（図5）。	
備 考		1．バルブ・フェースの肉厚，バルブ・ステムの直径及びバルブの全長が摩耗し，限度値を下回るもの並びに曲がりのひどいものは交換する。 2．バルブ・フェースとバルブ・シート・リングの当たり面の幅が規定値でない場合及びバルブ・ステム・エンドが摩耗したり，傷が付いている場合には，バルブ・リフェーサで修正すること。 3．バルブを交換する場合には，同時にバルブ・ガイドも交換する。	図4　バルブ・ステム直径の測定 図5　バルブ全長の測定

出所：（図4右，図5）『1NZ-FE　エンジン修理書　63094』トヨタ自動車（株），2003年9月

作業名	バルブ・ガイドの点検	主眼点	隙間の測定と交換

図1　バルブ・ガイドの隙間の測定

	材料及び器工具など
	シリンダ・ヘッド バルブ ダイヤル・ゲージ ダイヤル・ゲージ・スタンド バルブ・ガイド・リーマ バルブ・ガイド・ドリフト ハンマ 油槽（ピストン・ヒータ）

番号	作業順序	要　　点	図　　解
1	準備する	1．シリンダ・ヘッド及びバルブは，奇麗に清掃しておく。 2．シリンダ・ヘッドは燃焼室を上にして，下に木片を置き，作業台の上にがたつかないように置く。	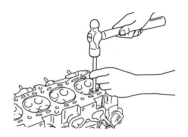 図2　シリンダ・ヘッドを油槽で温める
2	ガイドの隙間を測る	1．バルブを該当するバルブ・ガイドに入れる。 2．ダイヤル・ゲージをダイヤル・ゲージ・スタンドに取り付け，シリンダ・ヘッド又は作業台の上に置く。 3．バルブを燃焼室側へ約15mm持ち上げ，ダイヤル・ゲージの触針をバルブ・フェースへ当てる（図1）。 4．バルブを手でダイヤル・ゲージの触針の方向にゆすって，ゲージの指針の動きにより，ガイドの隙間を測る。	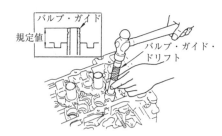 図3　バルブ・ガイドを抜く
3	バルブ・ガイドを抜く	1．シリンダ・ヘッドを油槽で110～120℃に温める（図2）。 2．バルブ・ガイド・ドリフトを用いて，燃焼室側から軽打して抜き取る（図3）。	
4	バルブ・ガイドを圧入する	1．シリンダ・ヘッドを油槽にて110～120℃に温める。 2．シリンダ・ヘッドを燃焼室を下にして置く。 3．バルブ・ガイド・ドリフト又は圧入工具を用いて，バルブ・ガイドを規定値になるように圧入する（図4）。	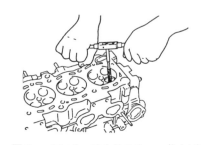 図4　バルブ・ガイドを圧入する
5	リーマ仕上げをする	圧入したバルブ・ガイドを，バルブ・ガイド・リーマを用いて，リーマ仕上げをする（図5）。	図5　バルブ・ガイドのリーマ仕上げ

備考	1．バルブ・ガイドの隙間が規定値を超える場合は，バルブ・ガイドを交換する。 2．バルブ・ガイドの隙間は，マイクロメータとキャリパ・ゲージを用いて測定することもできる。

作業名	バルブ・シートの点検と修正	主眼点	点検とシート・カッタによる修正

図1　バルブ・シートの修正

材料及び器工具など

シリンダ・ヘッド
バルブ・シート・リング
新明丹（「No. 2.8」参照）
バルブ・シート・カッタ

番号	作業順序	要　　　点	図　　解
1	準備する	1．シリンダ・ヘッドとバルブを清掃しておく。 2．シリンダ・ヘッドは燃焼室を上にして置き，木片などでがたつかないようにする。	(○) (×)　　(×) 図2　当たり面の状態
2	バルブ・シート・リングを点検する	1．バルブ・シート・リングの当たり面に新明丹を塗り，バルブ・フェースの当たり面の状態を点検する（図2）。 2．当たり面が全周つながっていることを確認する。 3．異常がある場合はバルブのすり合わせを行い，再度点検する。再点検の結果，異常がある場合はバルブ・シート・リングを交換する。	
3	バルブ・シート・リングを修正する	1．バルブ・シート・カッタのハンドルを両手でしっかりと握り，当たり面全周に押し付けて一気に削るようにする（図1）。 ※カッタの押し付けが悪かったり，何回もカッタを当てたりするとバルブ・シート・リングに段が付くおそれがある。 2．規定の角度のシート・カッタを用いてシートの上・下を削り，バルブ・シート・リングの当たり幅を規定値になるように修正する（図3）。	バルブ 当たり幅 図3　バルブ・シート・リングの 当たり幅の確認と修正

備考	1．シート・カッタは，刃が一方向に向いて切られているので，逆転させないこと。 2．一般に最初は荒削り用カッタで削り，次に仕上げ用カッタで仕上げるが，少し削れば当たりが出るような場合には，最初から仕上げ用カッタで削る。

| 作業名 | バルブ・スプリングの点検 | 主眼点 | スプリング・テスタによる測定 |

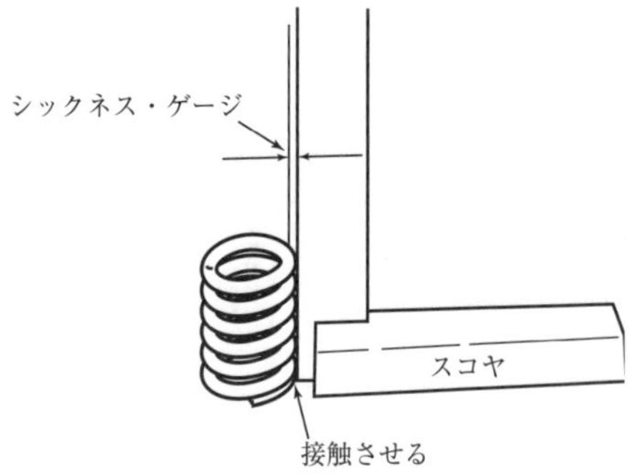

シックネス・ゲージ

スコヤ

接触させる

図1　バルブ・スプリングの直角度の測定

材料及び器工具など

バルブ・スプリング
バルブ・スプリング・テスタ
スコヤ
定盤
シックネス・ゲージ

番号	作業順序	要　　　点	図　　解
1	準備する	1．バルブ・スプリングは，定盤上でスコヤとシックネス・ゲージを用いて直角度を測る。直角度が限度値以上であれば，スプリングを交換する（図1）。 2．バルブ・スプリング・テスタは，作業台のがたつかない位置に置く。	 図2　取り付け時のばね力の測定
2	バルブ・スプリングをなじませる	1．バルブ・スプリングをバルブ・スプリング・テスタの受け台の中央部に載せる。 2．ハンドルを操作して，数回バルブ・スプリングを圧縮したり，緩めたりしてなじませる。	
3	テスタの目盛りを確かめる	バルブ・スプリング・テスタのハンドルを完全に緩めたときに，メータの指針がゼロ目盛を指しているかを確かめる。	
4	自由長を調べる	バルブ・スプリング・テスタのハンドルを回し，プッシュ・ロッドが軽くバルブ・スプリングの上端に接したとき，テスタの目盛りにより自由長を調べる（図2）。	
5	取り付け時のばね力を測定する	バルブ・スプリング・テスタのハンドルを回し，バルブ・スプリングを徐々に圧縮し，バルブがシリンダ・ヘッドに取り付けられているときの寸法にする。そのときのメータの目盛りを読む（図2）。	

| 備考 | 1．バルブ・スプリングの直角度，自由長，取り付け時の寸法，取り付け時のばね力は，各エンジンの型式ごとに規定されているので，整備書で調べておくこと。
2．直角度，取り付け時のばね力の測定は上記で測り，自由長はノギスで測る方が，より正確である。測定の結果，いずれかが限度値以上である場合には，バルブ・スプリングを交換すること。
3．バルブ・スプリングの巻き終わりは，全周の2/3以上が平らになっていることを確認すること。 |

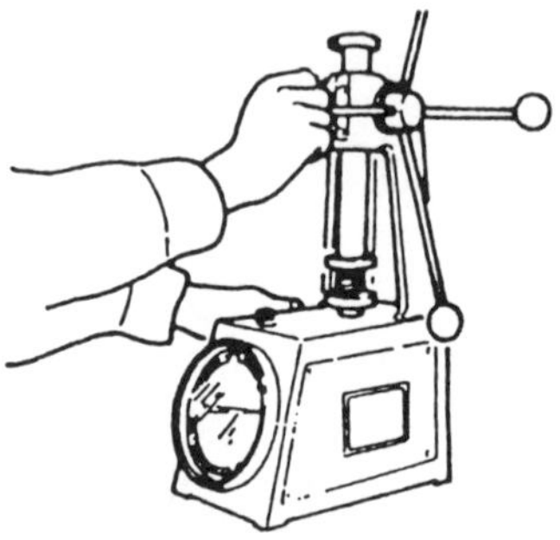

作業名	バルブのすり合わせ	主眼点	エア・バルブ・ラッパによるすり合わせ

図1　エア・バルブ・ラッパによるすり合わせ

	材料及び器工具など

シリンダ・ヘッド
バルブ・シート・リング
バルブ
コンパウンド
新明丹（「No. 2. 8」参照）
エア・バルブ・ラッパ

番号	作業順序	要　　　点	図　　　解
1	準備する	1．シリンダ・ヘッド及びバルブはカーボンを落とし，奇麗に洗浄しておく。 2．シリンダ・ヘッドは，燃焼室を上にして置き，木片などでがたつかないようにする。	図2　バルブのシートとの 　　　当たり面に新明丹を塗る
2	バルブ・シート・リングにコンパウンドを塗る	バルブ・シート・リングのバルブ接着面にコンパウンドを全周に薄く平均に塗る。	
3	バルブ・シート・リングにバルブを入れる	バルブ・シート・リングに該当するバルブ（分解したときに付けた印と合うもの）を入れる。 ※バルブ・ステムに，エンジン・オイルを塗付する。	
4	すり合わせる	1．エア・バルブ・ラッパをバルブの中心に，かつ，バルブに垂直に当てる（図1）。 2．エア・バルブ・ラッパのエア・バルブを開いて，1～2秒くらいすり合わせる。	図3　当たり幅の確認
5	コンパウンドを清掃する	バルブ及びバルブ・シート・リングに付着しているコンパウンドを奇麗に拭き取る。	
6	すり合わせの状態を調べる	1．バルブ・フェースとバルブ・シート・リングの当たり面に新明丹を薄く全周に平均に塗る（図2）。 2．バルブ・フェースをバルブ・シート・リングに軽く当てた後，ゆっくりと外し，シートの全周にまんべんなく当たりが出て，当たり幅が規定値になっているかどうかを確かめる（図3）。 3．当たりが不良の場合には，「番号2～6」を繰り返してすり合わせる。	
備考	1．コンパウンドには荒目と細目がある。最初は荒目で，次に細目のものを使うのが一般的だが，ほぼ当たりが出ているような場合には，最初から細目を使ってすり合わせをする。 2．コンパウンドが乾燥しているときは，エンジン・オイルを滴下して，のり状によく練り合わせてから使用すること。 3．エア・バルブ・ラッパ以外に，手動ですり合わせる方法もある（参考図1）。		参考図1　バルブ・ラッパ（たこ棒）

当たり面
新明丹

当たり幅

作業名	バルブ開閉機構の点検	主眼点	バルブ機構の各部の点検

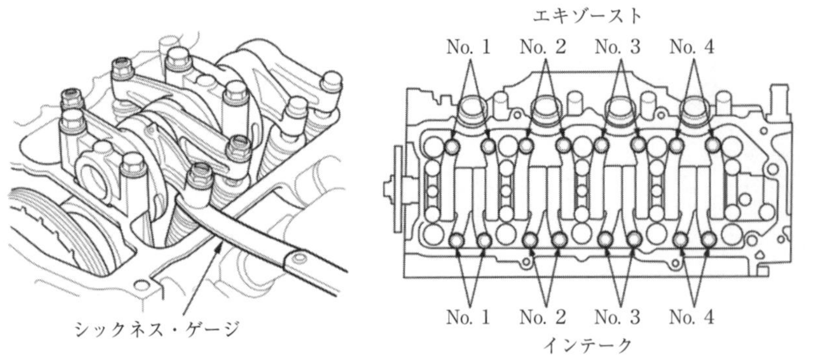

エキゾースト
No. 1　No. 2　No. 3　No. 4

シックネス・ゲージ

No. 1　No. 2　No. 3　No. 4
インテーク

図1　バルブ・クリアランスの点検

			材料及び器工具など

マイクロメータ
シリンダ・ゲージ（カルマ形）
シックネス・ゲージ
特殊工具（エア・レギュレータ及びアダプタ）
一般工具

番号	作業順序	要　点	図　解
		●ロッカ・アームとロッカ・アーム・シャフトのクリアランス点検	
1	ロッカ・アーム・シャフトの外径を測定する	ロッカ・アーム・シャフトの外径をマイクロメータで測定する（図2）。	
2	ロッカ・アームとロッカ・アーム・シャフトのクリアランスを測定する	1．シリンダ・ゲージをロッカ・アーム・シャフトの外径に合わせ，ダイヤル・ゲージのゼロ点をセットする。 2．ロッカ・アームにシリンダ・ゲージを挿入し，ダイヤル・ゲージのセットしたゼロ点との目盛りの差を読み取る（図3）。 　読み取った値が，ロッカ・アームとロッカ・アーム・シャフトのクリアランスである。 3．クリアランスが限度値を超えた場合は，ロッカ・アームを交換し，再度クリアランスを点検する。それでも限度値を超える場合は，ロッカ・アーム・シャフトを交換する。	図2　ロッカ・アーム・シャフトの外径測定
		●バルブ・クリアランスの点検・調整	図3　ロッカ・アームとロッカ・アーム・シャフトのクリアランス測定
1	準備する	1．エンジンが冷間時であることを確認する（備考1．参照）。 2．シリンダ・ヘッド・カバーを取り外す。	
2	バルブ・クリアランスを測定する	1．第1シリンダを圧縮上死点（カムシャフト・タイミング・スプロケットのUPマークが上になり，かつ上死点マークがシリンダ・ヘッド上端面と合っている状態）に合わせる（図4）。 2．ロッカ・アームのアジャスト・スクリュとバルブ・ステム・エンドとの間にシックネス・ゲージを差し込んで，バルブ・クリアランスを確認する。 　シックネス・ゲージを差し込んだ状態で，前後にシックネス・ゲージを動かしたときに，適度なしゅう動抵抗があるときのシックネス・ゲージの厚さが，クリアランスである（図1）（備考2．参照）。	UP（上）マーク 上死点マーク 図4　第1シリンダ圧縮上死点の確認
3	バルブ・クリアランスを調整する	1．クリアランスが規定値から外れる場合は，アジャスト・スクリュのロック・ナットを緩め，アジャスト・スクリュを回して調整する（図5）。 2．調整後は，ロック・ナットを規定トルクで締め付けた後に，再度，クリアランスを確認する。 3．クランク・シャフトを180°ずつ回転させて，燃焼順序で各気筒の圧縮上死点に合わせ，第1シリンダと同様に点検（調整）を行う。	ロック・ナット アジャスト・スクリュ 図5　バルブ・クリアランスの調整

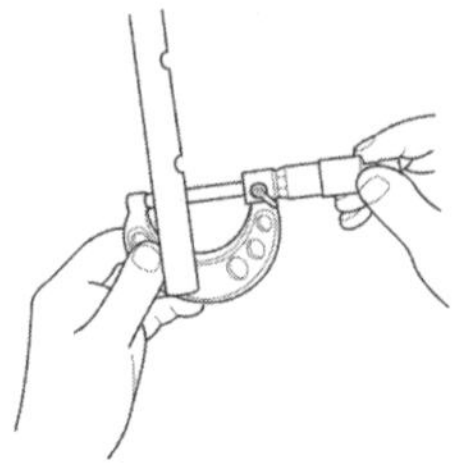

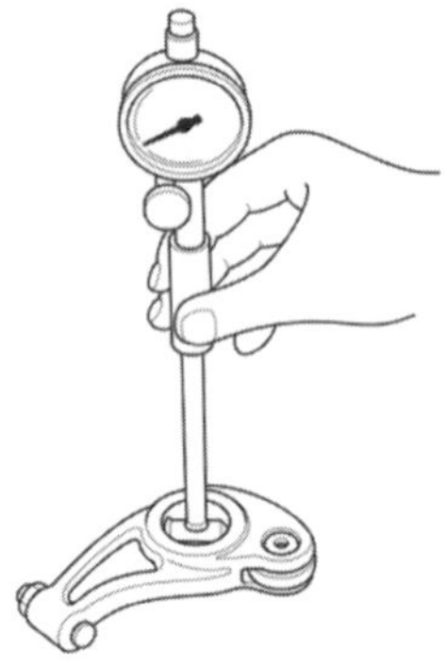

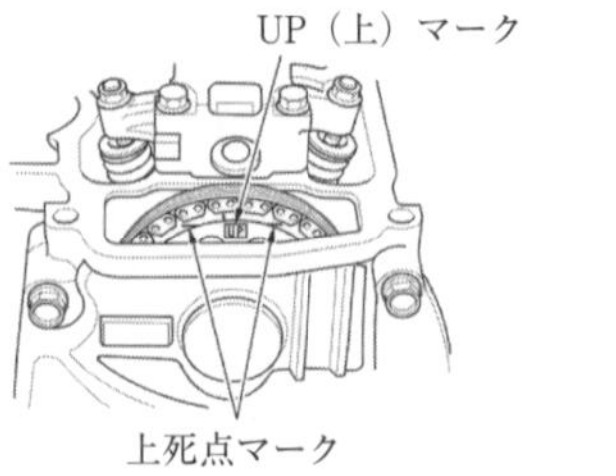

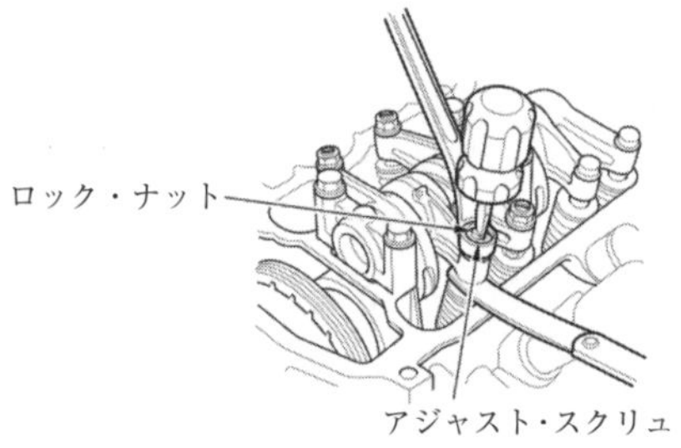

作業名	バルブ開閉機構の点検	主眼点	バルブ機構の各部の点検

番号	作業順序	要　　　点	図　　　解
備考		1．本書では，バルブ・クリアランスの点検を，エンジンが冷間時に確認しているが，車種によっては，温間時に点検するように規定されている場合があるので，詳細を整備書で確認の上行うこと。 2．シックネス・ゲージの適度なしゅう動抵抗は，マイクロメータにシックネス・ゲージを挟み，ゆっくりと引き抜いたときの感触を参考にするとよい。 出所：（図1〜図9）『ホンダフィット GE 系 L13A』本田技研工業（株），2007 年 10 月〜（一部改変）	 プライマリ・ロッカ・アーム　セカンダリ・ロッカ・アーム 図6　可変バルブ・タイミング・リフト機構のロッカ・アーム

●可変バルブ・タイミング・リフトの機構ロッカ・アームの点検

1	非作動状態を点検する	1．シリンダ・ヘッド・カバーを取り外す。 2．クランク・シャフトを時計回りに回転させたときに，各気筒のインテーク・プライマリ・ロッカ・アームとセカンダリ・ロッカ・アームが，独立して動くことを確認する（図6）。 3．ロッカ・アームが独立して動かない場合は，可変バルブ・タイミング・リフト機構のロッカ・アームを分解・点検する。 4．シリンダ・ヘッド・カバーを取り付ける。	 エア・レギュレータ アダプタ 図7　作動状態の点検
2	作動状態を点検する	1．エンジンを始動し，5分間暖機する（備考2．参照）。 2．バルブ・クリアランスを確認する。 3．特殊工具（エア・レギュレータ及びアダプタ）をメンテナンス・ホールに取り付ける。 4．ゆっくりと空気圧を上げていき，サービス・ホール内に規定圧を加える（図7）（備考3．参照）。 5．クランクシャフトを時計回りに回転させたときに，各気筒のインテーク・プライマリ・ロッカ・アームとセカンダリ・ロッカ・アームが，連動して動くことを確認する（備考4．参照）。 6．ロッカ・アームが連動して動かない場合は，可変ロッカ・アーム・バルブ・タイミング・リフト機構のロッカ・アームを分解・点検する。 7．エア・レギュレータ及びアダプタを取り外す。 8．シリンダ・ヘッド・カバーを取り付ける。	
備考		1．バルブ・タイミング・リフト機構の構造は，車種によって大きく異なる場合がある。点検は，整備書で確認の上行うこと。 2．作動状態の点検は，非作動状態の点検を実施した後に行うこと。 3．サービス・ホール内に圧縮空気を加える際は，オイルの飛び出しに注意すること。 4．点検は，各気筒の圧縮上死点で行い，できるだけ短時間で行うこと。	図8　ロッカ・アーム・アセンブリの取り外し

●可変バルブ・タイミング・リフト機構ロッカ・アーム単体

1	分解する	1．ロッカ・シャフト・ホルダの取り付けボルトを外す。 2．ロッカ・シャフト・ホルダと共にロッカ・アーム・アセンブリを分解する（図8）。	 ピストン
2	点検する	1．インテーク・ロッカ・アームを分解し，ピストンがスムースに動くことを確認する（図9）。 2．ピストンの動きがスムースでないときは，ロッカ・アームをセットで交換する。	
3	組み立てる	1．ピストンにエンジン・オイルを塗布し，インテーク・ロッカ・アームに組み付ける。 2．分解の逆の手順で組み立てる。	図9　インテーク・ロッカ・アーム

作業名	エンジンの組み立て（1）	主眼点	バルブ機構の組み立て

番号	要　点	図　解

1．バルブ・オイル・シールのリップ部にエンジン・オイルを塗布する。

2．特殊工具（バルブ・オイル・シール・リプレーサ）を使用して，バルブ・オイル・シールを取り付ける（図1）。
　　インテーク側とエキゾースト側を組み間違えると，不具合の原因となるので，注意すること（リップ部の色などで識別する）（図2）。

3．インテーク・バルブ取り付ける。
　（1）バルブ，バルブ・スプリング・シート，バルブ・スプリング及びリテーナを取り付ける（図3）。
　（2）特殊工具（バルブ・スプリング・リプレーサ）を使用して，バルブ・スプリングを圧縮し，コッタを取り付ける（図4）。
　（3）ピンポンチを使用して，バルブ・ステム先端部を軽くたたき，バルブ・スプリングを落ち着かせる（図5）。
　　バルブ，バルブ・スプリング・シート，バルブ・スプリング及びリテーナは，組み合わせを変えずに，元の位置に取り付けること。
　　バルブ・スプリングが不等ピッチ・スプリングの場合は，ピッチの小さいほうをシリンダ・ヘッド側になるように組み付けること。

4．エキゾースト・バルブを取り付ける。
　　「番号3.」と同様に作業する。

5．シリンダ・ヘッド・オイル・ノズルを取り付ける（図6）。

6．オイル・コントロール・バルブ・フィルタを取り付ける（図7）。
　　フィルタのメッシュ部に異物などの付着がないこと。
　　ガスケットは新品を使用すること。

7．バルブ・ラッシュ・アジャスタを取り付ける。
　（1）エンジン・オイルを満たした容器にラッシュ・アジャスタを入れ，特殊工具（バルブ・リフタ・ツール）を使用して，チェック・ボールを押し下げた状態でプランジャを上下に5,6回動かし，高圧室のエア抜きを行う（図8，図9）。
　（2）バルブ・リフタ・ツールを取り外して，指でプランジャの先端を強く押し，プランジャが動かないことを確認する。
　　　プランジャが動く場合は，再度「（1）」のエア抜きを行う。
　（3）エンジン・オイルを満たした容器にラッシュ・アジャスタを入れ，低圧室にオイルを充たす。
　（4）外周及びプランジャの先端にエンジン・オイルを塗布し，ラッシュ・アジャスタを回転させながら取り付ける。

8．バルブ・ステムにエンジン・オイルを塗布し，バルブ・ステム・キャップを取り付ける。

9．ラッシュ・アジャスタの先端及びバルブ・ステム・キャップ頂部にエンジン・オイルを塗布し，バルブ・ロッカ・アームを取り付ける。

10．バルブ・ロッカ・アームの取り付け状態を確認する（図10）。
　　バルブ・ラッシュ・アジャスタ，バルブ・ステム・キャップ及びバルブ・ロッカ・アームは，組み合わせを変えずに，元の位置に取り付けること。

図1　バルブ・オイル・シールの取り付け

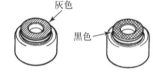

＜インテーク側＞　＜エキゾースト側＞

灰色

黒色

図2　バルブ・オイル・シール

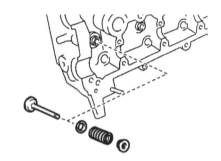

図3　バルブの取り付け

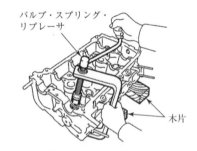

バルブ・スプリング・リプレーサ

木片

図4　コッタの取り付け

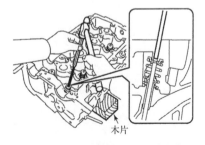

木片

図5　バルブ・スプリングの取り付け
　　　（落ち着かせる）

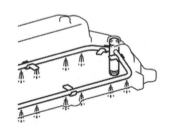

図6　シリンダ・ヘッド・オイル・ノズル

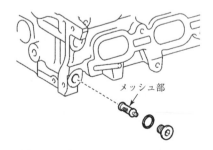

メッシュ部

図7　オイル・コントロール・バルブ・フィルタの取り付け

作業名	エンジンの組み立て（1）	主眼点	バルブ機構の組み立て

図　　　解

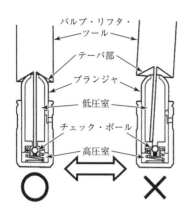

図8　バルブ・リフタ・ツール
　　　使用時の注意点

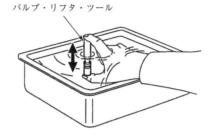

図9　ラッシュ・アジャスタの
　　　エア抜き及び確認作業

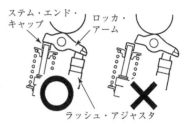

図10　バルブ・ロッカ・アームの
　　　取り付け状態の確認

備考

　シリンダ・ヘッド組み立て後に，他の作業をする間は，シリンダ・ヘッドの下面に木片などを置き，傷が付かない
ようする。上面にはウエスを被せて，ほこりなどの異物が入らないように，細心の注意を払うこと。

出所：（図1～図5，図7～図10）『1NZ-FE　エンジン修理書　63094』トヨタ自動車（株），2003年9月（一部改変）
　　　（図6）『ヴィッツ　KSP130系　NSP13#系　NCP131系　電子技術マニュアル　2010.12　No.SC1789J』トヨタ自動車（株）

| 作業名 | エンジンの組み立て（2） | 主眼点 | クランクシャフトの組み立て |

| 番号 | 要　　　点 | 図　　　解 |

1．ジャーナル・ベアリングを組み付ける。
　　油穴（又は油溝）のあるものをシリンダ・ブロック側，ないものをジャーナル・キャップ側へ組み付ける（図1）。
　　シリンダ・ブロック及びジャーナル・キャップのベアリング取り付け面並びにベアリング背面には，オイルを塗布しない。

2．スラスト・プレート（スラスト・ベアリング）を組み付ける。
　　油溝を外側に組み付ける（図2）。
　　シリンダ・ブロックのスラスト・プレート取り付け面及びスラスト・プレート背面には，オイルを塗布しない。

3．ベアリングの表面にエンジン・オイルを塗布し，クランクシャフトをシリンダ・ブロックに取り付ける。

4．ジャーナル・キャップのベアリング表面にエンジン・オイルを塗布し，シリンダ・ブロックに取り付ける。
　　ベアリング・キャップのフロント・マーク及び打刻番号を確認する（図3）。

5．ジャーナル・キャップ取り付けボルトを締め付ける。
　　番号順に2〜3回に分けて仮締めした後，規定トルクで締め付ける（図4）。

6．ダイヤル・ゲージを用いて，クランクシャフトのスラスト隙間を測定する（図5）。

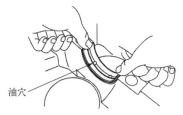

油穴

（a）シリンダ・ブロック側

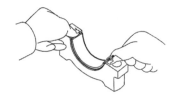

（b）ジャーナル・キャップ側

図1　ジャーナル・ベアリングの組み付け

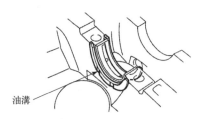

油溝

図2　スラスト・プレートの組み付け

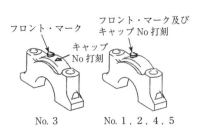

フロント・マーク　　フロント・マーク及び
　　　　　　　　　　キャップNo打刻
キャップ
No打刻

No. 3　　　　No. 1，2，4，5

図3　ベアリング・キャップ
　　　の組み付け

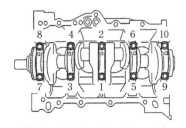

図4　ベアリング・キャップ
　　　の締め付け順序

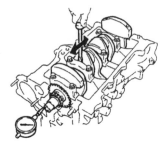

図5　クランクシャフトのスラスト
　　　隙間測定

| 備考 | 1．ジャーナル・キャップが塑性域締め付け法の場合は，ボルトにペイント・マークをして，番号順に指定された角度まで増し締めする。
2．クランクシャフトのスラスト隙間は，シックネス・ゲージを用いた方法もある。 |

出所：（図1〜図5）『1NZ-FE　エンジン修理書　63094』トヨタ自動車（株），2003年9月（一部改変）

作業名	エンジンの組み立て（3）	主眼点	ピストン及びコンロッドの組み立て

番号	要　　　点	図　　解

1．ピストン・ピン及びコネクティング・ロッド（以下，コンロッドという）小端部にエンジン・オイルを塗布する。

2．ピストン及びコンロッドのフロント・マークを合わせる（図1）。

3．特殊工具（ピストン・ピン・リプレーサ）及びプレスを使用して，ピストン・ピンを圧入する（図2）。

　　ピストンとピストン・ピンの組み合わせを変えないこと。

4．コンロッド・ベアリングをコンロッド及びコンロッド・キャップに爪位置及び油穴に合わせて組み立てる（図3）。

　　コンロッド及びコンロッド・キャップのベアリング取り付け面及びベアリング背面にオイルを塗布しない。

5．ピストン・リングを組み付ける。

　（1）オイル・リングを手で取り付ける。

　（2）コンプレッション・リングを，ピストン・リング・リプレーサを使用して取り付ける（図4）。

　　　取り付ける際は，上下の向きを間違えないこと。

　　　識別マークがリング上面に記載されていたり，テーパ・アンダ・カット型のように，形状によって識別する場合もあるので，整備書で確認しながら作業を進めること（図5）。

　　　再使用する場合は，ピストンとリングの組み合わせを変えないこと。

　（3）ピストン・リングの合い口を所定の位置に合わせる（図6，図7）。

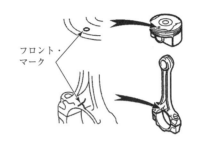

図1　フロント・マーク

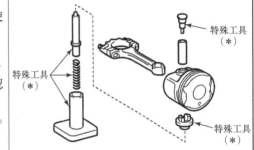

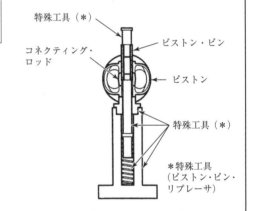

図2　ピストン・ピンの圧入

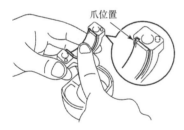

図3　コンロッド・ベアリングの組み付け

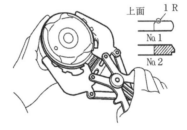

図4　ピストン・リングの組み付け

（a）トップ・リング上面

（b）セカンド・リング下面

図5　ピストン・リングの上下の向きの識別

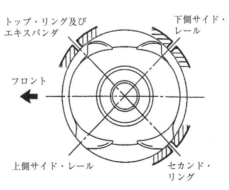

図6　ピストン・リングの合い口の向き

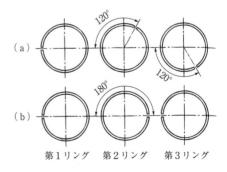

図7　合い口の向きの例

作業名	エンジンの組み立て（3）	主眼点	ピストン及びコンロッドの組み立て

番号	要　　点	図　　解

6. シリンダ壁面，ピストン外周及びコンロッド・ベアリングの表面にエンジン・オイルを塗布する。

7. ピストン・リングの合い口の向きを再度確認する。

8. クランクシャフトを回転させて，組み付けるシリンダのクランク・ピンを下死点の位置にする。

9. ピストン・ヘッドのフロント・マークを確認し，エンジンのフロント方向に合わせる。ピストン・リング・コンプレッサを使用し，ピストン・ヘッドを軽くたたきながら，コンロッド・ベアリングがクランク・ピンに当たるまで，ピストン及びコンロッドをシリンダに取り付ける（図8）。

　　再使用する場合は，分解時と組み合わせを変えないこと。また，シリンダとピストン及びコンロッドには，数字などで組み合わせる場合があるので，整備書で確認すること。

10. コンロッドとキャップの組み合わせ及びキャップのフロント・マークを確認し，キャップを組み付ける（図9）。

11. コンロッド・キャップ・ボルトのねじ部及び座面に，少量のエンジン・オイルを塗布する。

12. コンロッド・キャップ・ボルトを数回に分けて仮締めした後，規定トルクで締め付ける（図10）。

　　キャップ・ボルトが塑性域締め付け法の場合は，ボルトにペイント・マークを付け，指定された角度まで増し締めする。

　　※詳細は整備書を参照すること。

13. クランクシャフトが滑らかに回転することを確認する。

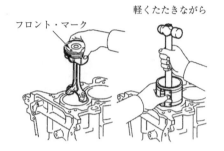

図8　ピストン及びコンロッドの組み付け

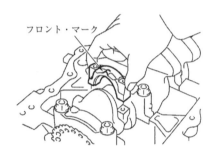

図9　コンロッド・キャップの組み付け

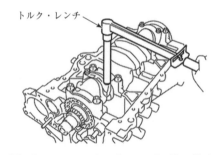

図10　コンロッド・キャップの締め付け

備考

1. コンロッドには，スタッド・ボルトを使用しているものもある。ピストン及びコンロッドをシリンダに組み付ける際に，スタッド・ボルトでピストン・ピンを傷付けてしまうおそれがあるので，スタッド・ボルト先端をビニール・テープで覆うなどして，作業を行うこと。

2. 本書では，ピストンとコンロッドの組み付け時，ピストン・ピンを挿入する際に，常温でピストン・ピン・リプレーサとプレスを使用する方法を説明している。ピストンを加熱して膨張させてから挿入する方法や，スナップ・リングにより固定されている場合もあるので，整備書で確認して作業を行うこと（参考図1～参考図3）。

参考図1　工業用ドライヤによる加熱

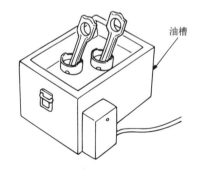

参考図2　油槽による加熱

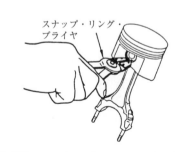

参考図3　スナップ・リングによる固定

出所：（図1～図4，図6，図8～図10）『1NZ-FE　エンジン修理書　63094』トヨタ自動車（株），2003年9月（一部改変）

作業名	エンジンの組み立て（4）	主眼点	エンジン本体の組み立て

番号	要　　点	図　　解

●オイル・パンの取り付け作業

1．取り付け面の清掃及び脱脂を行う（備考1．参照）。

2．シリンダ・ブロック下面の図示部分に，液状ガスケットを直径2～3mm の太さで途切れがないように塗布する（備考2．参照）。

3．液状ガスケットが均等に潰れるように，オイル・パン No. 1をシリンダ・ブロックの取り付け面に合わせる。

4．指定された順序でボルトを数回に分けて仮締めした後，規定トルクで締め付ける（図2）（備考3．参照）。

5．新品のガスケットを使用し，オイル・ストレーナを取り付ける。

6．オイル・パン No. 2の図示の部分に液状ガスケットを「番号2．」と同様に塗布する（図3）。

7．オイル・パン No. 2を取り付け面に合わせ，ボルト及びナットを規定トルクで締め付ける。

8．新品のガスケットを使用して，オイル・ドレーン・プラグを取り付ける。

9．オイル・フィルタ・ユニオンを取り付ける。

10．オイル・フィルタ取り付け面に，汚れ及び異物がないか確認する。

11．オイル・フィルタのOリングに，少量のエンジン・オイルを塗布する。

12．Oリングが取り付け面に当たるまで，手で締め付ける。

13．特殊工具（オイル・フィルタ・レンチ）を使用して，更に3/4回転締め付ける（図4）。

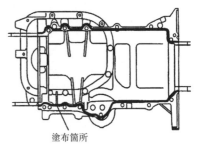

図1　液状ガスケットの塗布①

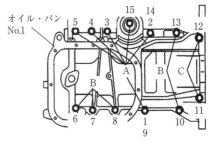

図2　オイル・パンの締め付け

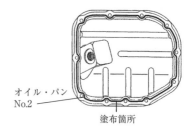

図3　液状ガスケットの塗布②

備考	1．液状ガスケットを取り付ける際は，取り付け面の清掃及び脱脂を必ず行うこと。 2．液状ガスケットは塗布後3分以内に取り付け，15分以内にボルトを締め付ける。また，締め付け後2時間以内は，エンジン・オイルを注入しないで放置すると共に，エンジンを始動させないこと。 3．本書で説明しているエンジンでは，オイル・パンが2分割されており，オイル・パンの締め付けボルトA，B，Cの長さが異なるので，締め付け順序が指定されている。手順などは，エンジンによって異なるので，整備書を参考に作業すること。

図4　オイル・フィルタの取り付け

●シリンダ・ヘッドの取り付け作業

1．シリンダ・ヘッド・ガスケットは，識別番号などを上にして，取り付け方向を確認しながら，シリンダ・ブロックに取り付ける（図5）。

2．シリンダ・ヘッド・ガスケットを傷付けないように注意しながら，シリンダ・ヘッドをシリンダ・ブロックに取り付ける。

3．シリンダ・ヘッド・ボルトのねじ部及び座面に，エンジン・オイルを少量塗布する。

4．図示の順序でシリンダ・ヘッド・ボルトを数回に分けて仮締めした後，規定トルクで締め付ける（図6）。

　　シリンダ・ヘッド・ボルトが塑性域締め付け方法の場合は，ボルトにペイント・マークを付けて，指定された角度まで締め付けを行う。

※詳細は整備書を参照すること。

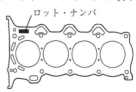

図5　シリンダ・ヘッド・ガスケット

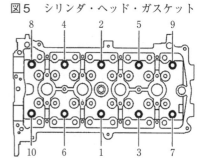

図6　シリンダ・ヘッド・ボルトの締め付け

| 作業名 | エンジンの組み立て（4） | 主眼点 | エンジン本体の組み立て |

番号	要　　点	図　　解

●エンジン・リヤ・オイル・シールの取り付け作業

1．リヤ・オイル・シールのリップ部に，指定されたグリースを少量塗布する。

2．特殊工具（オイル・シール・リプレーサ）を使用して，リヤ・オイル・シールを斜めにならないように，シリンダ・ブロック端面まで均等に打ち込む（図7）。

3．リヤ・オイル・シールが均等に打ち込まれているか，全周について目視や指先の感覚で確認する。

●カムシャフト・タイミング・ギヤの取り付け作業

1．カムシャフトのストレート・ピンに対して，カムシャフト・タイミング・ギヤのキー溝をずらした状態でかん合させる（図8）。

2．カムシャフト・タイミング・ギヤを軽く押しながら，カムシャフトに対して反時計回り（可変バルブ・タイミングの遅角方向）に回転させる。
　　キー溝とストレート・ピンが一致したところで，更にカムシャフトの端面がタイミング・ギヤに突き当たるまで押し込む（図8）。

3．カムシャフト・タイミング・ギヤが回転しないようにしながら，取り付けボルトを締め付ける（備考1．参照）。

4．カムシャフト・タイミング・ギヤが，カムシャフトに対して時計回り（進角方向）に回転し，更に回転させるとロックされることを確認する（備考2．参照）。

| 備考 | 1．タイミング・ギヤが回転してロック（最遅角位置）してしまった場合は，ロック・ピンを解除してからボルト締め付けること。
2．動作が確認できない場合は，ロック・ピンを解除してから，再度動作を確認すること。
　　ロックの解除方法は，カムシャフト・タイミング・ギヤの点検（「No. 4.11」）を参照すること。 |

●カムシャフトの取り付け作業

1．シリンダ・ヘッドに組み付けられたバルブ・ロッカ・アームの取り付け状態を確認する（「No. 4.18－2」図10）。

2．カムシャフトのカム部及びシリンダ・ヘッドのジャーナル部に，エンジン・オイルを塗布する。

3．インテーク側のカムシャフトのタイミング・マークが上側になるようにして，カムシャフトをシリンダ・ヘッドにセットする（図9）。

4．インテーク側のベアリング・キャップのフロント・マーク及び数字を確認する。

5．ベアリング・キャップを数回に分けて，カムシャフトが均等に沈み込むことを確認しながら，規定トルクで締め付ける（図10）。

6．エキゾースト側のカムシャフトも，同様にして組み付ける。

7．エキゾースト側のカムシャフト・タイミング・ギヤを取り付ける（図11）。

8．カム・ポジション・センサを取り付ける。

オイル・シール・リプレーサ

図7　リヤ・オイル・シールの打ち込み

＊組み付けに逆回転させないこと。

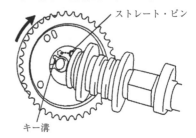
ストレート・ピン

キー溝

図8　タイミング・ギヤの取り付け

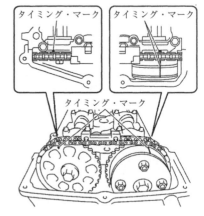
タイミング・マーク　タイミング・マーク

タイミング・マーク

図9　カムシャフトのタイミング・マーク

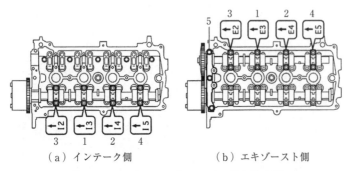

（a）インテーク側　　　　（b）エキゾースト側

図10　ベアリング・キャップの締め付け順

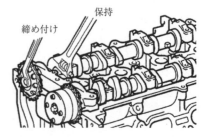
保持

締め付け

図11　タイミング・ギヤの取り付け

| 作業名 | エンジンの組み立て（4） | 主眼点 | エンジン本体の組み立て |

| 番号 | 要　　　点 | 図　　　解 |

●タイミング・チェーンの取り付け作業

1．カムシャフトのマーク・プレート（オレンジ色）及びクランクシャフトのマーク・プレート（黄色）とタイミング・マークを合わせて，チェーンを取り付ける（図12）（備考参照）。

2．マーク・プレートとタイミング・マークがずれないように，クランクシャフト・タイミング・スプロケット付近でチェーンをひもで縛る（図13）。

3．チェーン・ダンパ No. 1 を取り付ける（図14）。

4．チェーン・テンショナ・スリッパを取り付ける（図14）。

5．ストッパ・プレートを上に動かし，ロックを解除した状態でプランジャを奥まで押し込む。

6．ストッパ・プレートを下に動かしてロックし，ストッパ・プレート及びチェーン・テンショナの穴を合わせて，六角棒スパナを差し込む（図15）。

7．チェーン・テンショナを取り付ける（図14）。

8．チェーン・ダンパ No. 2 を取り付ける（図14）。

9．チェーン・テンショナのストッパ・プレートから六角棒スパナを抜く。

10.「番号 3.」で縛ったひもを取り外す。

| 備考 | チェーンが外れた状態で，作業中にカムシャフトを回転させると，吸排気バルブがピストン・ヘッドに干渉するおそれがある。カムシャフトを回転させる場合は，クランクシャフトを第 1 シリンダ圧縮上死点前 40° に，反時計回りに回転させる。 |

●オイル・ポンプの取り付け作業

1．特殊工具（オイル・シール・リプレーサ）を使用して，斜めにならないように，オイル・シールをオイル・ポンプの端面まで均等に打ち込む（図16）。

2．新品のオイル・シールのリップ部に，指定されたグリースを塗布する。

3．O リングなどを取り付け，オイル・ポンプ及びエンジン本体側の各取付け面を清掃及び脱脂し，指定箇所に液状ガスケットを塗布する（図17）。

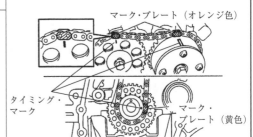

図12　タイミング・チェーンの取り付け

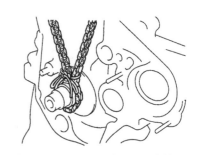

図13　チェーンの歯飛び防止措置

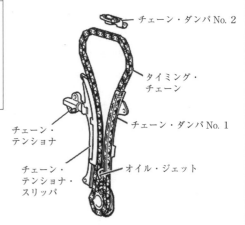

図14　タイミング・チェーン及びテンショナ

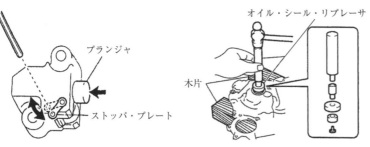

図15　チェーン・テンショナ　　　図16　オイル・シールの打ち込み

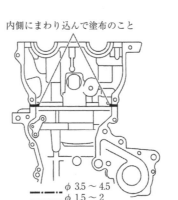

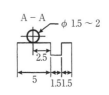

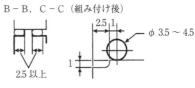

図17　液状ガスケットの塗布指定箇所（一部抜粋）

| 作業名 | エンジンの組み立て（4） | 主眼点 | エンジン本体の組み立て |

| 番号 | 要　点 | 図　解 |

4．オイル・ポンプのドライブ・ロータ・スプライン部を，クランクシャフトの2面加工部に合わせて，オイル・ポンプを取り付ける（図18）。

5．ボルト及びナットで，オイル・ポンプ及びワイヤ・ハーネス・クランプなどをエンジン本体側に仮締めする（図19）。
※ボルトAには，オイルを付着させないこと。
※ボルトA，B，C，Dは，径及び長さが異なるので，注意して取り付けること。

6．図示の順序で，ボルト及びナットを規定トルクで締め付ける（図20）。

●ウォータ・ポンプ，クランクシャフト・プーリの取り付け作業

1．新品のガスケットを使用して，ウォータ・ポンプを取り付ける。
2．エンジン・マウント・ブラケットを取り付ける。
3．ウォータ・ポンプ・プーリを取り付け，特殊工具（バリアブル・ピン・レンチ）で保持しながら，規定トルクで締め付ける（図21）。
4．クランクシャフト・プーリを取り付け，特殊工具（ホールディング・ツール）で保持しながら，規定トルクで締め付ける（図22）。

●フューエル・インジェクタの取り付け作業

1．新品のインシュレータ及びOリングを，フューエル・インジェクタに取り付けて，Oリングにガソリンを塗布する（図23）。
2．フューエル・インジェクタを左右に回転させながら，Oリングのねじれに注意して，フューエル・デリバリ・パイプに取り付ける（図23）。
3．シリンダ・ヘッドに，フューエル・デリバリ・パイプとフューエル・インジェクタを取り付ける。

●シリンダ・ヘッド・カバーの取り付け作業

1．シリンダ・ヘッド・カバーに，新品のヘッド・カバー・ガスケット及びOリングを取り付ける。
2．液状ガスケットを指定箇所に塗布し，シリンダ・ヘッド・カバーを取り付ける（図24）。
3．図示の順序で，ボルト及びナットを均等に締め付ける（図25）。
4．オイル・フィラ・キャップを取り付ける。
5．新品のOリングにエンジン・オイルを塗布し，オイル・レベル・ゲージ・ガイドに組み付けた後，ガイドをシリンダ・ブロックに取り付ける。

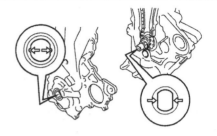

図18　オイル・ポンプの取り付け

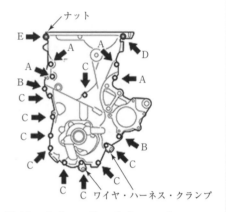

図19　オイル・ポンプ（フロント・チェーン・カバー）の取り付け

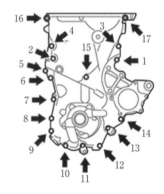

図20　ボルト及びナットの締め付け順

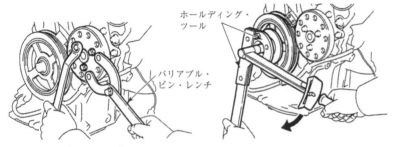

図21　ウォータ・ポンプの取り付け　　図22　クランクシャフト・プーリの取り付け

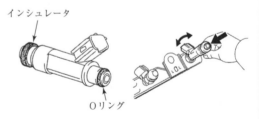

図23　フューエル・インジェクタの取り付け

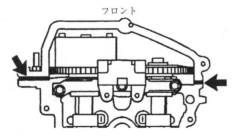

図24　液状ガスケットの塗布指定箇所

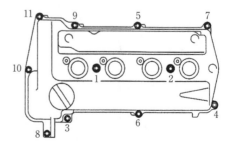

図25　シリンダ・ヘッド・カバーの締め付け

| 作業名 | エンジンの組み立て（4） | 主眼点 | エンジン本体の組み立て |

番号	要　　　点	図　　　解

●センサなどの取り付け作業

1．Ｏリングにエンジン・オイルを塗布し，クランク角センサを取り付ける（備考1．参照）。

2．可変バルブ・タイミング機構のオイル・コントロール・バルブを取り付ける。

3．新品のガスケットをサーモスタットに組み付け，ジグル・バルブの位置を確認しながら，サーモスタットを取り付ける（図26）。
　※ジグル・バルブが，図示の範囲（左右10°）になるように取り付けること。

4．新品のガスケットを使用して，水温センサを取り付ける。

5．指定の液状ガスケット（嫌気性接着剤）をネジ部に塗布して，オイル・プレッシャ・スイッチを取り付ける（図27）（備考2．参照）。

6．ノック・センサを取り付ける（図28）。
　※センサのコネクタ接続部の中心線が，図示の範囲（±30°）になるように取り付けること。

7．スパーク・プラグを取り付ける。

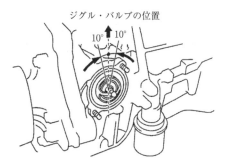

図26　サーモスタットの取り付け

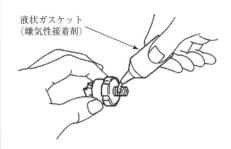

図27　オイル・プレッシャ・スイッチ
　　　の取り付け

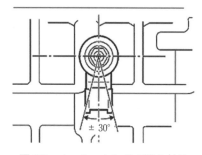

図28　ノック・センサの取り付け

備考

1．クランク角センサのＯリングに傷や変形がある場合は，センサごと新品に交換すること。

2．液状ガスケット（嫌気性接着剤）を塗布してから組み付けた後，1時間以上エンジンを始動しないで放置すること。

出所：(図1〜図18，図21〜図26)『1NZ-FE　エンジン修理書　63094』トヨタ自動車（株），2003年9月（一部改変）
　　　(図19，図20，図27，図28)『ヴィッツ　KSP130系　NSP13#系　NCP131系　電子技術マニュアル　2010.12　№SC1789J』トヨタ自動車（株）（一部改変）

| 作業名 | エンジンの組み立て（5） | 主眼点 | マニホールドの取り付け |

| 番号 | 要　点 | 図　解 |

●インテーク・マニホールドの取り付け作業

1．新品のガスケットを，インテーク・マニホールドに取り付ける。
2．インテーク・マニホールドを，シリンダ・ヘッドにボルト及びナットで仮付けし，指定された順に数回に分けて，均等に規定トルクで締め付ける（図1）。
3．ベンチレーション・ホースなどをインテーク・マニホールドに接続する。
4．スロットル・ボデーを取り付け，ウォータ・ホースなどを接続する（備考1．2．参照)。

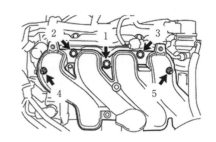

図1　インテーク・マニホールドの取り付け

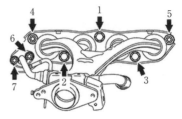

図2　エキゾースト・マニホールドの取り付け

●エキゾースト・マニホールドの取り付け作業

1．新品のガスケットを，エキゾースト・マニホールドに取り付ける。
2．エキゾースト・マニホールドを，シリンダ・ヘッドにボルト及びナットで仮付けし，指定された順に数回に分けて，均等に規定トルクで締め付ける（図2）。
3．ウォータ・ホースなどをエキゾースト・マニホールドに接続する。
4．特殊工具（センサ・ソケット・レンチ）を使用して，空燃比センサを取り付ける（図3）。
5．遮熱板を取り付ける。

図3　空燃比センサの取り付け

備考

1．インテーク・マニホールドなどを取り付けた後は，車上において，図示の各部からエアの吸い込みがないことを確認すること（参考図1）。
2．電子制御式スロットル・ボデーの場合は，脱着後に「学習値初期化」，「アイドル学習」などの作業が必要になる場合があるので，整備書で確認し，必ず実施すること。

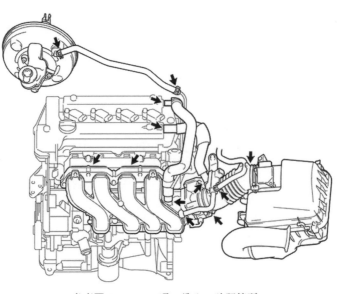

参考図1　エアの吸い込みの確認箇所

出所：(図1〜図3，参考図1)『ヴィッツ　KSP130系　NSP13#系　NCP131系　電子技術マニュアル　2010.12　No.SC1789J』トヨタ自動車（株）
　　　（一部改変）

			番号	No. 4.23
作業名	ディーゼル・エンジンの整備（1）	主眼点	コモン・レール式燃料噴射装置の整備 （フューエル・フィルタの水抜き作業）	

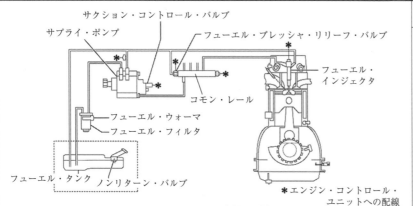

図1　コモン・レール式燃料噴射装置

			材料及び器工具など
			外部診断器（スキャン・ツール） ジャンパ・ワイヤ

番号	作業順序	要　　点	図　　解
1	水抜きを行う	1．フューエル・フィルタにカバーなどが装着されている場合には，取り外す。 2．ドレーン・プラグを緩め，水を抜く（図2）。 3．ドレーン・プラグを手で十分に締め付ける。 4．水抜き後，セジメンタ・データ・リセットを行う。 ※セジメンタ・スイッチが装着されている場合は，リセットは不要の場合もある。	フューエル・フィルタ・ボデー フューエル・フィルタ ドレーン・プラグ 図2　フューエル・フィルタ・アセンブリ
2	セジメンタ・データ・リセット	1．キー・スイッチをON（エンジン停止）にする。 2．シフト・レバーがAT車の場合はP又はNの位置に，MT車の場合はニュートラルの位置にあることを確認する。 3．ジャンパ・ワイヤを使用して，テスト端子をボデー・アースする（図3）。 4．5秒以内に，ブレーキ・ペダルの踏込み／開放を5回繰返す。 5．予熱表示灯が点灯することを確認する（備考参照）。 6．予熱表示灯が5回点滅することを確認する（備考参照）。 7．テスト端子のボデー・アースを解除する。 8．ダイアグノーシス・コードの点検・消去を行う。 9．キー・スイッチをOFFにする。 【外部診断器による方法】 1．外部診断器を接続して，キー・スイッチをONにする。 2．外部診断器のスイッチをONにする。 3．外部診断器の表示に従って，「パワー・トレーン」「データ・リセット」「セジメンタ」の順に選択する。 4．画面の指示に従い，リセットを行う。	テスト端子　ジャンパ・ワイヤ 車両前方　　リレー，ヒューズ・ブロック 図3　セジメンタ・データ・リセット
備考		1．表示灯が点灯又は点滅しない場合は，再度「番号2」の「要点1．」から実施する。 2．セジメンタ・データ・リセットは，車両の整備書を参照して行うこと。 3．リセットを実施すると「セジメンタ水抜きまでの残走行距離」がメーカ設定値にセットされる。	

出所：（図1～図3）『デミオ　DJ3系　2017.10　№3243800』マツダ（株）（一部改変）

作業名	ディーゼル・エンジンの整備（2）	主眼点	番号	No. 4.24
			コモン・レール式燃料噴射装置の整備 （エンジン・オイル・データ・リセット作業）	

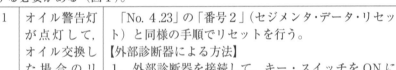

L位置　F位置　X位置

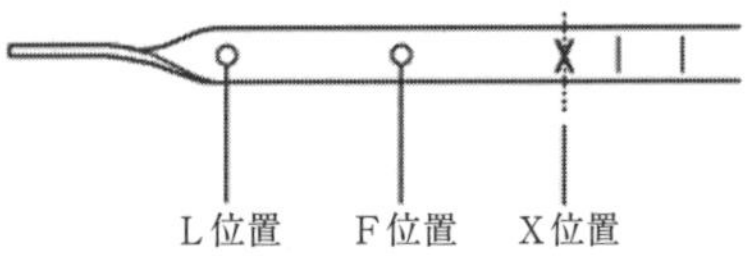

L位置：下限（要補充）
F位置：規定量
X位置：要エンジン・オイル交換

図1　エンジン・オイル量の点検

材料及び器工具など

実習車（ディーゼル車）
外部診断器（スキャン・ツール）

番号	作業順序	要　　　点	図　　解

【エンジン・オイル・データ・リセット作業】
　エンジン・オイルを交換した場合は，メンテナンス表示灯の点灯状況などに関わらず，エンジン・コントロール・ユニットが記憶している以下の項目をリセットするために行う作業のこと。
　①　エンジン・オイル交換時期の積算走行距離
　②　エンジン・オイルの希釈量
　コモン・レール式燃料噴射装置では，DPF（ディーゼル・パーティキュレート・フィルタ）に付着した粒子状物質を燃焼させるために，排気管に燃料を噴射（ポスト噴射）させる。
　その燃料の一部がエンジン・オイルに混入し，エンジン・オイルの量が増える。このエンジン・オイルは燃料によって希釈されているので，適切なエンジン・オイル管理が必要である。
　エンジン・オイル量の点検において，エンジン・オイルが図示のX位置にある場合は，希釈が進んでいるので，速やかにエンジン・オイルを交換する必要がある（図1）。

図2　トリップ・メータ・スイッチ

| 1 | オイル警告灯が点灯して，オイル交換した場合のリセット | 「No. 4.23」の「番号2」（セジメンタ・データ・リセット）と同様の手順でリセットを行う。
【外部診断器による方法】
1．外部診断器を接続して，キー・スイッチをONにする。
2．外部診断器のスイッチをONにする。
3．外部診断器の表示に従って「パワー・トレーン」「データ・リセット」「エンジン・オイル」の順に選択する。
4．画面の指示に従い，リセットを行う。 |

図3　マスタ警告灯

| 2 | オイル警告灯が点灯せずに，オイル交換した場合のリセット | 1．キー・スイッチをON（エンジン停止）し，トリップ・メータ・スイッチで表示を切り替え，オドメータを表示する（図2）。
2．キー・スイッチをOFF（LOCK）にする。
3．トリップ・メータ・スイッチを押したまま，キー・スイッチをOFF（LOCK）からON（エンジン停止）にする。トリップ・メータ・スイッチは5秒以上押し続ける。
4．コンビネーション・メータのマスタ警告灯が数秒間点滅することを確認する（図3）。
5．マスタ警告灯の点滅が確認できなかった場合は，再度1．から実施する。 |
| 3 | ダイアグノーシス・コードを消去する | 1．「番号1」又は「番号2」でデータ・リセット終了後，キー・スイッチをOFF（LOCK）にする。
2．20秒間待つ。
3．ダイアグノーシス・コードの点検・消去を行う。 |

備考	エンジン・オイル・データ・リセットは，車両の整備書を参照すること。

出所：（図1）『デミオ　DJ3系　2017.10　No.3243800』マツダ（株）

				番号	No. 4.25－1
作業名	ディーゼル・エンジンの整備（3）		主眼点	コモン・レール式燃料噴射装置の整備 （DPF 点検作業）	

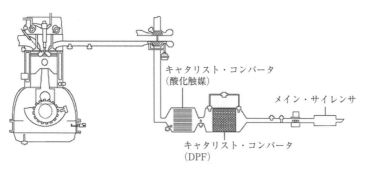

図1　排気装置のシステム図

番号	作業順序	要　点	図　解
1	ダイアグノーシス・コードの有無を確認する	1．外部診断器を接続して，ダイアグノーシス・コードを確認する。 2．DPF 系統 DPF 過堆積のコードがないか確認する。 3．コードがなければ，「番号4」（テール・パイプを確認する）に進む。	 ※すすが全周に薄く付着している程度であれば正常 図2　テール・パイプの汚れの確認
2	テール・パイプを確認する（「番号1」で該当するコードがある場合）	1．テール・パイプのすす汚れの状態を確認する。 2．テール・パイプ全周がすすで汚れている以上に，汚れていないか確認する（図2）（備考1．参照）。 3．著しく汚れている場合は，「番号5」（DPF の交換を判断する）に進む。	
3	キャタリスト・コンバータの交換を判断する	1．「番号1」（ダイアグノーシス・コードの有無を確認する）でコードの中に「DPF 過堆積（許容量超え）」などを示すものがあるか確認する。 2．コードがあれば，キャタリスト・コンバータ（DPF）を交換する（備考2．参照）。 3．コードがなければ「強制 DPF 再生」を行い，「番号6」（ディーゼル・スモークを点検する）に進む（備考3．参照）。	 ※すすが全周に薄く付着している程度であれば正常 図3　キャタリスト・コンバータ（DPF）出口パイプの汚れの確認①
4	テール・パイプを確認する（「番号1」で該当するコードがない場合）	1．テール・パイプのすす汚れの状態を確認する。 2．テール・パイプ全周がすすで汚れている以上に，汚れていないか確認する（図2）。 3．汚れている場合は「強制 DPF 再生」を行い，テール・パイプを清掃して，「番号6」に進む。	
5	DPF の交換を判断する	1．ミドル・パイプを取り外す。 2．キャタリスト・コンバータ（DPF）出口のすすによる汚れの状態を確認する。 3．出口パイプの内側全周がすすで汚れている以上に，汚れていないか確認する（図3，図4）（備考4．参照）。 4．汚れている場合は，キャタリスト・コンバータ（DPF）を交換する。 5．汚れていない場合は，外部診断器で「強制 DPF 再生」の項目を選択・実行し，テール・パイプを清掃後，「番号6」に進む。	 ※全周に油分が焼けた茶色い付着物がある状態 図4　キャタリスト・コンバータ（DPF）出口パイプの汚れの確認②
6	ディーゼル・スモークを点検する	1．排出ガスの測定を行い，ディーゼル・スモークを点検する（「No. 6.2」参照）。 2．点検結果が保安基準に適合していれば，キャタリスト・コンバータ（DPF）は正常と判断する。 3．点検結果が保安基準に適合していない場合は，キャタリスト・コンバータ（DPF）を交換する。	

材料及び器工具など

外部診断器（スキャン・ツール）
オパシメータ（「No. 6.2」参照）

作業名	ディーゼル・エンジンの整備（3）	主眼点	コモン・レール式燃料噴射装置の整備 （DPF 点検作業）

<table>
<tr><td rowspan="2">備

考</td><td>

1．走行距離が少なく，テール・パイプにすすの付着が少ない状態を，参考図1に示す。

2．キャタリスト・コンバータ（DPF）を交換した場合は，交換後に「DPF データ・リセット」「燃料噴射量学習」などの所定の作業が必要となるので，整備書を参照すること。

3．「DPF 強制再生」を行う場合は，実行条件などを成立させる必要があるので，整備書を参照すること。

4．「番号5」（DPF の交換を判断する）において，図4のように焼けが生じ，油性分が付着している状態は，汚れがないと判断する。

参考図1　テール・パイプにすすの付着が少ない状態

</td></tr>
</table>

出所：（図1～図4）『デミオ　DJ3系　2017.10　No.3243800』マツダ（株）

作業名	オイル・ポンプの整備	主眼点	分解・点検及び油圧点検

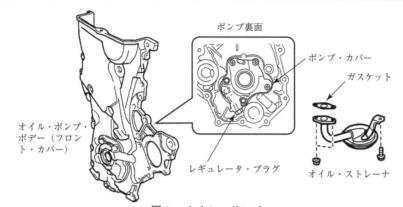

図1　オイル・ポンプ

（ポンプ裏面）
ポンプ・カバー
ガスケット
オイル・ポンプ・ボデー（フロント・カバー）
レギュレータ・プラグ
オイル・ストレーナ

材料及び器工具など
オイル・ポンプ シックネス・ゲージ マイクロメータ ストレート・エッジ オイル・プレッシャ・ゲージ（油圧計） 液状ガスケット（嫌気性接着剤）

番号	作業順序	要　　点
●レギュレータ・バルブ（オイル・ポンプ・リリーフ・バルブ）の分解・点検・組み立て		
1	分解する	1．レギュレータ・プラグを外す。 2．レギュレータ・スプリング及びレギュレータ・バルブを取り外す。
2	点検する	1．レギュレータ・バルブにエンジン・オイルを塗布し，取り付け穴に挿入したとき，自重で滑らかにしゅう動することを確認する（図2）。 2．しゅう動に異常がある場合は，交換する。
3	組み立てる	1．レギュレータ・バルブにエンジン・オイルを塗布する。 2．レギュレータ・バルブとスプリングを組み付ける。 3．レギュレータ・プラグを取り付ける。
●オイル・ポンプの分解・点検・組み立て		
1	分解する	1．オイル・ポンプ・カバーを取り外す（図1）。 2．オイル・ポンプ・ギヤ（ドライブ・ロータ及びドリブン・ロータ）を取り外す。
2	点検する	1．オイル・ポンプ・ギヤにエンジン・オイルを塗布し，ポンプ・カバーに組み付けて，滑らかに回転することを確認する。 2．回転に異常がある場合，シックネス・ゲージとストレート・エッジを使用して，各部の隙間を測定する。 （1）チップ・クリアランス（ドライブ・ロータとドリブン・ロータの隙間）（図3） （2）ボデー・クリアランス（ドリブン・ロータとポンプ・ボデーの隙間）（図4） （3）サイド・クリアランス（各ロータとポンプ・カバーの隙間）（図5） 3．測定した各部の隙間が限度値を超えている場合は，オイル・ポンプ・ギヤをセットで交換する。
3	組み立てる	1．オイル・ポンプ・ギヤにエンジン・オイルを塗布し，「▽」マークをポンプ・カバー側に向けて，ポンプ・ボデーに組み付ける（図6）。 2．オイル・ポンプ・カバーを取り付ける。
備考		ポンプ・ボデー，ポンプ・カバー及びオイル・ポンプ・ギヤの組み合わせやポンプ・ギヤの組み付け方向を変えないこと。

図　　解

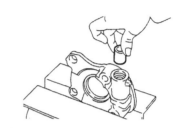

図2　レギュレータ・バルブの点検

図3　チップ・クリアランスの測定

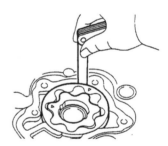

図4　ボデー・クリアランスの測定

ストレート・エッジ

図5　サイド・クリアランスの測定

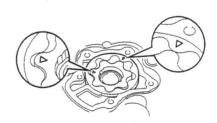

図6　オイル・ポンプ・ギヤの組み付け

作業名		オイル・ポンプの整備	主眼点	分解・点検及び油圧点検
番号	作業順序	要　　点		図　　解

●エンジン・オイルの油圧点検

| 1 | 準備する | 1．エンジンを始動し，暖機する（備考1．参照）。
2．目視によって，エンジン・オイルが漏れていないことを確認する（備考2．参照）。
3．一旦，エンジンを停止し，オイル・プレッシャ・スイッチを取り外し，オイル・プレッシャ・ゲージを取り付ける（図7，図8）。 |

図7　オイル・プレッシャ・スイッチ

| 2 | 測定する | 1．エンジンを再始動し，アイドル時及び指定のエンジン回転速度時において，油圧を測定する。
2．油圧が基準値にない場合は，油圧系統の点検を行う。 |

| 3 | 復元する | 1．オイル・プレッシャ・ゲージを取り外す。
2．オイル・プレッシャ・スイッチの取り付け部及びねじ部をしっかりと脱脂する。
3．オイル・プレッシャ・スイッチのねじ部に，指定の液状ガスケット（嫌気性接着剤）を適量塗布する（「No. 4.21－5」参照）。
4．オイル・プレッシャ・スイッチを規定トルクで締め付ける。 |

備考

1．インストル・メント・パネル内のオイル・ランプがイグニッション・スイッチ（キー・スイッチ）ONで点灯し，エンジン始動直後に消灯することを必ず確認すること。
2．エンジン組み立て後のエンジンを運転する場合は，各部なじみが不完全であるので，最初からエンジン回転速度を上げないこと。もしも異音や振動などの異常を感じた場合は，直ちにエンジンを停止して，原因を確認し，処置を行う。

オイル・プレッシャ・ゲージ
接続口

図8　オイル・プレッシャ・ゲージの取り付け

出所：（図1）『1NZ-FE　エンジン修理書　63094』トヨタ自動車（株），2003年9月（一部改変）
　　　（図2～図6）（図1に同じ）

作業名	冷却装置の整備	主眼点	点　検

材料及び器工具など

ラジエータ
ラジエータ・キャップ・テスタ
ウォータ・ポンプ
サーモスタット
温度計
バッテリ・クーラント・テスタ

図　解

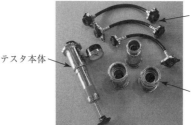

図1　ラジエータ構成図　　　　図2　ラジエータ内部

図3　ラジエータ・キャップ・テスタ

番号	作業順序	要　　点
●ラジエータの点検		
1	アッパ・タンク及びロア・タンクを点検する	1．ラジエータのアッパ・タンク，ロア・タンクとチューブとの溶接面及びラジエータ・コアのチューブからの水漏れを点検し，不良の場合は修理又は交換する。 2．樹脂製タンクにおいては，劣化により亀裂が発生している場合があるので，慎重に点検する。
2	ラジエータ・コアを点検する	ラジエータ・コアのフィンを点検し，フィンが空気通路を塞いでいる場合は，マイナス・ドライバなどでコアに傷を付けないように注意して修正する（図4）。
3	ラジエータ・ホースを点検する	ラジエータ・ホースを点検し，損傷又は著しく硬化している場合は交換する。
●ラジエータ・キャップの点検		
1	ラジエータ・キャップ・テスタにラジエータ・キャップを取り付ける	1．ラジエータ・キャップを筒型アダプタに確実に止まるまで回し固定する。 2．筒型アダプタをテスタ本体に取り付ける。このときエアが漏れないように確実に固定する（図5）。
2	テストする	1．手動ポンプを作動させ，加圧し，キャップが開いてゲージの指針が上がらなくなるまで加圧する（図5）。 2．設定圧力の許容制限範囲を約10秒間持続しないキャップは交換する。
●ウォータ・ポンプの点検		
1	冷却水漏れを確認する	ドレン・ホールから冷却水が漏れていなことを確認する。
2	ベアリングを点検する	1．水を満たした容器にウォータ・ポンプを入れ，プーリを回転させたときに，ベアリングに引っ掛かりがないことを確認する（図6）。 ※ウォータ・ポンプは，乾いた状態で回転させると，シール部分を破損させる可能性があるので，空回りさせないこと。 2．引っ掛かりがある場合は，ウォータ・ポンプを交換する。

図4　ラジエータ・コアのフィンの点検

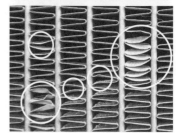

図5　ラジエータ・キャップの点検

図6　ウォータ・ポンプの点検

作業名	冷却装置の整備	主眼点	点　検

番号	作業順序	要　　　　点	図　　解

●サーモスタットの点検

1	サーモスタットを加熱する	サーモスタットを水に入れ，ゆっくりと加熱する。	
2	開弁温度，開弁寸法を確認する	1．サーモスタットのバルブの開き始めの温度を確認する（図7）。 2．更に加熱し，バルブが全開になったときの温度及びバルブの開弁寸法を確認する（図8）。 3．開き始め温度，全開になったときの温度及びバルブの開弁寸法が基準値にない場合は，サーモスタットを交換する。	

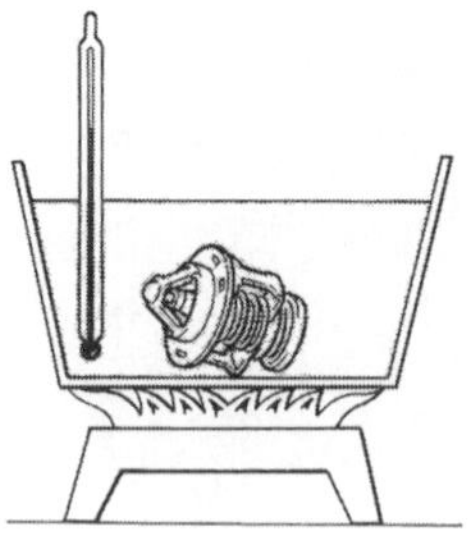

図7　サーモスタットのバルブの確認

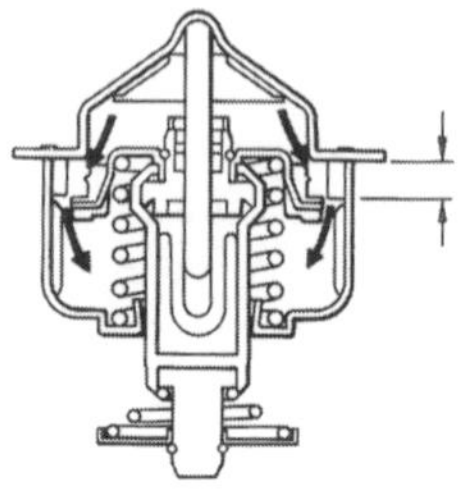

●冷却水の凍結温度の点検

1	基準線の調整をする	1．バッテリ・クーラント・テスタの採光板を開き，サンプラ（スポイト）を用いて，プリズム面に1，2滴の純水を落とす（図9）。 2．採光板を閉じて，プリズム面全体に純水を広げ，明るい方向に向けた状態でレンズをのぞき，目盛りのピントを合わせる（図9，図10）。 3．目盛りにできる境界線が，基準線（WATERLINE）に合っていることを確認する。合っていない場合は，調整ねじで調整する（図11）。	

図8　バルブの開弁寸法

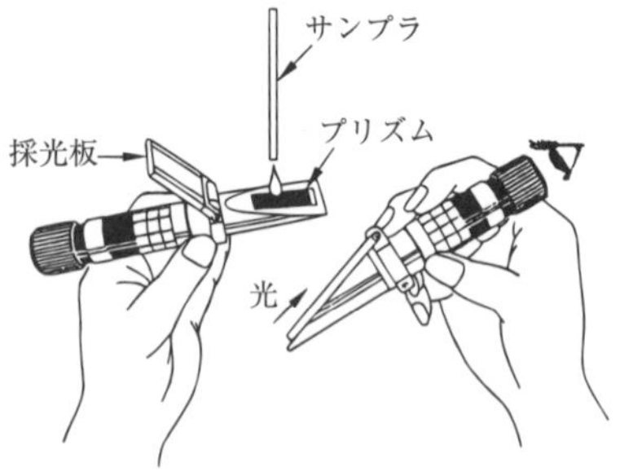

2	凍結温度を測定する	1．採光板を開けて水を拭き取った後に，サンプラを用いて，冷却水をプリズム面に採り，採光板を閉じて測定する。 ※冷却水の主成分により，同じ濃度であっても，凍結温度が異なるので，測定の際は成分を確認すること。冷却水交換時においては，特に注意が必要である。 2．境界線の示す位置が冷却水の凍結温度である（図12）。 ※図12の例では，冷却水の主成分がエチレン・グリコールであれば，凍結温度が－30℃で，プロピレン・グリコールであれば，凍結温度が－23℃であることを示している。	

サンプラ
採光板→　プリズム
光

図9　バッテリ・クーラント・テスタ

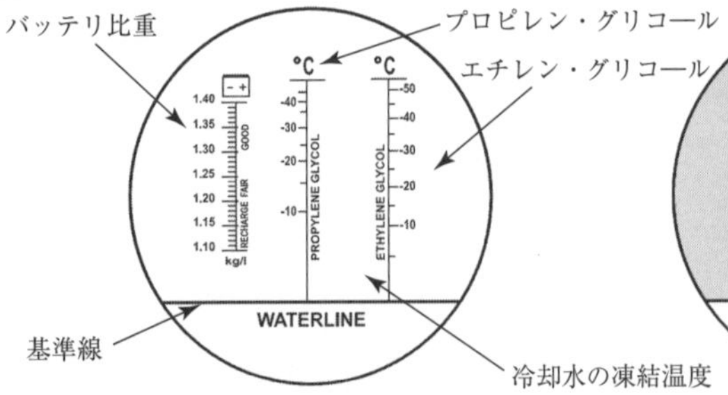

バッテリ比重　　プロピレン・グリコール
エチレン・グリコール

基準線　　　　冷却水の凍結温度

図10　目盛りの例

WATERLINE

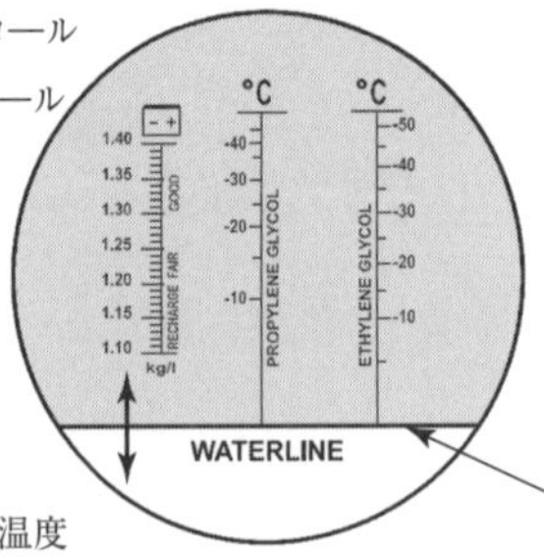

図11　基準（0位置）の確認

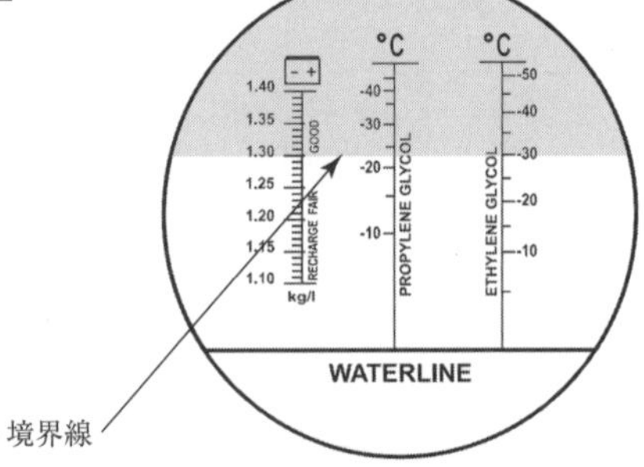

境界線

図12　測定の例

備考	1．冷却系統の水漏れテスト 　参考図1のようにラジエータ・キャップ・テスタを取り付け，ポンプを作動して，規定圧力を掛け，ラジエータ，ウォータ・ポンプ，ホースなどの水漏れを調べる。 2．ラジエータ・キャップ圧力弁の開弁圧力は，一般に93～123kPa位である。 出所：（図6）『1NZ-FE　エンジン修理書　63094』トヨタ自動車（株），2003年9月 　　　（図7，図8）『4S-FE　3S-FE　エンジン修理書　63032』トヨタ自動車（株）， 　　　　　　　1990年11月 　　　（図10～図12）『フルードテスタ No.AG601，No.AG602　取扱説明書』 　　　　　　　京都機械工具（株）（一部改変）	 参考図1　冷却系統の点検

| 作業名 | 電子制御式燃料噴射装置（1） | 主眼点 | 基本点検 |

図1　エンジン・ルーム

材料及び器工具など

比重計又はバッテリ・クーラント・テスタ
サーキット・テスタ
エンジン・タコ・テスタ
タイミング・ライト
外部診断器（スキャン・ツール）
コンプレッション・ゲージ

番号	作業順序	要　点	図　解
1	バッテリを点検する	1．バッテリの液量を点検する。 2．バッテリの比重を点検する（「No. 3. 9 - 1」参照）。 3．バッテリの電圧を点検する。 4．バッテリ・ターミナルの緩み及び腐食を点検する。	
2	エンジン始動を点検する	1．エンジンがクランキングすることを点検する。 　※エンジンの最低回転速度の目安は 150min⁻¹ 2．エンジンが始動することを点検する。 　※30秒間クランキングしても，エンジンが始動しない場合は，エンジン始動不良と判断する。	図2　吸気系統の点検
3	エア・クリーナ・エレメントを点検する	1．エア・クリーナの取り付け状態を点検する。 2．エア・クリーナ・エレメントを取り外して，汚れが付着していないかどうか点検する。 3．吸気系統のホース，ダクトなどの締め付け及び取り付け状態を点検する（図2）。	
4	点火時期及びアイドル回転速度を点検する	1．点火時期を点検する。 2．アイドル回転速度を点検する。	電極の状態（消耗，カーボンや燃えカスの付着） 損傷の有無（電極，ねじ山，がいし） プラグ・ギャップ
5	燃圧を点検する	1．フューエル・パイプなどを指でつまみ，ホースの張りや脈動の感触により，燃圧の有無を確認する。 2．1．で燃圧の有無の判断が困難な場合は，燃圧計を用いて燃圧を点検する（「No. 4.31 - 1」参照）。	図3　スパーク・プラグの点検
6	点火火花を点検する	1．スパーク・プラグの状態を目視点検する（図3）。 2．燃料噴射を止めるための措置を行う（フューエル・インジェクタのコネクタを全数取り外すなど）（図4）。 3．スパーク・プラグをイグニッション・コイルに取り付けてから，スパーク・プラグの接地電極をねじ部などでアースさせる（図5）。 4．クランキングしたときに，火花が飛ぶことを確認する。	 図4　インジェクタのコネクタの取り外し
7	圧縮圧力を点検する	1．スパーク・プラグを全数取り外す。 2．フューエル・インジェクタのコネクタを全数取り外す。 3．コンプレッション・ゲージを取り付けて，圧縮圧力を点検する（「No. 4. 1 - 1」参照）。	
備考	電子制御燃料噴射装置の故障を探究する際，外部診断器で診断を行う前後に，基本点検を適宜行うことにより，不具合個所の絞り込みに役立つ。		図5　点火火花の点検

作業名	電子制御式燃料噴射装置（2）	主眼点	外部診断器の活用①

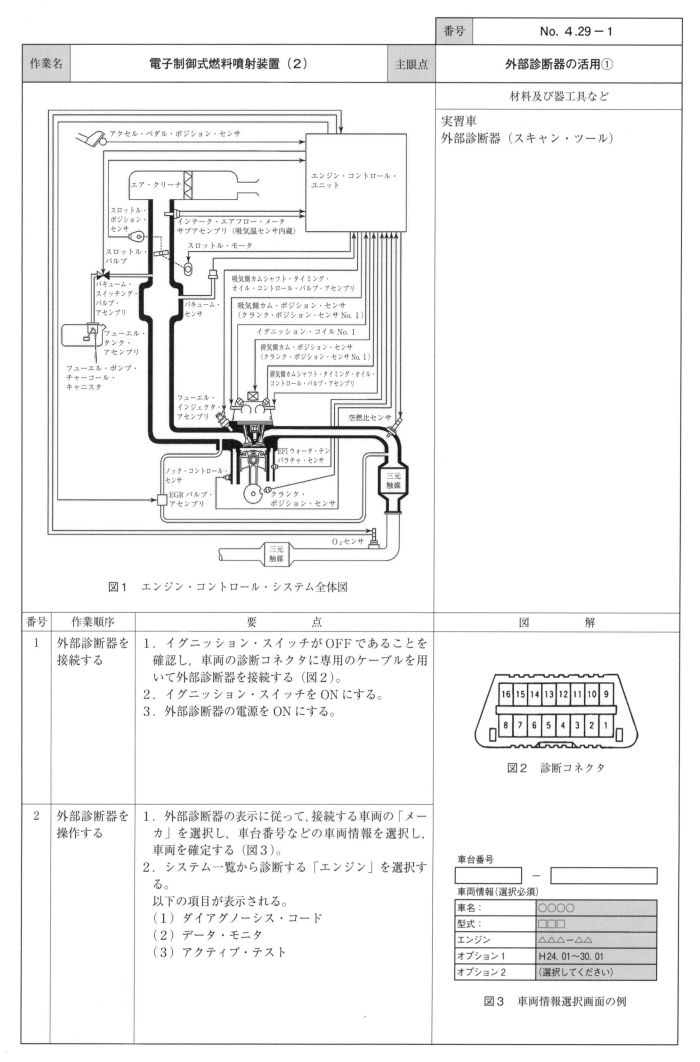

材料及び器工具など

実習車
外部診断器（スキャン・ツール）

図1　エンジン・コントロール・システム全体図

番号	作業順序	要　　　点	図　　　解
1	外部診断器を接続する	1．イグニッション・スイッチがOFFであることを確認し，車両の診断コネクタに専用のケーブルを用いて外部診断器を接続する（図2）。 2．イグニッション・スイッチをONにする。 3．外部診断器の電源をONにする。	図2　診断コネクタ
2	外部診断器を操作する	1．外部診断器の表示に従って，接続する車両の「メーカ」を選択し，車台番号などの車両情報を選択し，車両を確定する（図3）。 2．システム一覧から診断する「エンジン」を選択する。 以下の項目が表示される。 （1）ダイアグノーシス・コード （2）データ・モニタ （3）アクティブ・テスト	車台番号 車両情報（選択必須） 図3　車両情報選択画面の例

車両情報（選択必須）

車名：	○○○○
型式：	□□□
エンジン	△△△-△△
オプション1	H24.01～30.01
オプション2	（選択してください）

作業名	電子制御式燃料噴射装置（2）	主眼点	外部診断器の活用①

番号	作業順序	要　　点	図　　解
3	ダイアグノーシス・コードを表示させる	1.「番号2」の「要点2.（1）ダイアグノーシス・コード」を選択する。 2. 車両に記憶されているダイアグノーシス・コードが表示されるので，それを読み取る（図4，表1）。 ※記憶がない場合は「コードなし」と表示される。	
4	ダイアグノーシス・コードを消去する	1.「番号3」でダイアグノーシス・コードを表示させた画面において「消去」を選択する。 2.「消去」の確認画面が表示されるので「はい」を選択してコードを消去する（図5）。 3. 再度，ダイアグノーシス・コードを表示させて「コードなし」を確認する。	
5	フリーズ・フレーム・データを表示させる	1.「番号3」で記憶されているダイアグノーシス・コードについて，フリーズ・フレーム・データが保存されている場合は，マークが表示される（図4）。 ※図4では，フリーズ・フレーム・データ（FFD）の保存の有無及び保存数を「◎」で表している。 2. 保存されているフリーズ・フレーム・データを選択して表示させる（図6）。 【参考】 「フリーズ・フレーム・データ」とは，ダイアグノーシス・コードを検出した瞬間にエンジン・コントロール・ユニット内に保存される車両の制御データ（コードを検出した瞬間の数値など）のことで，故障探究に活用できる。	
6	データ・モニタをリスト表示させる	1.「番号2」の「要点2.（2）データ・モニタ」を選択する。 2. 表示させたい車両の制御データを選択する。 3.「開始」を選択すると，現在の信号などの状態が数値などで表示される（図7）。	
7	データ・モニタをグラフ表示させる	1.「番号6」のデータ・モニタでリストを表示させた状態で「グラフ表示」を選択する。 2.「時間軸」と同時に表示させる「グラフ数」を選択する。 3. グラフ表示させたい項目を選択する。 4.「開始」を選択すると，各信号が波形で表示される（図8）。	

図解（欄）

ステータス*	コード	故障名称	FFD
現在	P0115	エンジン冷却水温系統	◎
現在	P0135	O₂センサ・ヒータ系統	◎◎
過去	P0100	エアフロー・メータ断線	◎
過去	P0110	吸気温センサ系統	

＊ステータスの「現在」・「過去」の表示の意味
現在：現在故障を検出し，その故障内容を表すコード
過去：過去に検出したコード

図4　ダイアグノーシス・コードの表示例

P0100	エアフロー・メータ系統
P0105	吸気圧／大気圧センサ系統
P0110	吸気温センサ系統
P0115	エンジン冷却水温センサ系統
P0120	スロットル・ポジション・センサ／スイッチA系統
P0130	O₂センサ系統（バンク1センサ1）
P0135	O₂センサ・ヒータ系統（バンク1センサ1）
P0171	空燃比リーン（バンク1）

表1　ダイアグノーシス・コードの例

ダイアグノーシス・コードの消去

ダイアグノーシス・コードを消去します。消去しますか。

図5　ダイアグノーシス・コードの消去

システム：エンジン		
P0115　現在：エンジン冷却水温系統		
フリーズ・フレーム・データ項目	検出点	単位
エンジン回転速度	733	min⁻¹
エンジン負荷値	1.5	％
吸入空気量	0.5	g/s
エンジン冷却水温	-40	℃

図6　フリーズ・フレーム・データの表示例

項　目	値	単位
エンジン冷却水温	85	℃
エンジン回転速度	1,200	min⁻¹
点火時期進角	10	°
吸入空気量	4.35	g/s
噴射時期	2.8	ms
吸入管圧力	50	kPa
エンジン負荷値	15.3	％

図7　データ・モニタのリスト表示例

作業名	電子制御式燃料噴射装置（2）	主眼点	外部診断器の活用①

番号	作業順序	要　　　点	図　　　解
8	アクティブ・テストを実施する	1．「番号2」の「要点2．（3）アクティブ・テスト」を選択する。 2．アクティブ・テストを実施する項目を選択する。 　選択した項目の詳細情報が表示されるので，内容を確認する（図9）。 3．外部診断器の指示に従って，アクティブ・テストを実施する（図9）。 4．アクティブ・テスト実施時のアクチェータの作動状態，各種データ及びエンジン運転の様子の変化を観察する。 　アクティブ・テストは，故障探究時に不具合箇所の特定に活用できる。 【注意】 　アクティブ・テストは，アクチュエータを強制的に駆動するため，長時間にわたる実施や繰り返しの実施は，故障の原因となるので行わないこと。	

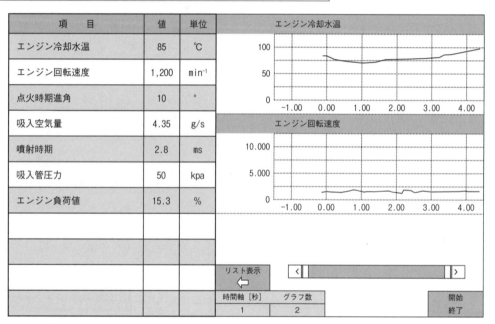

図8　データ・モニタのグラフ表示例

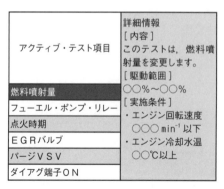

図9　アクティブ・テストの表示例

備考	本書では，外部診断器の基本操作の例を示している。メーカや機器により取り扱いは異なるので，機器の取り扱い説明書などを確認して操作すること。 出所：（図1）『ヴィッツ　KSP130系　NSP13#系　NCP131系　電子技術マニュアル　2010.12　No.SC1789J』トヨタ自動車（株）（一部改変）

作業名	電子制御式燃料噴射装置（3）	主眼点	外部診断器の活用②

項　目	値	単位
吸入空気量	0.48	g/s
吸入管圧力	52	kPa
エンジン冷却水温	85	℃
エンジン回転速度	780	min⁻¹
アクセル・ペダル開度	0	%
空燃比センサ	3.3	V

図1　データ・モニタのリスト表示例

材料及び器工具など

実習車
外部診断器（スキャン・ツール）
エア・ガン
バキューム・ゲージ

番号	作業順序	要　　　点	図　　解

●データ・モニタ①（アイドル回転速度及び点火時期の点検）

| 1 | 準備する | 1．外部診断器の画面表示に従い，「データ・モニタ」の項目「エンジン回転速度」「点火時期進角」「エンジン冷却水温」「空燃比制御」を選択し，「データ・モニタ」リスト画面を表示させ，モニタを開始する。
2．エンジンが暖機状態（冷却水温約80℃以上）及び空燃比制御が「close（フィードバック制御中）」であることを確認する。
※冷却水温はエンジンごとに異なるので，整備書を参考にすること。 |

図2　エアフロー・メータ

| 2 | エンジン回転速度，点火時期を点検する | 1．エンジン回転速度及び点火時期が規定値であることを確認する（備考1．参照）。
2．アクセル・ペダルを踏み込み，スムースにエンジン回転速度が上がり，点火時期が速やかに進むことを確認する（備考2．参照）。
3．アクティブ・テストを実行して，自己診断（「No. 4.31 − 2」参照）が記憶されていないことを確認した後に，点火時期（基本進角）が規定値であることを確認する。 |

図3　エアフロー・メータの簡易点検

| 備考 | | 1．アイドル回転速度及び点火時期を点検する際は，オートマチック・トランスミッション車はシフト・レバー位置を「P」又は「N」とし，全ての電気装置及びエアコン・スイッチOFF，エンジンの電動ファンは停止状態であること。
2．点火時期の変化は，データ・モニタを「リスト表示」から「グラフ表示」に切り替えると変化の様子が観察しやすい。 |

●データ・モニタ②（センサの点検）

外部診断器の画面表示に従い，「データ・モニタ」の項目から点検するセンサを選択し，「データ・モニタ」リスト画面を表示させ，モニタを開始する。必要に応じて，関連する項目を選択する。

図4　バキューム・センサ

| 1 | 吸入空気量（エアフロー・メータ）を確認する | 1．エンジンを始動し，アイドル回転速度における値が規定値であることを確認する。
2．エンジン回転速度を上げたときに，値が変化すること及び規定エンジン回転速度における値が規定値であることを確認する。
【エンジンを始動させない状態での簡易点検】
3．センサのコネクタを接続したまま状態で，エアフロー・メータを車両から一度取り外し，エア通路にエア・ガンでエアを吹いたときの数値が変化することを確認する（図1～図3）。 |

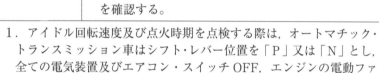

| 2 | 吸入管圧力（バキューム・センサ）を確認する | 1．エンジンを始動し，アイドル回転速度における値が規定値であることを確認する。
2．アクセル・ペダルを踏んだ瞬間に，値が大気圧に近くなってから，下がることを確認する。 |

図5　点検時のバキューム・センサ

作業名	電子制御式燃料噴射装置（3）	主眼点	外部診断器の活用②

番号	作業順序	要　　点	図　　解
2		3．アクセル・ペダルを放した瞬間に，値が小さくなってから，上がることを確認する（図1，図4，図5）。 【バキューム・ゲージの指示値との比較】 　インテーク・マニホールドにバキューム・ゲージを接続し，アクセル・ペダルを踏んだり，放したりしたときのバキューム・ゲージの指示値と値の変化を比較すると分かりやすい（図1，図4，図5，「No. 4．1－1」参照）。	 図6　アクセル・ポジション・センサ
3	アクセル・ペダル開度（アクセル・ポジション・センサ開度）を確認する	1．アクセル・ペダルの全閉時及び全開時の値が規定値であることを確認する。 2．全閉から全開まで踏み込んだり，戻したりしたときの値が連続的に変化することを確認する（図1，図6，図7）。	全閉 全開 図7　アクセル・ペダルの操作
4	エンジン冷却水温（水温センサ），吸入空気温度（吸気温度センサ）を確認する	1．エンジン冷却水温又は吸気温度の値が正常値であることを確認する（図1）。 2．センサ系統の回路において，「断線（オープン）」が生じた場合は，「－40℃」，「短絡（ショート）」が生じた場合には「140℃」と表示される。 【異常時の故障探究の一例】（備考1．参照） （1）「断線」「－40℃」と表示された場合 　　　センサに接続されているコネクタを取り外し，コネクタをショート・ピンで短絡（ショート）させて，値の変化を確認する。 　①「－40℃」から「140℃」に変化 　　→　センサの内部断線（コネクタ接続部の接触不良を含む）の可能性 　　→　センサの単体点検を実施 　②「－40℃」のまま変化なし 　　→　コネクタからコントロール・ユニットまでの配線の断線（オープン）（接触不良を含む）の可能性 　　→　コネクタの電圧測定，車両ハーネスの導通点検などを実施 （2）「短絡（ショート）」「140℃」と表示された場合 　　　センサに接続されたコネクタを取り外し，値の変化を確認する。 　①「140℃」から「－40℃」に変化 　　　コネクタをショート・ピンで短絡（ショート）させたときの値の変化を確認する。 　　→　「－40℃」から「140℃」に変化 　　→　センサの内部短絡（ショート）の可能性 　　→　センサの単体点検を実施 　②「140℃」のまま変化なし 　　→　コネクタからコントロール・ユニットまでの配線の短絡（ショート）の可能性 　　→　コネクタの電圧測定，車両ハーネスの導通・絶縁点検などを実施	 図8　水温センサ
5	空燃比センサ，O₂センサを確認する	1．エンジンを始動し，エンジンを暖機し，空燃比センサ及びO₂センサのアイドル回転速度における値の変化が規定値であることを確認する（備考2．参照）。 2．エンジン回転速度を上げたときに，値が変化することを確認する。	 図9　空燃比センサ

作業名	電子制御式燃料噴射装置（3）	主眼点	外部診断器の活用②

番号	作業順序	要　　　点	図　　　解
5		3．データ・モニタの項目で，「空燃比補正」及び「空燃比学習」も参考に確認する（備考3．参照）。	

項　　目	値	単位
吸入空気量	0.43	g/s
エンジン回転速度	750	min⁻¹
エンジン冷却水温	82	℃
噴射時間	2.6	min⁻¹
スロットル・ポジション・センサ開度	8	％
ISCV ステップ数	25	step

図10　データ・モニタのリスト表示例

備考

1．故障探究の一例を示したが，整備書などにより確認して，回路図を理解した上で，適切な方法によって進めること。

2．データ・モニタの項目で「空燃比制御」が「close（フィードバック制御中)」であることを確認する。

3．データ・モニタで空燃比センサ及びO₂センサの値に合わせて，空燃比補正の値を「グラフ表示」に切り替えると，変化の様子が観察しやすい。

●データ・モニタ③（アクチュエータの点検）

外部診断器の画面表示に従い，「データ・モニタ」の項目から点検するアクチュエータを選択し，「データ・モニタ」リスト画面を表示させ，モニタを開始する。必要に応じて，関連する項目を選択する。

番号	作業順序	要　　　点
1	燃料噴射時間を確認する（インジェクタ）	1．エンジンを暖機後，アイドル回転速度における値が規定値であることを確認する。 2．アクセル・ペダルを操作して，エンジン回転速度を変化させたときに，値が変化することを確認する。 ※外部診断器とは別にオシロスコープで，燃料噴射波形を表示させ，データ・モニタの値と比較してみると良い（「No. 3. 4－1」参照）。
2	スロットル開度を確認する（スロットル・モータ）	スロットル・バルブの制御方法を確認し，電子制御式スロットル・バルブである場合は，次の手順で確認する。 1．アクセル・ペダルを全閉時の値が規定値であることを確認する。 2．アクセル・ペダルを操作したとき，操作に連動して値が変化し，エンジン回転速度が変化することを確認する。 3．データ・モニタの項目で，「負荷」も参考に確認する。
3	ISCV 開度を確認する（ISCV ステップ数）	スロットル・バルブの制御方法を確認し，機械式スロットル・バルブである場合は，次の手順で確認する。 1．冷間時にエンジンを始動し，冷間時のファースト・アイドル回転速度と ISCV 開度（ISCV ステップ数）の値が規定値（回転速度が高く，開度も大きい値）であることを確認する。 ※ ISCV とは，アイドル・スピード・コントロール・バルブの略である。 2．エンジンの暖機が進むにつれて，規定のアイドル回転速度に至るまでの間に，アイドル回転速度に比例して値が変化する（回転速度は低く，開度は小さい値になる）ことを確認する。 3．ISCV 開度が大きい値であるのに，エンジン回転速度が規定値よりも低い場合，又は ISCV 開度が小さい値であるのに，エンジン回転速度が高い場合は，ISCV の固着などの不具合が考えられる。

備考

1．データ・モニタにおいて，表示された値が規定内でなければ，該当センサやアクチュエータを点検すること。

2．外部診断器の中には，マルチメータやオシロスコープなどの機能を搭載しているものもあるので，その機能と取り扱い方法を理解すれば，様々な故障などに対応できる。

作業名	電子制御式燃料噴射装置（4）	主眼点	外部診断器の活用③

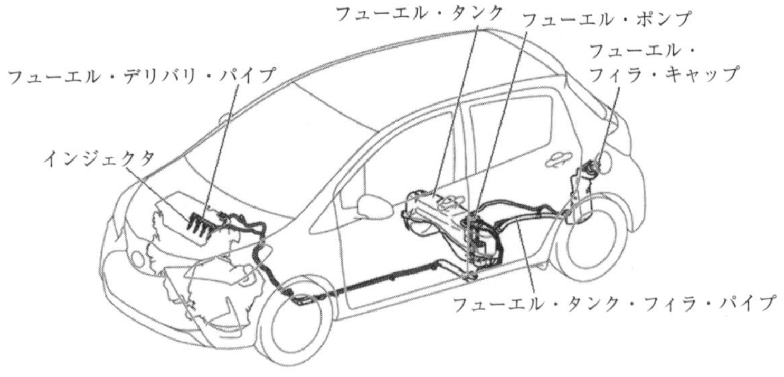

図1　燃料系統配置図

材料及び器工具など

実習車
外部診断器（スキャン・ツール）
燃圧計
ドライバ
特殊工具（フューエル・チューブ・コネクタ）

番号	作業順序	要　　　点
		●アクティブ・テスト①（燃圧の点検）
1	フューエル・ポンプの作動点検及び燃料漏れを点検する	1．診断コネクタに外部診断器を接続する。 2．外部診断器の画面表示に従い，「アクティブ・テスト」の項目「フューエル・ポンプ駆動」を選択して，テストを開始し，「ON」操作したときのフューエル・ポンプの作動を作動音で確認する。 ※フューエル・タンク・キャップを外して，給油口に耳を近づけて作動音を聞く。又は，エンジン・ルーム内のフューエル・ホースやフューエル・デリバリ・パイプに，ドライバなどの先端を当て，柄の部分に耳を当てて作動音を聞くと，確認しやすい（図2）。 3．フューエル・ポンプ作動時（燃圧が掛かった状態）の燃料配管などに，漏れがないことを確認する。
2	燃圧を点検する（①簡易点検方法）	フューエル・ポンプ作動時に，エンジン・ルーム内のフューエル・ホースからフューエル・デリバリ・パイプ間のゴム・ホース部を指でつまんだときに，ホースに張りがあること又は脈動があることを確認する（図3）。
3	燃圧を点検する（②燃圧計器を用いた点検方法）	1．燃料流出防止作業を行う（備考1．参照）。 2．エンジン・ルーム内のフューエル・ホースからフューエル・デリバリ・パイプ間のゴム・ホース部にフューエル・チューブ・コネクタを使用し，燃圧計を接続する（図4）（備考2．参照）。 3．エンジンを始動後，アイドル時又は外部診断器の「アクティブ・テスト」によるフューエル・ポンプ作動時の燃圧を測定する。 　なお，基準値は整備書を参照すること。 【参考値】基準値 0.3MPa（備考3．参照）
備考		1．燃料流出防止作業は，エンジン始動後にフューエル・ポンプ・リレーを取り外す又はフューエル・ポンプのコネクタを切り離す方法が一般的であるが，車両の整備書を参照して行うこと。 2．ガソリンを飛散させないように注意すること。万が一，ガソリンがこぼれた場合は，布などで拭き取ること。 3．燃圧が基準値外の場合は，配管の詰まり，ホースの曲がり，フューエル・ポンプ，プレッシャ・レギュレータ又はインジェクタなどを点検する。

図　　解

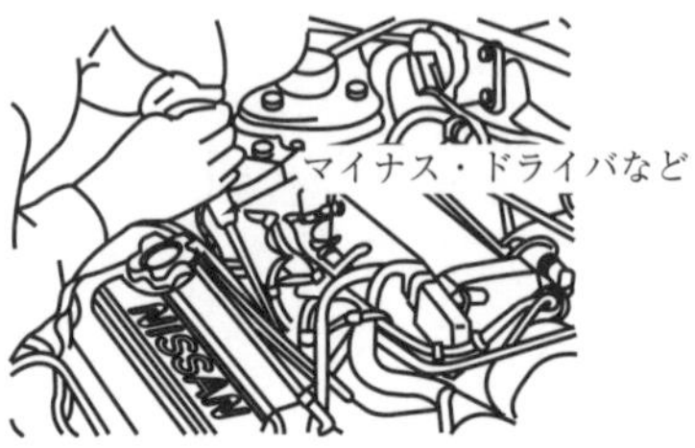

図2　フューエル・ポンプの作動音確認

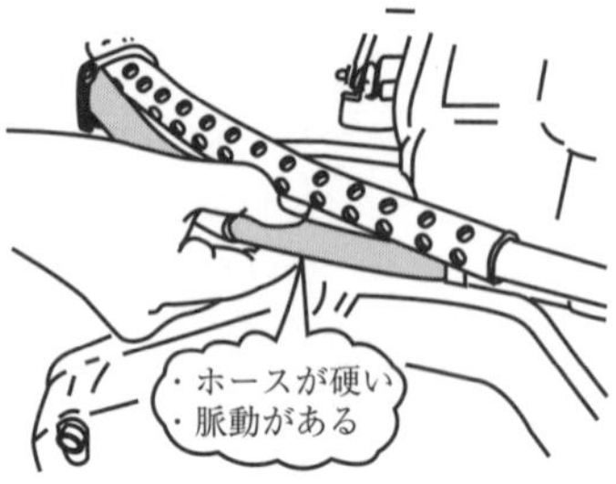

・ホースが硬い
・脈動がある

図3　ホースの張り又は脈動の確認

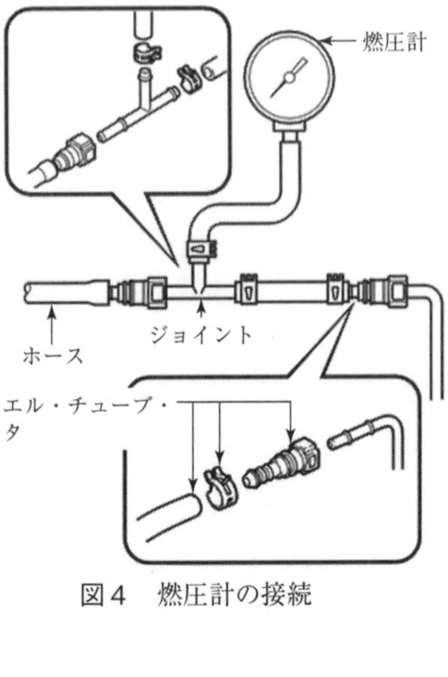

図4　燃圧計の接続

出所：（図1，図4）『ヴィッツ　KSP130系　NSP13#系　NCP131系　電子技術マニュアル　2010.12　No.SC1789J』トヨタ自動車（株）（一部改変）

作業名	電子制御式燃料噴射装置（4）	主眼点	外部診断器の活用③

番号	作業順序	要　　点	図　　解

●アクティブ・テスト②（自己診断の点検）
　※以下の項目で「外部診断器の接続」は省略する。
　※ここでは，トヨタ車における方法について記載する。

| 1 | 準備する | 1．外部診断器の画面表示に従い，「アクティブ・テスト」の項目から「TC端子ON」を選択する。
2．テストを開始した後，「ON」を選択して，エンジン警告灯が点滅することを確認する（図5）。 | |

図5　エンジン警告灯の例

| 2 | 自己診断を確認する | 1．エンジン警告灯の点滅状況により，自己診断の記憶の有無を確認する。
2．エンジン警告灯が連続点滅している場合は，自己診断の記憶がないことを示している。
3．特定の周期で点滅している場合は，ダイアグノーシス・コードを記憶しているので，点滅の回数により，整備書で診断の内容を確認する。 | |

●アクティブ・テスト③（パワー・バランスの点検）

| 1 | 点検の準備をする | 1．外部診断器の画面表示に従い，「アクティブ・テスト」の項目の「パワー・バランス」を選択する。
2．テスト実行中に表示させたい「エンジン回転速度」などの項目を選択して，テストを開始する。 | |

図6　パワー・バランスの表示例

| 2 | 点検を実行する | 1．アイドル状態で，燃焼を停止させたい気筒を選択して，「駆動」操作する（図6）。
2．エンジンの状態の変化を確認して，選択した気筒の燃焼状態を確認する。
（1）変化を確認できない場合。
　　燃焼を停止した気筒の燃焼状態に，不具合がある。
（2）変化（エンジンの回転速度が不安定になる，振動が大きくなるなど）を確認できる場合。
　　燃焼を停止した気筒の燃焼状態に，不具合がない。
3．全気筒において，同様に確認する。 | |

●アクティブ・テスト④（EGRバルブの機能点検）

| 1 | 点検の準備をする | 1．外部診断器の画面表示に従い，「アクティブ・テスト」の項目の「EGRステップ数」を選択する。
※EGRとは，エンジン・ガス・リサキュレーション（排気ガス再循環装置）の略である（図7）。
2．テスト実行中に表示させたい「エンジン回転速度」などの項目を選択して，テストを開始する。 | |

図7　EGRバルブ

| 2 | 点検を実行する | アイドル状態で，EGRステップ数を徐々に大きくしたときの，エンジンの状態の変化を確認する（図8）。
（1）ステップ数に関係なく，変化を確認できない場合。
　　EGRバルブの固着などの作動不良や，配管などの詰りなどの不具合がある。
（2）ステップ数を大きくするにつれて，変化（エンジンの回転速度が不安定になる，振動が大きくなる，エンストなど）を確認できた場合。
　　EGRバルブが正常に作動している。
【参考】
　可変バルブ・タイミング機構において，「アクティブ・テスト」の「制御駆動デューティ比」などの項目のテストを開始して，エンジンの状態の変化を確認することで，EGRと同様に，当該機構の動作確認ができる。 | |

図8　EGRステップ数の表示例

作業名	電子制御式燃料噴射装置（4）	主眼点	外部診断器の活用③

番号	作業順序	要　　点	図　　解
	●アクティブ・テスト⑤（チャコール・キャニスタのパージVSVの機能点検）		
1	点検の準備をする	1．チャコール・キャニスタからパージVSVに接続しているホースを切り離して，ホース・プラグなどでホースを塞ぐ（図9）。 ※VSVとは，バキューム・スイッチング・バルブの略である。 2．外部診断器の画面表示に従い，「アクティブ・テスト」の項目の「パージVSV」を選択して，テストを開始する。	 図9　パージVSV
2	点検を実行する	1．アイドル状態で，パージVSVのホースとの通気口を指で塞ぎ，負圧が生じていないことを確認する。 　負圧が生じている場合は，不具合（バルブの密着不良）が考えられるので，パージVSVを点検する。 2．「ON（通電）」操作をしたときに，パージVSVの通気口に負圧が生じることを確認する。 　負圧が生じない場合は，不具合（配管の詰まり，バルブの固着，ソレノイド・コイルの断線など）が考えられるので，配管，パージVSVを点検する。	
備考			

作業名	スパーク・プラグの整備	主眼点	点検と調整

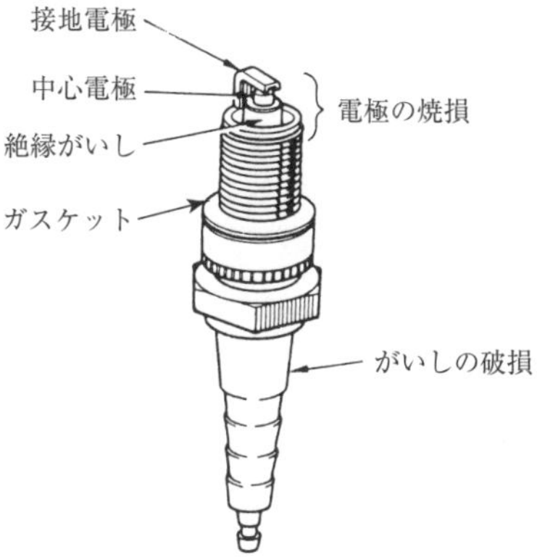

図1　スパーク・プラグの各部名称と点検項目

材料及び器工具など
スパーク・プラグ プラグ・クリーナ・テスタ プラグ・ギャップ・ゲージ 一般工具

番号	作業順序	要　点	図　解
1	絶縁がいしの焼け具合を点検する	スパーク・プラグの絶縁がいしの焼け具合を点検し，薄茶色の乾いた状態であれば正常であるが，次のような状態のときは清掃又は交換する。 （1）発火部全体が真っ黒で乾いたカーボンが付着している場合。 　エンジンに不具合がなく，くすぶりが生じる場合には，プラグの熱価が適合していないので，現在よりも低熱価型のスパーク・プラグと交換する。 （2）絶縁がいしが真っ白に焼けたり，電極の一部が溶けている場合。 　原因として，点火時期の進みすぎ，冷却系の不具合，プラグの取り付け不良，混合気の薄すぎなどがある。これらの不具合がなく加熱する場合は，プラグの熱価が適合していないので，現在よりも高熱価型のスパーク・プラグと交換する。	 図2　プラグ・クリーナ・テスタ
2	がいし及びガスケットを点検する	1．絶縁がいしの破損の有無を点検する。 2．ガスケットの損傷及び衰損を点検する。	
3	清掃する	プラグ・クリーナ・テスタを使用して清掃する。がいしも清掃する（図2）。	図3　プラグ・ギャップの調整
4	プラグ・ギャップを調整する	プラグ・ギャップ・ゲージを使用して，プラグ・ギャップを調整する（図3）。	
備考	【白金プラグ及びイリジウム・プラグ取り扱いの注意】 　中心電極及び接地電極の両方に，白金チップやイリジウム合金チップを用いたスパーク・プラグ（参考図1，参考図2）は，一般のスパーク・プラグに比べて，耐消耗性が著しく向上している。ただし，ギャップ点検や清掃は，電極を傷付けることがあるので，実施してはいけない。また，交換時期は，10万km走行を目安に行う。 　なお，接地電極に白金を用いていないイリジウム・プラグは，耐摩耗性を向上させたものではなく，一般のスパーク・プラグの寿命と同様であるため，注意が必要である。 参考図1　白金プラグ　　　　　　参考図2　イリジウム・プラグ		

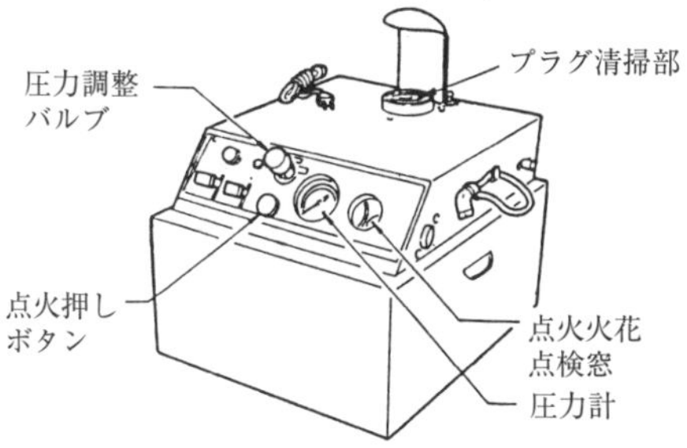

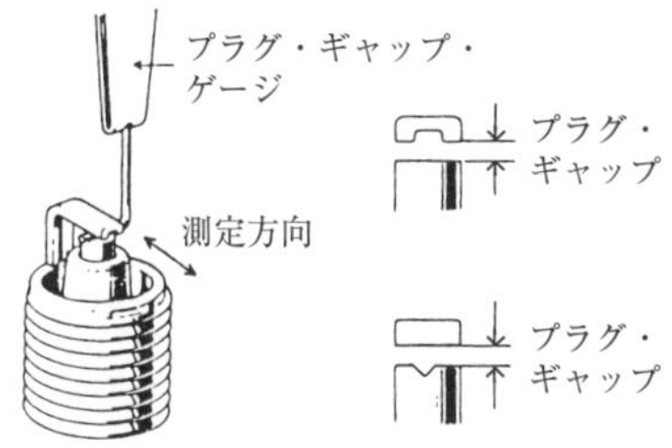

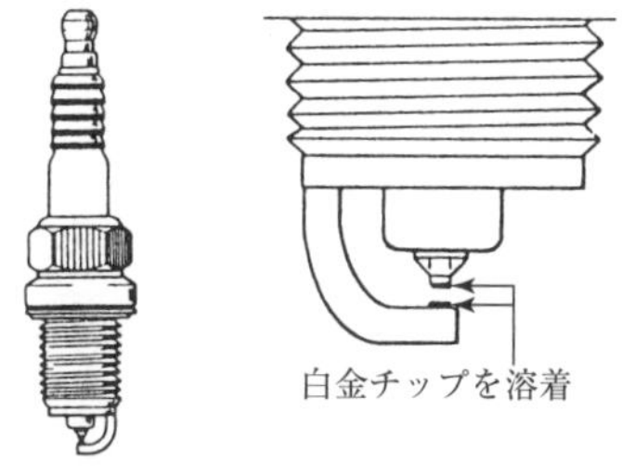

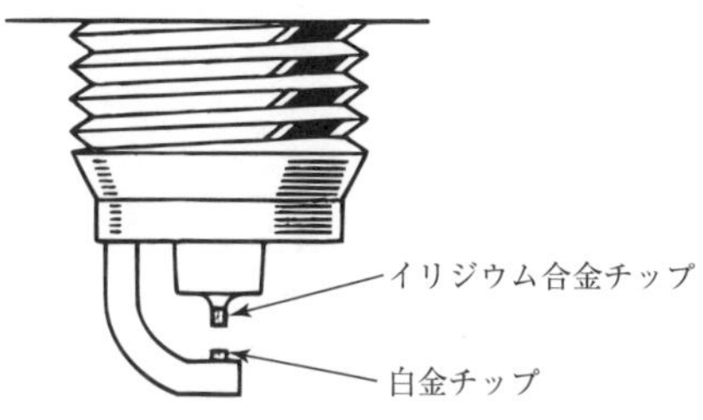

番号	No. 5. 1

作業名	トランスアクスルの脱着（FF車：AT）	主眼点	脱着の仕方

材料及び器工具など

実習車（FF車：AT）
エンジン・サポート・ブリッジ
ミッション・ジャッキ
一般工具

図1　トランスアクスルの構成図

(ワイヤ・ハーネス, ドライブ・シャフト, スタータ, ドライブ・シャフト, タイロッド・エンド, ロア・ボール・ジョイント, セレクト・ケーブル)

番号	作業順序	要　　　点	図　　　解
1	トランスアクスル・アセンブリを取り外す	1．バッテリのマイナス端子に取り付けられたケーブル端子を取り外す。 2．エア・クリーナ，バッテリなどを取り外す。 3．トランスアクスルに接続されているハーネス類を取り外す。 4．アンダ・カバーを取り外す。 5．セレクト・ケーブルを取り外す。 6．フロント・タイヤを取り外す。 7．冷却水を抜く。 8．ATFを抜き取る。 9．オイル・クーラのホースを取り外す。 10．スタータを取り外す。 11．車輪速センサ，ロア・ボール・ジョイントなどを取り外す。 12．ドライブ・シャフトを取り外す。 13．トルク・コンバータの取り付けナットを外す。 　※クランク・プーリを固定し，ナットを緩める。 14．エンジン本体を保持する。 　※エンジン・サポート・ブリッジを使用して，エンジン本体を保持する（図2）。 15．ミッション・ジャッキでトランスアクスルを支持する（図3）。 16．トランスアクスルを取り外す。	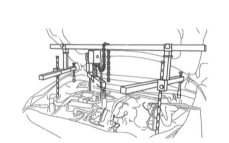 図2　エンジン本体の吊り下げ 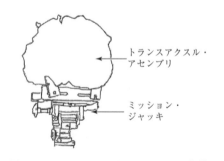 （トランスアクスル・アセンブリ，ミッション・ジャッキ）
2	トランスアクスル・アセンブリを取り付ける	トランスアクスル・アセンブリの取り外し手順の逆の作業を行う。	図3　ミッション・ジャッキによる支持

備考	1．マニュアル・トランスミッション車の場合 　　クラッチ・レリーズ・シリンダやバックアップ・ランプ・スイッチ・コネクタなどマニュアル・トランスミッション車独自の部品などが取り付いているが，基本的には，AT車と同様な作業手順である。 出所：（図1）『デミオ　DY系車　2005.3 ～（H17.3）整備書　AT［FA4A-EL］』マツダ（株）（一部改変） 　　　（図2，図3）『デミオ　DJ系車　2016.11 ～（H28.11）整備書［CW6A-EL］』マツダ（株）（一部改変）

作業名	トランスアクスルの整備（FF車：AT）	主眼点	分解・点検・組み立て

材料及び器工具など

マイクロメータ
シックネス・ゲージ
キャリパ・ゲージ
特殊工具
（トランスミッション・オーバホール用）
一般工具

図　　　解

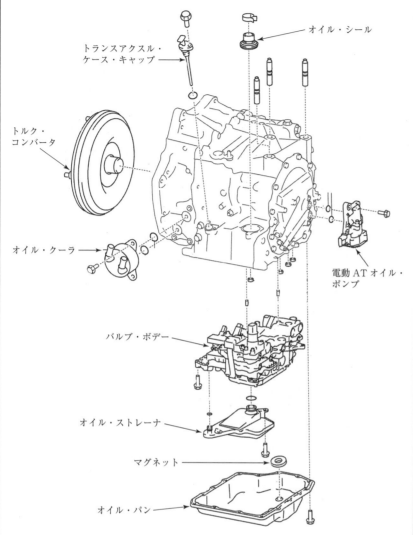

図1　FF車用オートマチック・トランスミッションの構成図

（トランスアクスル・ケース・キャップ、オイル・シール、トルク・コンバータ、オイル・クーラ、電動ATオイル・ポンプ、バルブ・ボデー、オイル・ストレーナ、マグネット、オイル・パン）

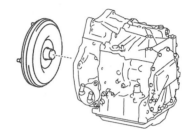

図2　トルク・コンバータの取り外し

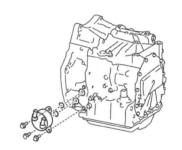

図3　オイル・クーラの取り外し

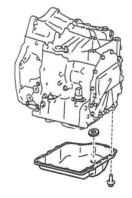

図4　オイル・パンの取り外し

番号	作業順序	要　　　点
1	構成部品を分解する	1．トルク・コンバータを取り外す（図2）。 2．オイル・クーラを取り外す（図3）。 3．オイル・パンを取り外す（図4）。 4．オイル・ストレーナを取り外す。 5．バルブ・ボデーを取り外す（図5，図6）。 6．コンバータ・ハウジングを取り外す（図7）。

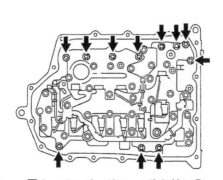

図5　バルブ・ボデーの取り外し①

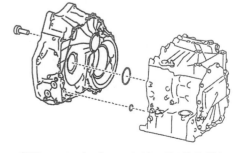

図6　バルブ・ボデーの取り外し②

図7　コンバータ・ハウジングの取り外し

作業名	トランスアクスルの整備（FF 車：AT）		主眼点	分解・点検・組み立て

番号	作業順序	要　　　点	図　　解
1		7．オイル・ポンプを取り外す（図8）。 8．ハイ・クラッチ・アセンブリ＆ロー・クラッチ・ 　　アセンブリを取り外す。 9．タービン・シャフトを取り外す。 10．ハイ・クラッチ・ハブを取り外す（図9）。 11．ロー・クラッチ・ハブを取り外す（図10）。 12．リング・ギヤ＆ディファレンシャルを取り外す（図 　　11）。 13．セカンダリ・ギヤ＆アウトプット・ギヤを取り外 　　す（図12）。 14．エンド・カバー・アセンブリを取り外す（図13）。 15．リダクション・サン・ギヤを取り外す（図14）。 16．リヤ・プラネタリ・ギヤを取り外す（図15）。 17．リヤ・サン・ギヤを取り外す（図16）。 18．フロント・サン・ギヤを取り外す（図17）。	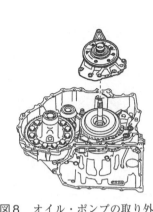 図8　オイル・ポンプの取り外し

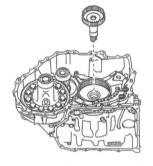

図9　ハイ・クラッチ・ハブの
　　　取り外し

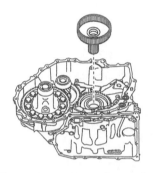

図10　ロー・クラッチ・ハブの
　　　取り外し

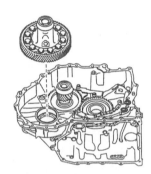

図11　リング・ギヤ＆ディファレン
　　　シャルの取り外し

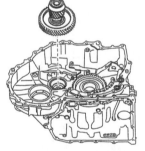

図12　セカンダリ・ギヤ＆アウト
　　　プット・ギヤの取り外し

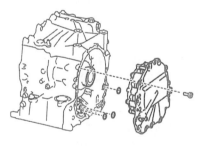

図13　エンド・カバー・アセンブリ
　　　の取り外し

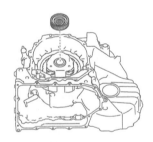

図14　リダクション・サン・ギヤ
　　　の取り外し

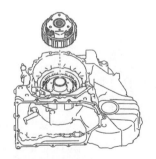

図15　リヤ・プラネタリ・ギヤの
　　　取り外し

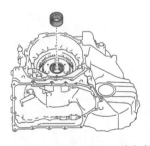

図16　リヤ・サン・ギヤの取り外し

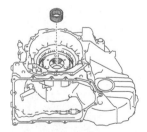

図17　フロント・サン・ギヤの
　　　取り外し

作業名	トランスアクスルの整備（FF車：AT）	主眼点	分解・点検・組み立て

番号	作業順序	要　　　　点	図　　　　解
1		19. ロック・ナットを緩め，フロント・プラネタリ・ギヤを取り外す（図18，図19）。 20. ロー＆リバース・ブレーキを取り外す。 　※特殊工具を使用しスナップ・リングを外し（図20），ワンウェイ・クラッチ，ドライブ・プレート，ドリブン・プレート，ロー＆リバース・ブレーキ・ピストンを取り外す。 21. パーキング・ロッド，パーキング・ポールを取り外す（図21，図22）。	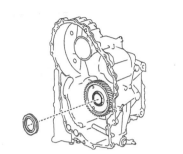 図18　ロック・ナットを緩める
2	各部品を点検する	1. 目視点検 　（1）ギヤの歯の欠損，剥離，損傷 　（2）各ベアリングの損傷，焼けによる変色，しゅう動面の剥離 　（3）ドライブ・プレートのフェーシングの損傷，剥離，焼けによる変色 2. フロント・プラネタリ・ギヤの点検 　（1）ラジアル・ニードル・ベアリング 　　　ピニオン・ギヤを手で回転させ，ベアリングに不具合（回転時の引っ掛かりなど）がないか点検する（図23）。 　（2）スラスト・ニードル・ベアリングの点検 　　　フロント・サン・ギヤに手で荷重を掛けた状態で，フロント・サン・ギヤを回転させ，ベアリングに不具合（回転時の引っ掛かりなど）がないか点検する（図24）。 3. リヤ・プラネタリ・ギヤ 　（1）ラジアル・ニードル・ベアリング 　　　ピニオン・ギヤを手で回転させ，ベアリングに不具合（回転時の引っ掛かりなど）がないか点検する（図25）。 　（2）スラスト・ニードル・ベアリングの点検 　　　リヤ・サン・ギヤに手で荷重を掛けた状態で，リヤ・サン・ギヤを回転させ，ベアリングに不具合（回転時の引っ掛かりなど）がないか点検する（図26）。	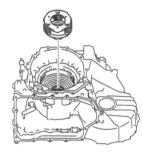 図19　フロント・プラネタリ・ギヤの取り外し 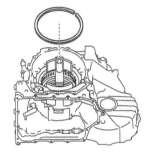 図20　スナップ・リングの取り外し

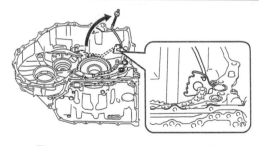

図21　パーキング・ロッドの取り外し

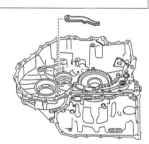

図22　パーキング・ボールの取り外し

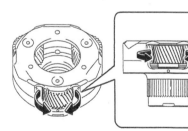

図23　フロント・プラネタリ・ギヤの点検

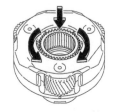

図24　スラスト・ニードル・ベアリングの点検

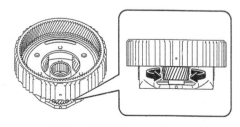

図25　ラジアル・ニードル・ベアリングの点検

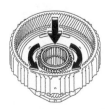

図26　スラスト・ニードル・ベアリングの点検

作業名	トランスアクスルの整備（FF車：AT）	主眼点	分解・点検・組み立て

番号	作業順序	要　　点	図　　解
2		4．リダクション・プラネタリ・ギヤ 　・ラジアル・ニードル・ベアリング 　　ピニオン・ギヤを手で回転させ，ベアリングに不具合（回転時の引っ掛かりなど）がないか点検する（図27）。 5．セカンダリ・ギヤ＆アウトプット・ギヤ 　・テーパ・ローラ・ベアリング 　　ベアリング・レースに手で荷重を掛けた状態で，ベアリング・レースを回転させ，ベアリングに不具合（回転時の引っ掛かりなど）がないか点検する（図28）。 6．ドライブ・プレート 　　各クラッチのドライブ・プレートの厚みをマイクロメータで測定する（図29）。 7．ワンウェイ・クラッチ 　　インナ・プレートを手で回転させ，反時計回りには回転し，時計方向には回転せずにロックすることを点検する（図30）。 8．クラッチ・ハブ 　　各クラッチ・ハブのブッシュ内径をキャリパ・ゲージで測定する（図31）。 9．オイル・ポンプ 　　ストレート・エッジをオイル・ポンプ・ハウジングにセットし，インナ・ロータ及びアウタ・ロータの隙間をシックネス・ゲージで測定する。	 図27　リダクション・プラネタリ・ギヤの点検 図28　セカンダリ・ギヤ＆アウトプット・ギヤの点検
3	構成部品を組み立てる	基本的に分解手順の逆に行う。 1．プライマリ・ギヤを取り付ける。 2．パーキング・レバー・アセンブリを取り付ける。 3．ロー＆リバース・ブレーキを組み付けた後，ケースに取り付ける。 4．フロント・プラネタリ・ギヤを取り付ける。 5．セカンダリ・ギヤ＆アウトプット・ギヤを取り付ける。 6．リング・ギヤ＆ディファレンシャルを取り付ける。 7．ハイ・クラッチ・アセンブリ＆ロー・クラッチ・アセンブリ，タービン・シャフト，ハイ・クラッチ・ハブを組み付けた後，本体に取り付ける。 8．オイル・ポンプを取り付ける。 9．コンバータ・ハウジングを取り付ける。 10．フロント・サン・ギヤを取り付ける。 11．リヤ・サン・ギヤを取り付ける。 12．リヤ・プラネタリ・ギヤを取り付ける。 13．リダクション・サン・ギヤを取り付ける。 14．エンド・カバーを取り付ける。 15．コントロール・バルブ・ボデーを取り付ける。 16．オイル・ストレーナを取り付ける。 17．オイル・パンを取り付ける。 　次の点に注意する。 　（1）部品には，ATFを塗布して組み付ける。 　（2）オイル・シール，Oリング，ガスケットなどは新品部品を使用する。 　（3）新品のドライブ・プレートを使用する場合は，ATFに浸し，フェーシングにATFを浸透させる。 　（4）ケースなどを固定しているボルトには，漏れ防止用のシール材を塗布する部分があるので，整備書で確認する。	 図29　ドライブ・プレートの測定 図30　ワンウェイ・クラッチの点検 図31　クラッチ・ハブのブッシュ内径の測定

| 作業名 | トランスアクスルの整備（FF 車：AT） | 主眼点 | 分解・点検・組み立て |

備

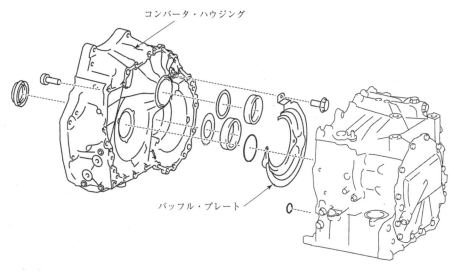

参考図1　分解構成図①

考

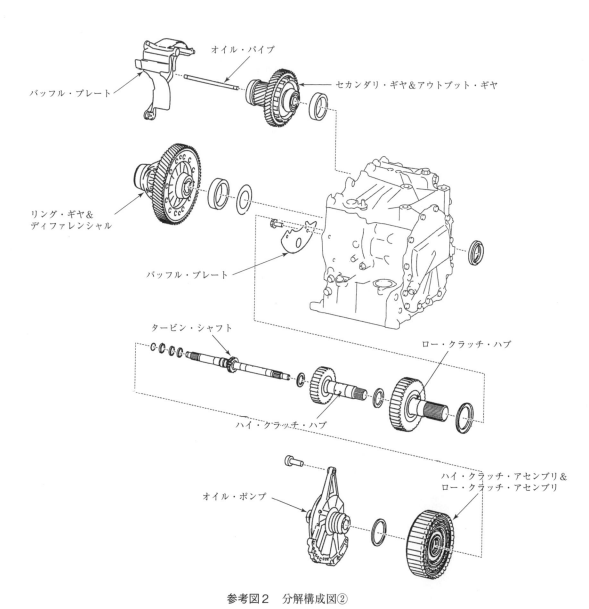

参考図2　分解構成図②

作業名	トランスアクスルの整備（FF車：AT）	主眼点	分解・点検・組み立て

備

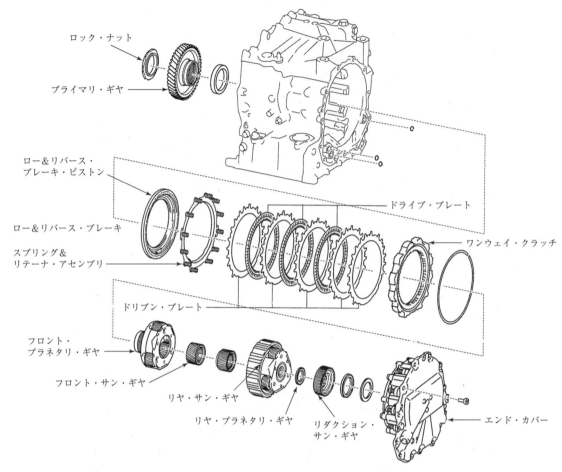

参考図3　分解構成図③

考

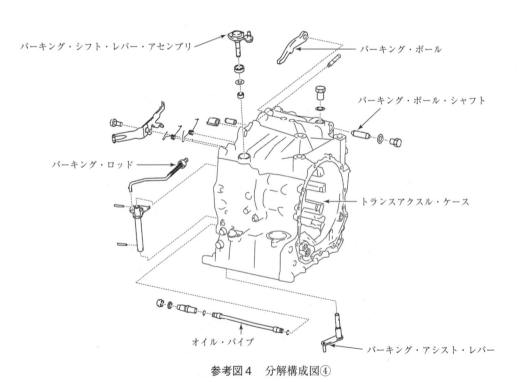

参考図4　分解構成図④

出所：（図1，参考図1〜参考図4）『デミオ　ＤＪ系車　2016.11〜（H28.11）整備書［FW6A-EL］』マツダ（株）（一部改変）
　　　（図2〜図31）『デミオ 整備書［FW6A-EL/FW6AX-EL］』マツダ（株）（一部改変）

作業名	トランスミッションの脱着（FR車：MT）	主眼点	脱着の仕方

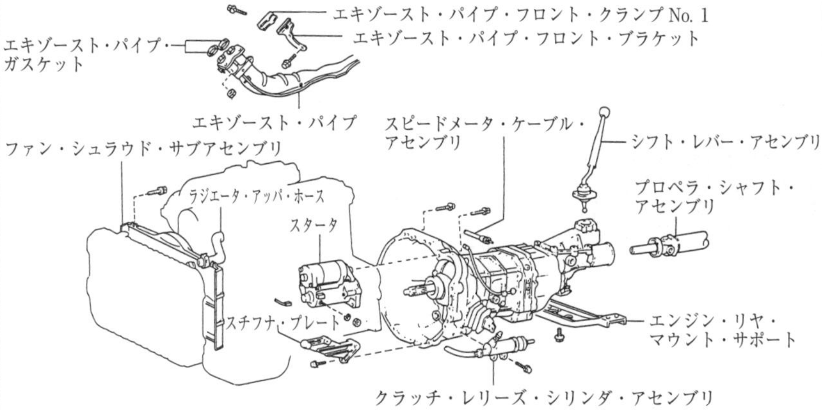

図1　トランスミッションの構成図

			材料及び器工具など

実習車（FR車：MT）
ミッション・ジャッキ
一般工具

番号	作業順序	要　　　点	図　　　解
1	トランスミッション・アセンブリを取り外す	1. バッテリのマイナス端子に取り付けられたケーブル端子を取り外す。 2. 冷却水を抜き，ラジエータ・アッパ・ホースをラジエータから切り離す。冷却水はラジエータのアッパ・タンク分のみ抜けばよい。 3. ファン・シュラウド・サブアセンブリを取り外す。 4. 室内からシフト・レバーを取り外す。 5. トランスミッション・オイルを抜き取る。 　　フィラ・プラクを緩めた後，ドレン・プラグを外し，オイルを抜く（図2）。 6. プロペラ・シャフトを取り外す。 　（1）ディファレンシャル側のコンパニオン・フランジとプロペラ・シャフトに合わせマークを付ける。 　（2）コンパニオン・フランジの取り付けボルトを外す（図3）。 　（3）センタ・サポート・ベアリングの取り付けボルトを外す。 　　※プロペラ・シャフトの中心線（センタ・ライン）がずれないように合わせマークを付ける。 　（4）エクステンション・ハウジングからプロペラ・シャフトを引き抜く。 7. エキゾースト・パイプをフランジ部から切り離し，クランプを取り外す。 8. バックアップ・ランプ・スイッチやアース・ケーブルなど，トランスミッションと接続しているワイヤ・ハーネス類を外す。 9. クラッチ・レリーズ・シリンダを取り外す（図4）。 　　※クラッチ・パイプやホースに負担が掛からないように，ロープなどでつるす。 10. コネクタ及びワイヤ・ハーネス類をスタータから切り離し，スタータを取り外す。 11. ミッション・ジャッキでトランスミッション中央部を支持する（図5）。 12. トランスミッション・アセンブリを取り外す。 　（1）エンジン・リヤ・マウント・サポート・メンバを切り離す。 　（2）トランスミッション取り付けボルトを取り外す。 　（3）エンジンを傾け，トランスミッションを取り外す。	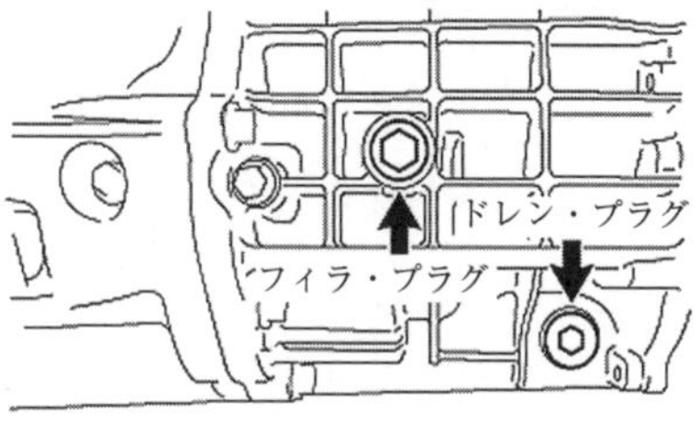 図2　トランスミッション・オイルの抜き取り 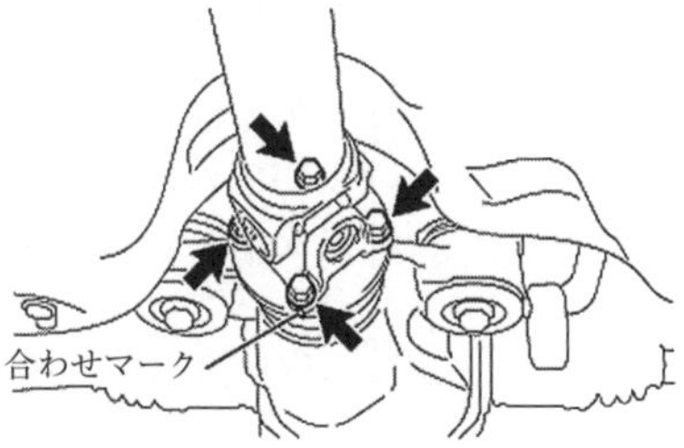 図3　プロペラ・シャフトの取り外し 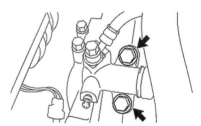 図4　クラッチ・レリーズ・シリンダの取り外し 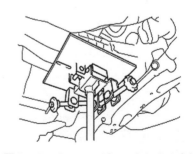 図5　ミッション・ジャッキによる支持
2	トランスミッション・アセンブリを取り付ける	トランスミッション・アセンブリの取り外し手順の，逆の作業を行う。	出所：（図2〜図5）『トヨタ86 ZN6系，GRMN8#系 整備マニュアル』トヨタ自動車（株），2012年2月（新型車）（一部改変）

作業名	トランスミッションの整備（FR車：MT）	主眼点	分解・点検・組み立て

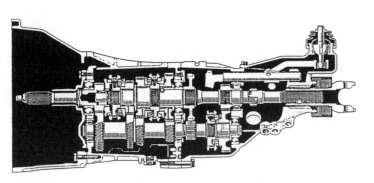

図1　FR車用トランスミッション断面図

材料及び器工具など

マイクロメータ
ダイヤル・ゲージ
ダイヤル・ゲージ・スタンド
ノギス，Ｖブロック
シックネス・ゲージ
スナップ・リング・プライヤ
万力
シリンダ・ゲージ
ギヤ・オイル，指定グリース
特殊工具
（トランスミッション・オーバホール用）
一般工具

番号	作業順序	要　点	図　解
1	関連部品を取り外す	1．クラッチ・レリーズ・ベアリング，クラッチ・レリーズ・フォーク及びクラッチ・レリーズ・ブーツを取り外す。 2．スピードメータ・センサ・アセンブリを取り外す。 3．フィラ・プラグ及びドレン・プラグを取り外して，オイルを抜く。 4．バックアップ・ランプ・スイッチを取り外す。	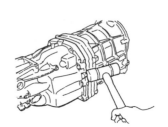 図2　エクステンション・ハウジングの取り外し
2	主要部品を取り外す	1．ボルトを外して，クラッチ・ハウジングを取り外す。 2．エクステンション・ハウジングからボルトを取り外し，プラスチック・ハンマを使用して，軽くたたいてかん合を外し，エクステンション・ハウジングを取り外す（図2）。 3．スナップ・リングを取り外し，トランスミッション・ケースを取り外す（図3）。 4．インタミディエート・プレートを万力に固定する（図4）。	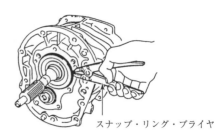 スナップ・リング・プライヤ 図3　スナップ・リングの取り外し
3	構成部品を取り外す	1．シフト・フォーク及びシフト・フォーク・シャフトを取り外す（図5）。 2．ベアリング及びフィフス・ギヤを取り外す（図6）。 3．カウンタ・ギヤ・アセンブリ，インプット・シャフト・アセンブリ，アウトプット・シャフト・アセンブリ及びカウンタ・シャフト・ベアリング・アウタ・レースを取り外す（図7）。	 図4　インタミディエート・プレートを万力で固定
4	構成部品を分解する	1．インプット・シャフトを分解する。 2．アウトプット・シャフトを分解する。	

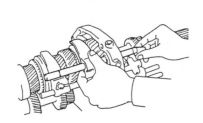

図5　シフト・フォーク及びシフト・フォーク・シャフトの取り外し

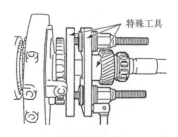

図6　ベアリング及びフィフス・ギヤの取り外し

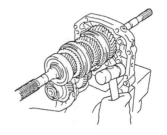

特殊工具

図7　インタミディエート・プレートからの各部品の取り外し

| 作業名 | トランスミッションの整備（FR車：MT） | 主眼点 | 分解・点検・組み立て |

番号	作業順序	要　　　点	図　　　解
5	シンクロナイザ・リングを点検する	1．ギヤのテーパ部にシンクロナイザ・リングを手で圧着させたときの，リングとギヤのクリアランスを点検する（図8）。 2．ギヤのテーパ部にギヤ・オイルを塗布して，シンクロナイザ・リングを手で圧着させ，円周方向に回そうとしたとき，リングがスリップしないことを点検する（図9）。	
6	ハブ・スリーブ及びシフト・フォークのクリアランスを点検する	ノギスを使用して，シフト・フォークとハブ・スリーブのクリアランスを点検する（図10）。	
7	クラッチ・ハブ＆ハブ・スリーブを点検する	1．ハブ・スリーブのスプライン・ギヤ先端が摩耗していないか点検する。 2．ハブ・スリーブをクラッチ・ハブに組み付け，円滑にしゅう動するか点検する（図11）。	
8	アウトプット・シャフトを点検する	1．マイクロメータを使用して，矢印の指定各部の外径を測定する（図12）。 2．ダイヤル・ゲージを使用して，アウトプット・シャフトの振れを測定する（図13）。 3．ノギスを使用して，フランジ面の厚さを測定する（図14）。 4．シリンダ・ゲージを使用して，ギヤの内径を測定する（図15）。	
9	ベアリングを点検する	ベアリングの回転具合及び異音を点検する。	
10	各ギヤの歯面を点検する	ギヤ歯面の摩耗や損傷がないか，ギヤ1枚1枚を点検する。	
11	各機構を点検する	インタロック機構及びギヤ抜け防止機構などの各部品の損傷，摩耗，衰損などを点検する。	

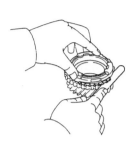

図8　シンクロナイザ・リングとギヤの
　　　クリアランス点検

図9　スリップ点検

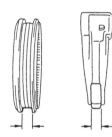

図10　ハブ・スリーブとシフト・
　　　フォークのクリアランス点検

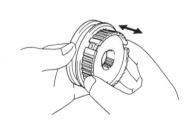

図11　ハブ・スリーブとクラッチ・ハブの
　　　しゅう動点検

図12　外径の測定

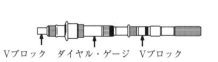

Vブロック　ダイヤル・ゲージ　Vブロック

図13　アウトプット・シャフトの振れ

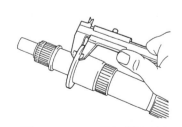

図14　フランジ面の厚さ測定

図15　ギヤの内径測定

| 作業名 | トランスミッションの整備（FR車：MT） | 主眼点 | 分解・点検・組み立て |

番号	作業順序	要　　　点	図　　　解
12	構成部品を組み立てる	分解手順の逆に行い，次の点に注意する。 1．ベアリング及びギヤ類には，ギヤ・オイルを塗布して組み立てる。 2．シンクロナイザ・リング・セットを組み付け，ミドル・リングの爪部をギヤの穴に合わせて組み付ける（図16）。 3．クラッチ・ハブの凹部にシンクロナイザ・リングの凸部を合わせて組み付ける（図17）。 4．特殊工具とプレスを使用して，クラッチ・ハブを圧入する。ギヤが軽く回転し，シンクロナイザ・リングがくっついていないことを確認する（図18）。 5．クラッチ・ハブのスラスト・クリアランスが基準値になるように，スナップ・リングを選択する（図19）。 6．シックネス・ゲージを使用して，スラスト・クリアランスが基準値内にあることを確認する（図20）。 7．インタミディエート・プレートにアウトプット・シャフト，インプット・シャフト，カウンタ・ギヤを取り付ける（図21）。 8．カウンタ・フィフス・ギヤ及びベアリングを，特殊工具を使用して取り付ける。 9．シフト・フォーク・シャフト及びシフト・フォークを取り付ける（図22）。 10．インタロック・ピン No. 3，インタロック・ピン No. 2 及びインタロック・ピン No. 1 を図のように取り付ける（図23）。 11．トランスミッション・ケースを取り付ける。 12．エクステンション・ハウジングを取り付ける。 13．クラッチ・レリーズ・フォーク及びベアリングの指定の箇所に，指定のグリースを塗布し取り付ける。	図16　シンクロナイザ・リング・セットの組み付け 図17　クラッチ・ハブとシンクロナイザ・リングの組み付け 特殊工具 図18　クラッチ・ハブの圧入

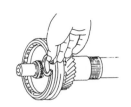

図19　スナップ・リングの選択

図20　スラスト・クリアランスの測定

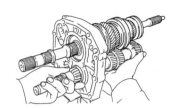

図21　インタミディエート・プレートと各シャフトの組み付け

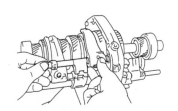

図22　シフト・フォーク・シャフト及びシフト・フォークの取り付け

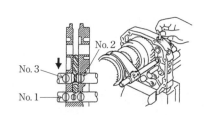

図23　インタロック・ピンの取り付け

作業名	クラッチの整備（1）	主眼点	分解・点検・組み立て

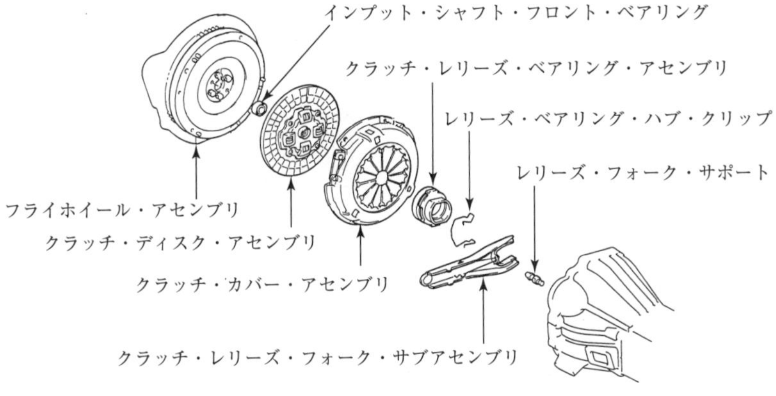

インプット・シャフト・フロント・ベアリング

クラッチ・レリーズ・ベアリング・アセンブリ

レリーズ・ベアリング・ハブ・クリップ

レリーズ・フォーク・サポート

フライホイール・アセンブリ

クラッチ・ディスク・アセンブリ

クラッチ・カバー・アセンブリ

クラッチ・レリーズ・フォーク・サブアセンブリ

図1　分解構成図

材料及び器工具など

実習車（FR車：MT）
クラッチ・アセンブリ
ノギス
ダイヤル・ゲージ
ダイヤル・ゲージ・スタンド
ローラ測定子
指定グリース
特殊工具
（クラッチ・ガイド・ツール，クラッチ・ダ
　イヤフラム・スプリング・アライナ）
一般工具

番号	作業順序	要　　　　　点	図　　　解
1	クラッチ・アセンブリを取り外す	1．トランスミッション・アセンブリを取り外す。 2．フライホイールとクラッチ・カバーに合わせマークを付ける。 3．ボルトは数回に分けて均等に緩める。	
2	クラッチ・ディスク・アセンブリを点検する	1．フェーシングの摩耗を点検する（図2）。 2．ローラ測定子を付けたダイヤル・ゲージを使用して，クラッチ・ディスクを回転させクラッチ・ディスクの振れを点検する（図3）。	フェーシング 図2　フェーシングの摩耗点検
3	フライホイールを点検する	1．フライホイール表面のひずみ，摩耗及び損傷を点検する。軽度の傷は表面をサンド・ペーパで修正する。 2．フライホイールの振れを点検する（図4）。	
4	ダイヤフラム・スプリングを点検する	レリーズ・ベアリングとの当たり面の摩耗を点検する（図5）。	図3　クラッチ・ディスクの振れ点検
5	プレッシャ・プレートを点検する	プレッシャ・プレート表面のひずみ，摩耗及び損傷を点検する。軽度の傷は表面をサンド・ペーパで修正する。	
6	インプット・シャフト・フロント・ベアリングを点検する	ベアリングに指を入れ，外周方向に力を加えながら回転させて引っ掛かり及び異音の有無を点検する（図6）。	
7	レリーズ・ベアリングを点検する	スラスト方向に力を加えながら回転させて，回転の引っ掛かり及び異音の有無を点検する。ベアリングはグリース封入式なので，洗浄しない（図7）。	図4　フライホイールの振れ点検

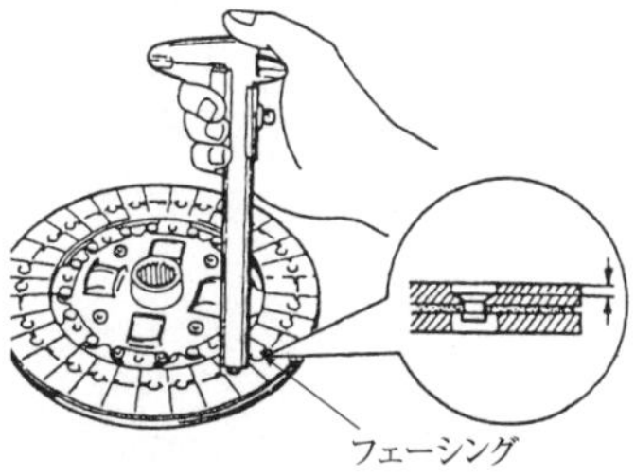

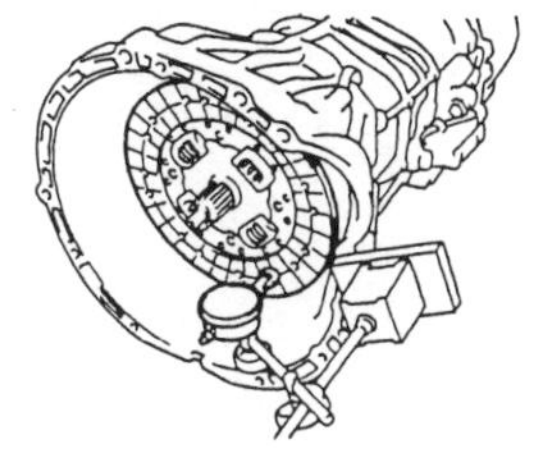

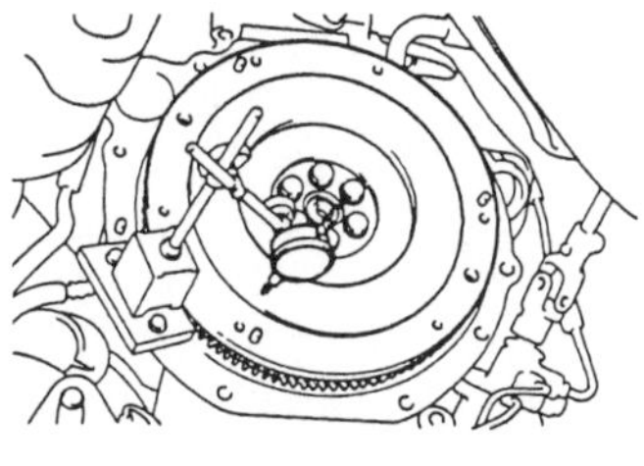

図5　ダイヤフラム・スプリングのレリーズ・
　　　ベアリングとの当たり面摩耗点検

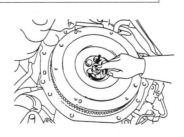

図6　インプット・シャフト・
　　　フロント・ベアリングの点検

図7　レリーズ・ベアリングの点検

作業名		クラッチの整備（1）	主眼点	分解・点検・組み立て

番号	作業順序	要　　　点	図　　　解
8	クラッチ・アセンブリを取り付ける	1．クラッチ・ディスクのスプライン部に指定のグリースを塗布する。 2．クラッチ・ガイド・ツールを使用してクラッチ・ディスクをセンタリングする（図8）。 3．フライホイールとクラッチ・カバーの合わせマークを合わせ，ノックピンに近いボルトから軽く締め付け，クラッチ・ガイド・ツールを上下左右に軽くゆすり，ディスクが中心位置にあることを確認して本締めする。ボルトは数回に分けて均等に締め付ける（図9）。	エンジン側 ← クラッチ・ガイド・ツール 図8　クラッチ・ディスクのセンタリング
9	ダイヤフラム・スプリングの高さの不ぞろい点検，修正をする	1．ローラ測定子をつけたダイヤル・ゲージを使用して，フライホイールを回転させスプリングの高さ不ぞろいを点検する（図10）。 2．限度を超える場合はクラッチ・ダイヤフラム・スプリング・アライナを使用して，スプリングの高さの不ぞろいを修正する（図11）。	クラッチ・ガイド・ツール 図9　クラッチ・アセンブリの取り付け

図10　ダイヤフラム・スプリングの
　　　高さ点検

クラッチ・ダイヤフラム・
スプリング・アライナ

図11　ダイヤフラム・スプリングの高さ調整

1．クラッチ・ペダルを踏むことにより，レリーズ・ベアリングが押される「プッシュ式」と引かれる「プル式」がある。

2．プル式のトランスミッション・アセンブリの取り外し方法は，プッシュ式と異なるので，整備書を参考にする。

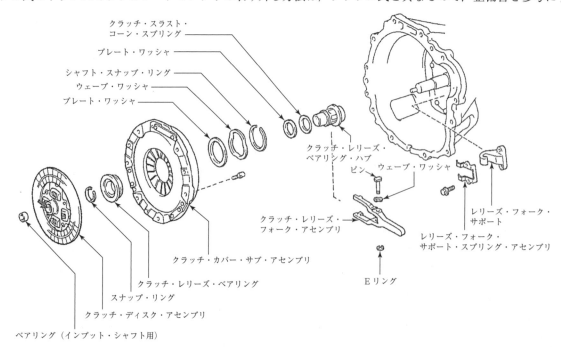

クラッチ・スラスト・
コーン・スプリング

プレート・ワッシャ

シャフト・スナップ・リング

ウェーブ・ワッシャ

プレート・ワッシャ

クラッチ・レリーズ・
ベアリング・ハブ

ピン　ウェーブ・ワッシャ

クラッチ・レリーズ・
フォーク・アセンブリ

レリーズ・フォーク・
サポート

レリーズ・フォーク・
サポート・スプリング・アセンブリ

Eリング

クラッチ・カバー・サブ・アセンブリ

クラッチ・レリーズ・ベアリング

スナップ・リング

クラッチ・ディスク・アセンブリ

ベアリング（インプット・シャフト用）

参考図1　プル式の構成図

出所：（参考図1）『MARK Ⅱ　CHASER　CRESTA　GX100系／JZX100，101，105系／LX100系　修理書　63094』トヨタ自動車（株），1996年9月（一部改変）

作業名	クラッチの整備（2）	主眼点	番号	No. 5. 6

主眼点：クラッチ・マスタ・シリンダの分解・点検・組み付け

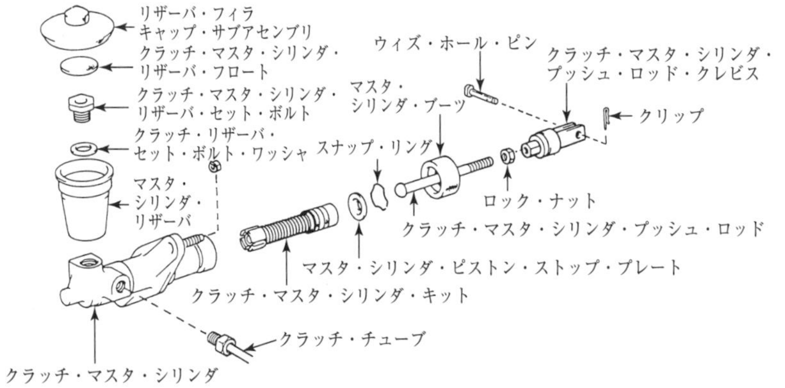

図1　構成図

リザーバ・フィラ
キャップ・サブアセンブリ
クラッチ・マスタ・シリンダ・リザーバ・フロート
クラッチ・マスタ・シリンダ・リザーバ・セット・ボルト
クラッチ・リザーバ・セット・ボルト・ワッシャ
マスタ・シリンダ・リザーバ
クラッチ・マスタ・シリンダ
クラッチ・チューブ
クラッチ・マスタ・シリンダ・キット
マスタ・シリンダ・ピストン・ストップ・プレート
スナップ・リング
マスタ・シリンダ・ブーツ
ウィズ・ホール・ピン
ロック・ナット
クラッチ・マスタ・シリンダ・プッシュ・ロッド
クラッチ・マスタ・シリンダ・プッシュ・ロッド・クレビス
クリップ

材料及び器工具など

エア・ガン
指定グリース
ウエス
特殊工具（フレア・ナット・レンチ）
一般工具

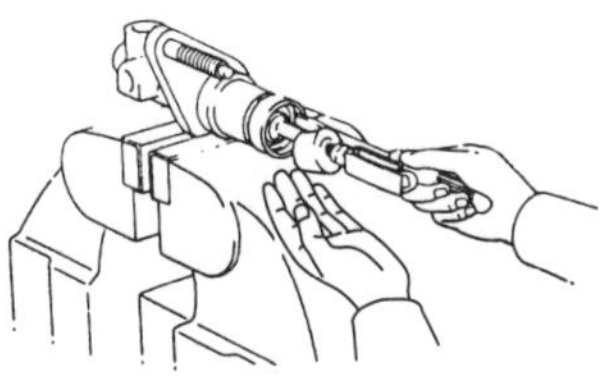

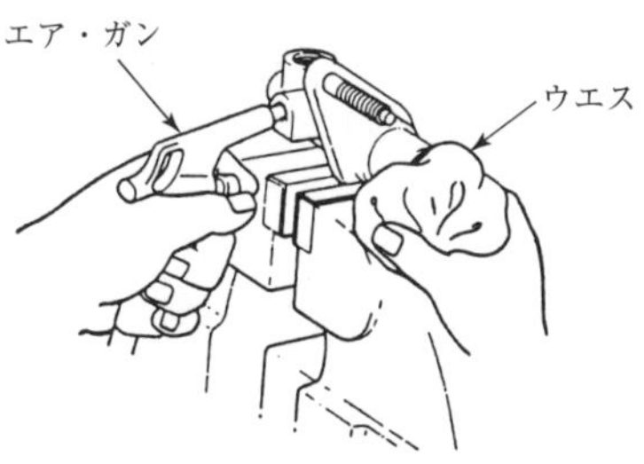

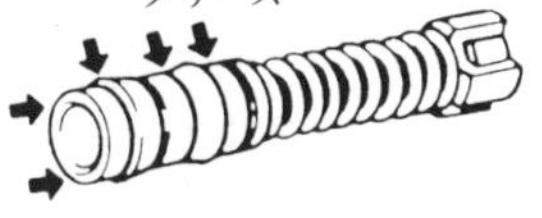

番号	作業順序	要　　　点	図　　解
1	マスタ・シリンダを取り外す	1．リザーバのブレーキ・フルードをスポイトなどで抜き取る。 2．クラッチ・チューブを切り離す（図2）。 3．室内側からクリップとウィズ・ホール・ピンを取り外す。 4．室内側からナットを取り外し，マスタ・シリンダをエンジン・ルーム側から取り外す。	 フレア・ナット・レンチ 図2　クラッチ・チューブの切り離し
2	マスタ・シリンダを分解する	1．マスタ・シリンダを固定する場合は，シリンダ部は変形するおそれがあるので，直接万力に挟まない。 2．プッシュ・ロッドを押した状態で，スナップ・リングを取り外し，プッシュ・ロッドを取る（図3）。 3．クラッチ・チューブ取り付け部にエア・ガンを当て，圧縮空気を使って，シリンダからピストンを取り外す。 　ピストンが勢いよく飛び出すおそれがあるので，ウエスなどで塞ぐ（図4）。	 図3　プッシュ・ロッドの取り外し
3	マスタ・シリンダを点検する	マスタ・シリンダをブレーキ・フルードで洗浄し，内面にさび，傷，摩耗などがないか点検する。	エア・ガン　　　　ウエス
4	マスタ・シリンダを組み付ける	1．クラッチ・マスタ・シリンダ・キットのカップとピストンに指定グリースを塗布する（図5）。 2．マスタ・シリンダにピストンを取り付け，プッシュ・ロッド・アセンブリとスナップ・リングを取り付ける。 3．プッシュ・ロッドを押し，スムースに動くか確認する。	図4　ピストンの取り外し
備考			グリース 図5　カップとピストンの指定グリース塗布部

| 作業名 | クラッチの整備（3） | 主眼点 | クラッチ・レリーズ・シリンダの
分解・点検・組み付け |

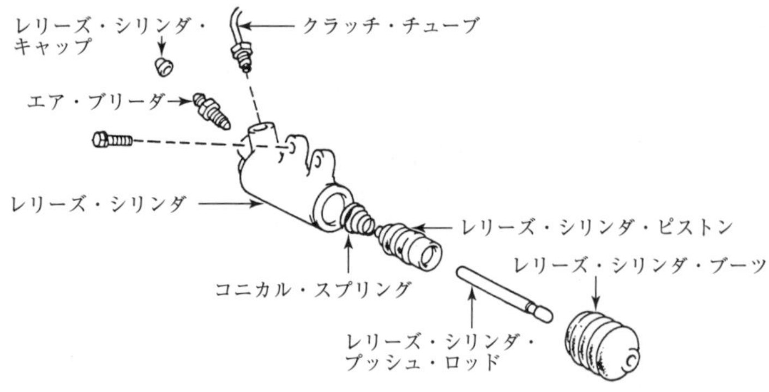

図1　構成図

材料及び器工具など

エア・ガン
指定グリース
ウエス
特殊工具（フレア・ナット・レンチ）
一般工具

番号	作業順序	要　　点	図　　解
1	レリーズ・シリンダを取り外す	1．フレア・ナット・レンチを用いて，クラッチ・チューブを切り離す（図2）。 2．レリーズ・シリンダ取り付けボルトを取り外して，レリーズ・シリンダを取り外す。	 フレア・ナット・レンチ 図2　クラッチ・チューブの切り離し
2	レリーズ・シリンダを分解する	1．レリーズ・シリンダ・ブーツを取り外す。 2．クラッチ・チューブ取り付け部にエア・ガンを当て，圧縮空気を使ってピストンとスプリングを取り外す。 　ピストンが勢いよく飛び出すおそれがあるので，ウエスなどで塞ぐ（図3）。	 エア・ガン　　ウエス 図3　ピストンの取り外し
3	レリーズ・シリンダを点検する	レリーズ・シリンダをブレーキ・フルードで洗浄し，内面にさび，傷，摩耗などがないか点検する。	
4	レリーズ・シリンダを組み付ける	1．組み付け前にカップとピストンに指定グリースを塗布する（図4）。 2．レリーズ・シリンダにスプリングとピストンを取り付ける。 3．ブーツとプッシュ・ロッドを取り付ける。	 グリース 図4　カップとピストンの指定グリース塗布部
備考			

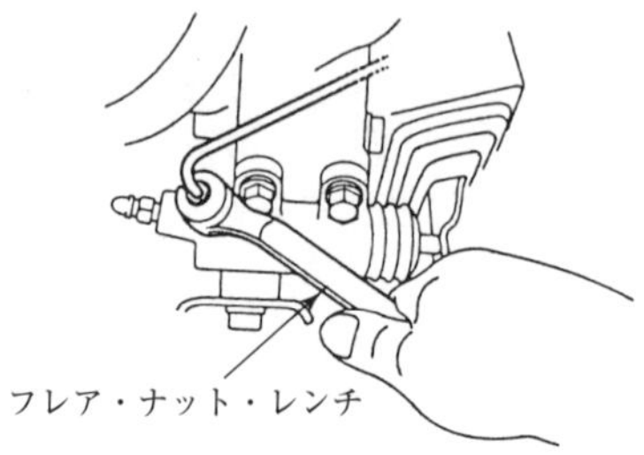

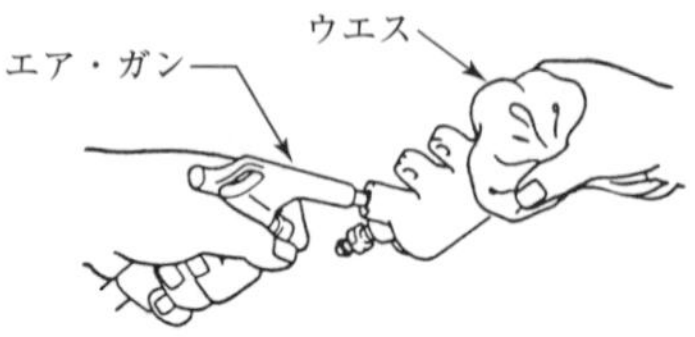

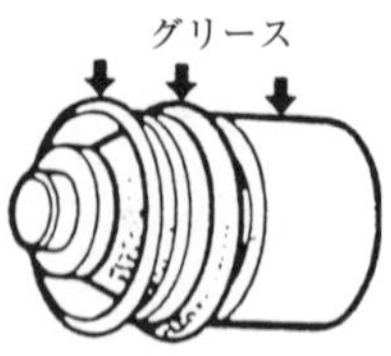

作業名	クラッチの整備（4）	主眼点	油圧式・機械式の調整

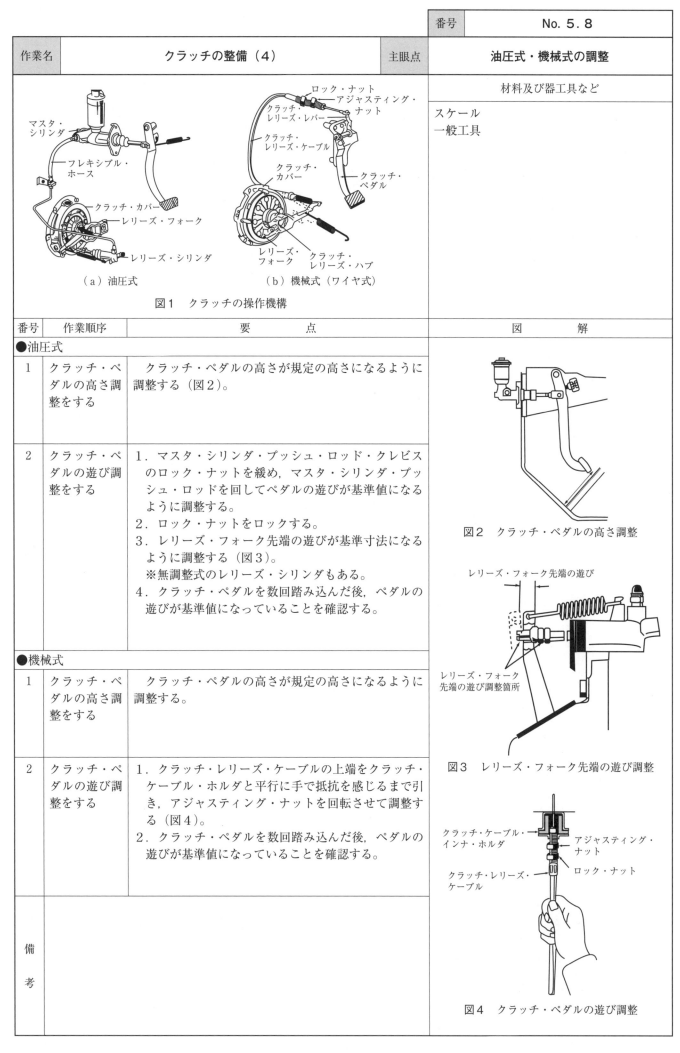

材料及び器工具など

スケール
一般工具

図1　クラッチの操作機構

（a）油圧式　　（b）機械式（ワイヤ式）

番号	作業順序	要　　点	図　　解
●油圧式			
1	クラッチ・ペダルの高さ調整をする	クラッチ・ペダルの高さが規定の高さになるように調整する（図2）。	
2	クラッチ・ペダルの遊び調整をする	1．マスタ・シリンダ・プッシュ・ロッド・クレビスのロック・ナットを緩め，マスタ・シリンダ・プッシュ・ロッドを回してペダルの遊びが基準値になるように調整する。 2．ロック・ナットをロックする。 3．レリーズ・フォーク先端の遊びが基準寸法になるように調整する（図3）。 ※無調整式のレリーズ・シリンダもある。 4．クラッチ・ペダルを数回踏み込んだ後，ペダルの遊びが基準値になっていることを確認する。	図2　クラッチ・ペダルの高さ調整
●機械式			
1	クラッチ・ペダルの高さ調整をする	クラッチ・ペダルの高さが規定の高さになるように調整する。	図3　レリーズ・フォーク先端の遊び調整
2	クラッチ・ペダルの遊び調整をする	1．クラッチ・レリーズ・ケーブルの上端をクラッチ・ケーブル・ホルダと平行に手で抵抗を感じるまで引き，アジャスティング・ナットを回転させて調整する（図4）。 2．クラッチ・ペダルを数回踏み込んだ後，ペダルの遊びが基準値になっていることを確認する。	
備考			図4　クラッチ・ペダルの遊び調整

作業名	オートマチック・トランスミッションの整備（1）	主眼点	分解・点検・組み立て

材料及び器工具など

オートマチック・トランスミッション
スナップ・リング・プライヤ
特殊工具
一般工具

＜図1　図中の用語＞
① トルク・コンバータ　　② コンバータ・ハウジング
③ トランスミッション・ケース
④ ブレーキ・バンド　　⑤ リバース・クラッチ
⑥ ハイ・クラッチ　　⑦ フロント・プラネタリ・ギヤ
⑧ リヤ・プラネタリ・ギヤ
⑨ フォワード・クラッチ
⑩ フォワード・ワンウェイ・クラッチ
⑪ オーバラン・クラッチ
⑫ ロー＆リバース・ブレーキ
⑬ ロー・ワンウェイ・クラッチ
⑭ リヤ・エクステンション
⑮ インプット・シャフト　　⑯ オイル・ポンプ
⑰ コントロール・バルブ
⑱ アウトプット・シャフト

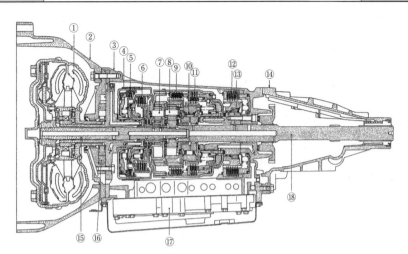

図1　オートマチック・トランスミッションの断面図

番号	作業順序	要　　　　点	図　　　解
1	構成部品を分解する	1．バンド・サーボのアンカ・エンド・ピンのロック・ナットを取り外す（図2）。 2．トルク・コンバータを取り外す（図3）。 3．オイル・パンを取り外す。 4．コンバータ・ハウジングを取り外す（図4）。 5．インプット・シャフト先端部のOリングを取り外す（図5）。 6．オイル・ポンプを取り外す（図6）。 　オイル・ポンプ・プーラを使用し均等に引き出し，取り外す。 7．インプット・シャフトを取り外す。 8．ブレーキ・バンド，バンド・ストラットを取り外す（図7）。 9．リバース・クラッチ・アセンブリを取り外す（図8）。	

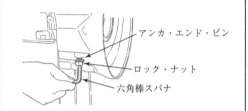

図2　アンカ・エンド・ピンの取り外し

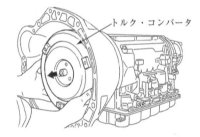

図3　トルク・コンバータの取り外し

図4　コンバータ・ハウジングの
　　　取り外し

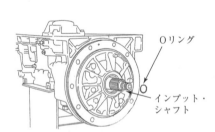

図5　Oリングの取り外し

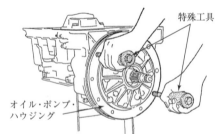

図6　オイル・ポンプの取り外し

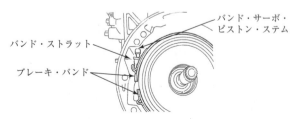

図7　ブレーキ・バンドとバンド・ストラットの取り外し

図8　リバース・クラッチ・アセンブリの取り外し

作業名	オートマチック・トランスミッションの整備（1）	主眼点	分解・点検・組み立て

番号	作業順序	要　　　点	図　　　解
1		10. ハイ・クラッチ・アセンブリを取り外す。 11. ハイ・クラッチ・ハブを取り外す。 12. フロント・サン・ギヤを取り外す。 13. フロント・プラネタリ・キャリア・アセンブリを取り外す（図9）。 14. リヤ・サン・ギヤを取り外す（図10）。 15. 車速センサを取り外す。 16. リヤ・エクステンションを取り外す（図11）。 17. アウトプット・シャフトのリヤ側スナップ・リングを取り外す（図12）。 18. アウトプット・シャフトのフロント側スナップ・リングを取り外す（図13）。 19 パーキング・ギヤ，ニードル・ベアリングを取り外す（図14）。	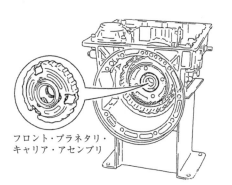 フロント・プラネタリ・キャリア・アセンブリ 図9　フロント・プラネタリ・キャリア・アセンブリの取り外し

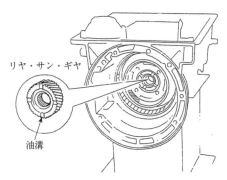

リヤ・サン・ギヤ

油溝

図10　リヤ・サン・ギヤの取り外し

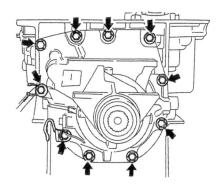

図11　リヤ・エクステンションの取り外し

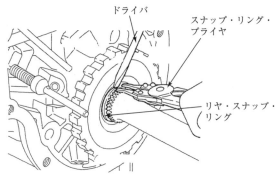

ドライバ　　スナップ・リング・プライヤ

リヤ・スナップ・リング

図12　スナップ・リングの取り外し（リヤ側）

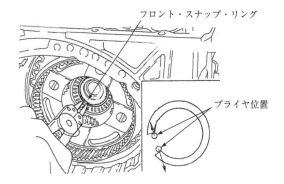

フロント・スナップ・リング

プライヤ位置

図13　スナップ・リングの取り外し（フロント側）

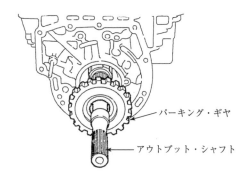

パーキング・ギヤ

アウトプット・シャフト

図14　パーキング・ギヤとニードル・ベアリングの取り外し

作業名	オートマチック・トランスミッションの整備（1）	主眼点	分解・点検・組み立て

番号	作業順序	要　　　点	図　　　解
1		20. アウトプット・シャフトを取り外す。 21. フロント・インターナル・ギヤ及びリヤ・プラネタリ・キャリア・アセンブリを取り外す（図15）。 22. リヤ・インターナル・ギヤ及びフォワード・クラッチ・ハブを取り外す（図16）。 23. オーバラン・クラッチ・ハブを取り外す（図17）。 24. フォワード・クラッチ・アセンブリを取り外す（図18）。 25. サーボ・ピストン・リテーナ及びバンド・サーボ・ピストン・アセンブリを取り外す（図19）。 26. オイル・ストレーナを取り外す。 27. コントロール・バルブ・アセンブリを取り外す（図20）。 28. アキュームレータ・ピストン・スプリングを取り外す。 29. オーバドライブ・サーボ・ピストン・リテーナを取り外す。 30. ロー＆リバース・ブレーキを取り外す。	

フロント・インターナル・ギヤ＆リヤ・プラネタリ・キャリア

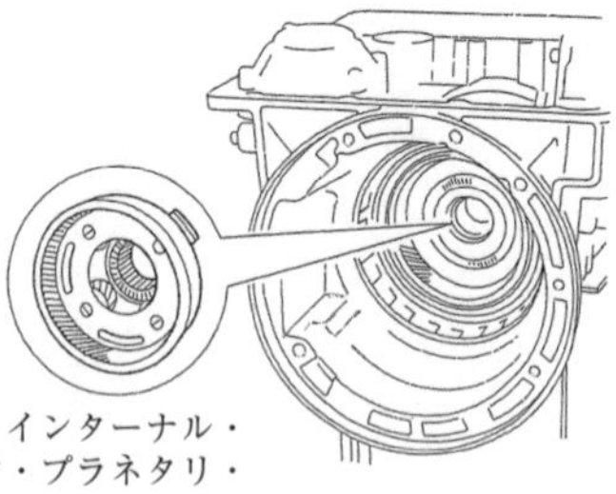

図15　フロント・インターナル・ギヤ及びリヤ・プラネタリ・キャリア・アセンブリの取り外し

リヤ・インターナル・ギヤ＆フォワード・クラッチ・ハブ及びオーバラン・クラッチ・ハブ

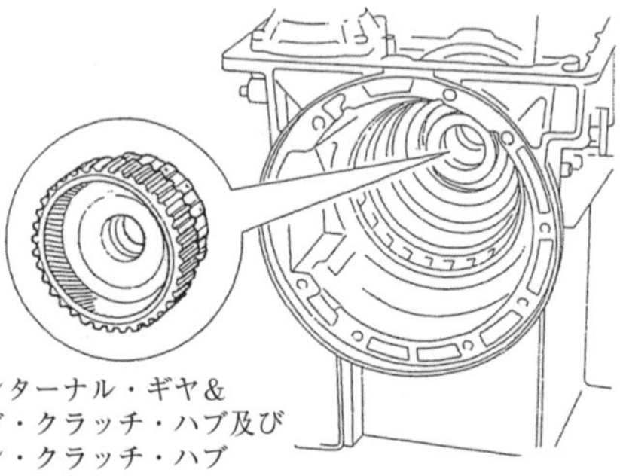

図16　リヤ・インターナル・ギヤ及びフォワード・クラッチ・ハブを取り外し

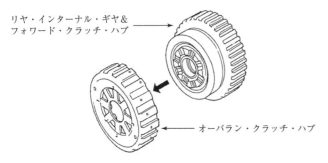

リヤ・インターナル・ギヤ＆フォワード・クラッチ・ハブ

オーバラン・クラッチ・ハブ

図17　オーバラン・クラッチ・ハブの取り外し

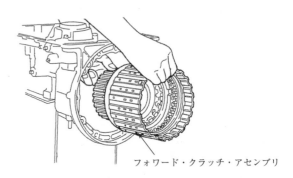

フォワード・クラッチ・アセンブリ

図18　フォワード・クラッチ・アセンブリの取り外し

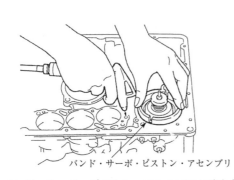

バンド・サーボ・ピストン・アセンブリ

図19　バンド・サーボ・ピストン・アセンブリの取り外し

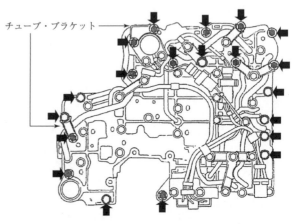

チューブ・ブラケット

図20　コントロール・バルブ・アセンブリの取り外し

作業名	オートマチック・トランスミッションの整備（1）	主眼点	分解・点検・組み立て

番号	作業順序	要　点	図　解
2	構成部品を組み立てる	1．基本的に，分解手順の逆に行う。 2．次の点に注意する。 　（1）部品には，ATF を塗布して組み付ける。 　（2）オイル・シール，O リング，ガスケットなどは新品の部品を使用する。 　（3）ケースなどを固定しているボルトには，漏れ防止用のシール材を塗布する部分があるので，整備書で確認する。	

備

考

【CVT（自動無段変速機）について】
　変速は，駆動側プーリ（プライマリ・プーリ）と出力側プーリ（セカンダリ・プーリ）のベルトの巻き付け径を変えて行っている。
　ベルトの巻き付け径は，プーリの溝幅によって変わり，その溝幅の変更はプライマリ・プーリの油圧制御により行っている。プライマリ・プーリの油圧を高くすると，溝幅が狭くなり，それによって巻き付け径が大きくなる（オーバドライブ）。逆に，油圧を低くすると，溝幅が広くなって巻き付け径が小さくなる（ロー側）。
　セカンダリ・プーリには，常に運転条件に応じたライン・プレッシャを掛け，動力伝達に必要なベルトとプーリ間の摩擦力が得られるように，ベルト張力を制御している。
　このように，プライマリ側の油圧制御により変速制御を行い，セカンダリ側の油圧制御によりベルト張力制御を行っている（参考図2）。

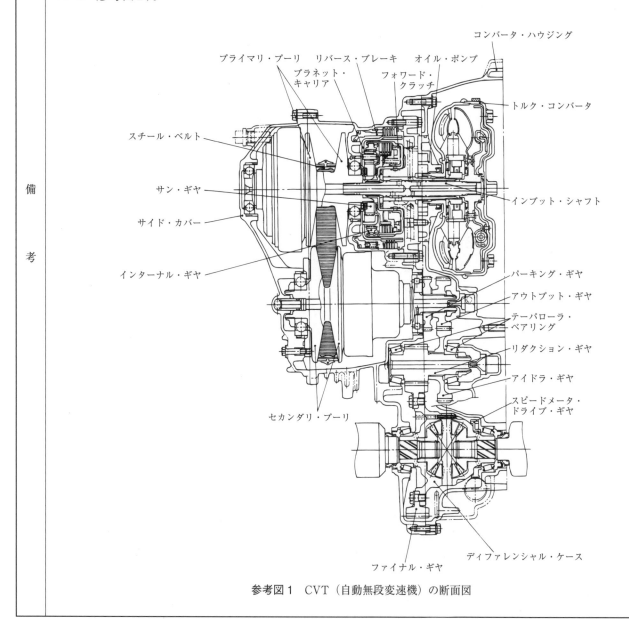

参考図 1　CVT（自動無段変速機）の断面図

作業名	オートマチック・トランスミッションの整備（1）	主眼点	分解・点検・組み立て

備

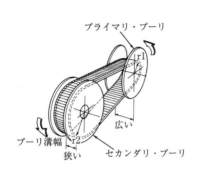

（a）ロー状態　変速比＝r2/r1

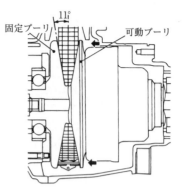

（b）セカンダリ・プーリ

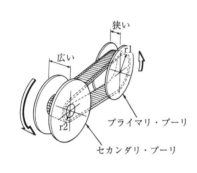

（c）オーバドライブ状態　変速比＝r2/r1

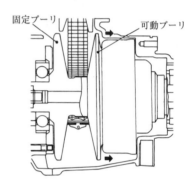

（d）セカンダリ・プーリ

参考図2　変速時のプーリ径の変化

考

出所：（図1）「スカイライン　V35　2001.6〜2002.12」日産自動車（株）（一部改変）
　　　（図2〜図20）『オートマチック・トランスミッション整備書　RE4R01A型』日産自動車（株）（一部改変）

| 作業名 | オートマチック・トランスミッションの整備（2） | 主眼点 | 点検と油圧測定 |

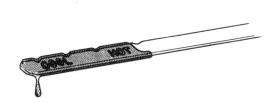

図1　ATF レベル・ゲージ

	材料及び器工具など
	実習車（AT） エンジン回転計など ストップ・ウオッチ 輪止め ペーパ・ウエス 油圧ゲージ 外部診断器（スキャン・ツール） 一般工具

番号	作業順序	要　　　　点	図　　　解
1	基本点検をする	1．ATF（オートマチック・トランスミッション・フルード）の量を ATF レベル・ゲージで点検する（図1，備考欄参照）。 2．シフト・レバーの位置を点検する。 3．インヒビタ・スイッチを点検する。	
2	ストール・テストをする	1．パーキング・ブレーキを作用させる。 2．必ず4輪に輪止めをする。 3．エンジンの回転が測定できる機器を取り付ける。 4．エンジンを始動する。 5．ブレーキ・ペダルを踏む。 6．D及びRレンジでアクセル・ペダルを一杯踏み込んだときのエンジン回転速度を読む（5秒以上連続して行わないこと）（図2）。 ※他のレンジでの測定も必要な車種もあるので，整備書で確認する。 ※車両の前後に人や物がないことを，必ず確認する。	
3	タイム・ラグのテストをする	1．パーキング・ブレーキを作動させる。 2．輪止めをする。 3．エンジンを始動する。 4．アイドル回転速度でシフト・レバーをN→Dレンジにシフトし，シフトした瞬間から駆動力によるボデーショックを感じたときまでの時間を測定する（図3）。 5．N→RレンジにシフトしてDレンジと同じ要領で行う。	

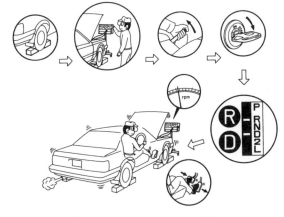

図2　ストール・テスト手順

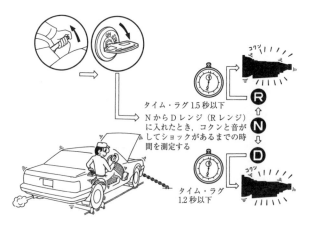

タイム・ラグ 1.5 秒以下
NからDレンジ（Rレンジ）に入れたとき，コクンと音がしてショックがあるまでの時間を測定する

タイム・ラグ
1.2 秒以下

図3　タイム・ラグのテスト手順

| 作業名 | オートマチック・トランスミッションの整備（2） | 主眼点 | 点検と油圧測定 |

番号	作業順序	要　　　点	図　　　解
4	油圧テストをする（ライン・プレッシャの点検）	1. トランスミッション・ケースのテスト・プラグを取り外し，油圧ゲージを取り付ける。 2. パーキング・ブレーキを作動させる。 3. 輪止めをする。 4. エンジンを始動する。 5. ブレーキ・ペダルを強く踏んだままでDレンジにシフトし，アイドル回転速度時とストール回転時のライン・プレッシャを測定する（図4）。 6. RレンジにおいてもDレンジと同じ要領で測定する（図4）。	
5	外部診断器により点検する	各種センサ及び各種ソレノイドなどに異常（ダイアグノーシス・コードの発生）がないか，外部診断器を接続して点検する。 　異常がある場合は，ダイアグノーシス・コードが表示されるので，整備書の手順に従って，不具合箇所を診断する。	

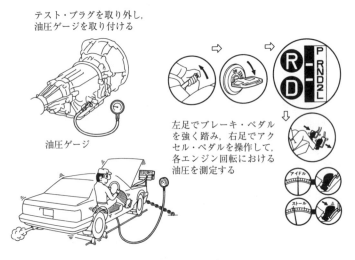

テスト・プラグを取り外し，油圧ゲージを取り付ける

油圧ゲージ

左足でブレーキ・ペダルを強く踏み，右足でアクセル・ペダルを操作して，各エンジン回転における油圧を測定する

図4　油圧テスト手順

| 備

考 | 1. 油量点検の注意
　（1）車両を水平な場所に置く。
　（2）パーキング・ブレーキを確実に作動させる。
　（3）アイドリングで暖機する（油温70〜80℃）。
　（4）シフト・レバーにより各レンジにシフトし，「P」又は「N」レンジにする。
　（5）ATFレベルゲージで「HOT」の範囲にあるか点検する。
　（6）ごみなどが入らないようにペーパ・ウエスを使用する。
2. レベル・ゲージの取り付いていない車両の場合（AT車及びCVT車）
　（1）点検は不要（本体から漏れがないことを確認する）。
　（2）ATFを抜き取った作業後は，整備書に従った量の点検・調整が必要になる。 |

作業名	ドライブ・シャフトの整備（FF車）	主眼点	脱着・分解・点検・組み立て

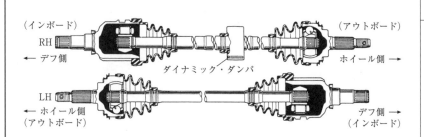

（インボード）
RH
← デフ側
ダイナミック・ダンパ
（アウトボード）
ホイール側 →

LH
← ホイール側
（アウトボード）
デフ側 →
（インボード）

デフ側等速ジョイント・タイプ	ホイール側等速ジョイント・タイプ
トリボード型	バーフィールド型（ツエッパ型）

図1　ドライブ・シャフト

		材料及び器工具など

実習車（FF車）
スナップ・リング・プライヤ
指定グリース
特殊工具（ブーツ・バンド・ツール）
一般工具

番号	作業順序	要　　　点	図　　　解
1	ドライブ・シャフトを取り外す	1．コッタ・ピン，ナット・キャップ，セット・ナット，ワッシャを取り外す。 2．トランスアクスル・オイルを抜き取る。 3．タイロッド・エンドを切り離す。 4．ロア・ボール・ジョイントを切り離す。 5．ドライブ・シャフトを取り外す（図2，図3）。	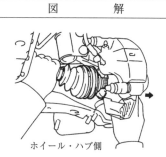 ホイール・ハブ側 図2　ドライブ・シャフトの取り外し
2	ドライブ・シャフトを分解する	1．インボード・ジョイント・ブーツを切り離す。 2．インボード・ジョイント・アウタ・レースを取り外す。 3．インボード・ジョイントを取り外す（図4，図5）。 4．インボード・ジョイント・ブーツ及びクランプを取り外す。 5．アウトボード・ジョイント・ブーツ及びクランプを取り外す。	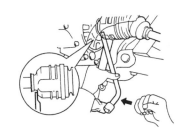 図3　ディファレンシャル側ドライブ・シャフトの取り外し
3	ドライブ・シャフトを組み立てる	1．ブーツ及びクランプを組み付ける。 2．インボード・ジョイントを組み付ける（図6，図7）。 3．インボード・ジョイント・アウタ・レースにグリースを充填して組み付ける。 4．インボード・ジョイント・ブーツを組み付ける。 5．アウトボード・ジョイント部にグリースを充填してブーツを組み付ける。	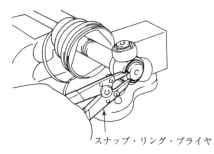 スナップ・リング・プライヤ 図4　スナップ・リングの取り外し

図5　インボード・ジョイントの取り外し

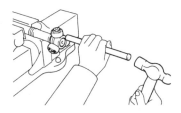

図6　インボード・ジョイントの組み付け

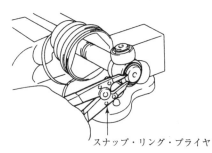

スナップ・リング・プライヤ

図7　スナップ・リングの取り付け

| 作業名 | ドライブ・シャフトの整備（FF 車） | 主眼点 | 脱着・分解・点検・組み立て |

番号	作業順序	要　　　点	図　　　解
3		6．ブーツ両端のブーツ・バンドに緩みがでないように，特殊工具などで締め付ける（図8）。 7．ブーツ・バンドをかしめる（図9）。 8．ドライブ・シャフトを点検する。	図8　ブーツ・バンドの締め付け
4	ドライブ・シャフトを取り付ける	取り付けは，分解の逆を行う。	切断した余り部分 図9　ブーツ・バンドのかしめ
備 考			

出所：（図8，図9）『切断機能付きブーツバンドツール（AS401）取扱説明書　No.T52001-0』京都機械工具（株）

| 作業名 | リヤ・アクスル・シャフトの整備（半浮動式） | 主眼点 | 分解・点検・組み立て |

材料及び器工具など

実習車（FR車）
リヤ・アクスル・シャフト・プーラ
ダイヤル・ゲージ
ダイヤル・ゲージ・スタンド
Ｖブロック
ベンチ・グラインダ
プレス
特殊工具（プーラ・セット）
一般工具

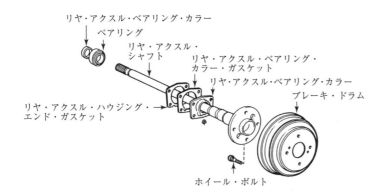

図1　リヤ・アクスル・シャフトの分解図

番号	作業順序	要　点
1	リヤ・アクスル・シャフトを取り外す	1．ブレーキ・ドラムを取り外す。 2．ベアリングの軸方向のがたを点検する（図2）。 3．リヤ・アクスル・シャフト・フランジ部の振れを点検する（図3）。 4．ブレーキ・チューブを切り離す。 5．ベアリング・カラー取り付けナットを取り外し，リヤ・アクスル・シャフトを取り外す（図4）。
2	リヤ・アクスル・シャフト及びベアリング・カラーを点検する	1．リヤ・アクスル・シャフトの振れ及び曲がりを点検する（図5）。 2．リヤ・アクスル・シャフトの亀裂，損傷及びスプライン部の摩耗を点検する。 3．リヤ・アクスル・ベアリング・カラーの摩耗，変形を点検する。
3	リヤ・アクスル・シャフトを分解する	1．リヤ・アクスル・ベアリング・カラーを取り外す。 ※カラーは，ベンチ・グラインダでカラーの一部を薄くなるまで削り（シャフトを削らないように注意），たがねなどで切断する（図6）。 2．ベアリングを取り外す（図7）。 3．ガスケットなどを取り外す。
4	リヤ・アクスル・シャフトを組み付ける	1．オイル・シールを取り付ける。 2．ベアリングを取り付ける（図8）。 3．エンド・ガスケットを取り付ける。
5	リヤ・アクスル・シャフト＆ベアリングを取り付ける	取り付けは，分解の逆を行う。

図　解

図2　ベアリングの　　　図3　フランジ部の
　　　軸方向のがた点検　　　　振れ点検

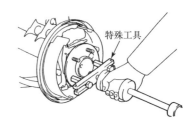

図4　アクスル・シャフトの抜き取り

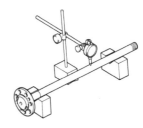

図5　アクスル・シャフトの振れ及び
　　　曲がり点検

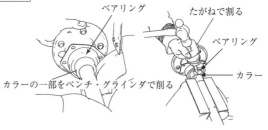

図6　ベアリング・カラーの取り外し

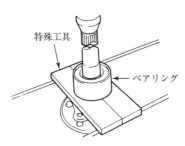

図7　ベアリングの取り外し

図8　ベアリングの取り付け

出所：（図6）『トヨタ　サービスマン技術修得書　第2ステップ』トヨタ自動車（株），1984年3月，図3-182（一部改変）

作業名	リヤ・アクスル・シャフトの整備（全浮動式）	主眼点	分解・点検・組み立て

リヤ・アクスル・シャフト・ガスケット

リヤ・アクスル・シャフト

オイル・シール

コーン・ワッシャ

図1　リヤ・アクスル・シャフトの分解図

材料及び器工具など

実習車（FR車）
ダイヤル・ゲージ
ダイヤル・ゲージ・スタンド
Vブロック
指定グリース
一般工具

番号	作業順序	要　点	図　解
1	リヤ・アクスル・シャフトを取り外す	1．セット・ナットを取り外す。 2．シャフトのサービス・ホールにボルト2本を交互にねじ込む（図2）。 3．シャフトを軽くたたいてコーン・ワッシャを取り外す。 4．シャフトのサービス・ホールからボルト2本を取り外す。 5．リヤ・アクスル・シャフト及びガスケットを取り外す（図3）。	 図2　シャフトのサービス・ホールにボルトをねじ込む
2	リヤ・アクスル・シャフトの点検及び部品交換をする	1．シャフトの振れ及び曲がり，亀裂及び損傷がないことを点検する（図4）。 2．オイル・シールを取り外す。	 ガスケット 図3　シャフト及びガスケットの抜き取り
3	リヤ・アクスル・シャフトを取り付ける	1．オイル・シールを取り付けリップ部に指定グリースを塗布する。 2．アクスル・ハブに新品のガスケットを取り付ける。 3．シャフトをハウジングに挿入し，コーン・ワッシャ及びスプリング・ワッシャを介してナットを規定トルクで締め付ける（図5）。	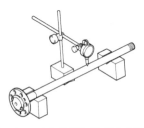 図4　シャフトの振れ及び曲がり点検
備考			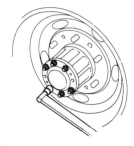 図5　規定トルクによるナットの締め付け

番号	No. 5.14－1

作業名	ディファレンシャルの整備	主眼点	分解・点検・組み立て

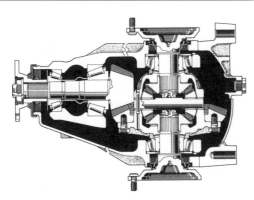

図1　断面図

材料及び器工具など

ディファレンシャル・キャリア・アセンブリ
ダイヤル・ゲージ
ダイヤル・ゲージ・スタンド
トルク・ゲージ
トルク・レンチ
プラスチック・ハンマ
新明丹
油槽
特殊工具
（ディファレンシャル・オーバホール用）
一般工具

番号	作業順序	要　点	図　解
1	ディファレンシャル・キャリア・アセンブリを分解する	1．コンパニオン・フランジのかしめをたがねなどにより解き，ナットとワッシャを取り外す（図2）。 2．特殊工具を使用して，コンパニオン・フランジを取り外す（図3）。 3．オイル・シールを取り外す。 4．特殊工具を使用して，フロント・ベアリングを取り外す（図4）。 5．ベアリング・キャップとディファレンシャル・キャリアに合わせマークを付け，ディファレンシャル・ケース・アセンブリを取り外す（図5）。 6．ドライブ・ピニオンを取り外す。 7．ドライブ・ピニオン・リヤ・ベアリングを取り外す。 8．フロント及びリヤ・ベアリング・アウタ・レースを取り外す。 9．プラスチック・ハンマを使用して，リング・ギヤ外周を軽くたたいて取り外す（図6）。 10．テーパローラ・ベアリング，サイド・ベアリングを特殊工具を使用して取り外す。 11．ディファレンシャル・ケースを分解し，内部構成部品を取り外す（図7）。	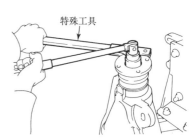 図2　ナットとワッシャの取り外し 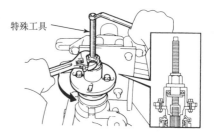 図3　コンパニオン・フランジの取り外し 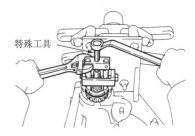 図4　フロント・ベアリングの取り外し
2	ディファレンシャル構成部品の点検をする	1．サイド・ギヤ及びピニオン・ギヤの摩耗を点検する。 2．ディファレンシャル・ケースの亀裂，損傷の有無を点検する。 3．ディファレンシャル・ケースの振れを点検する。	

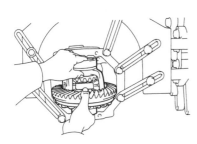

図5　ディファレンシャル・ケース・
　　　アセンブリの取り外し

図6　リング・ギヤの取り外し

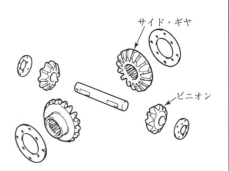

図7　内部構成部品の取り外し

作業名	ディファレンシャルの整備	主眼点	分解・点検・組み立て

番号	作業順序	要　　　　点	図　　　解
3	ディファレンシャル・キャリア・アセンブリを組み立てる	1. ディファレンシャル・ケースを組み付け，サイド・ギヤのバックラッシュが基準値内であり，かつスムーズに回ることを点検する（図8）。 2. リング・ギヤを油槽にて 90 ～ 100℃ に加熱する（図9）。 3. リング・ギヤとディファレンシャル・ケースの合わせ面の油脂を十分に清掃し，素早く組み付ける。 4. 新品のロック・プレートを介してセット・ボルトを規定トルクで締め付けて爪を起こし，回り止めをする（図10）。 5. サイド・ベアリングを組み付ける。 6. ディファレンシャル・ケースをキャリアに仮組み付けし，リング・ギヤの振れを点検して基準値内であれば，ディファレンシャル・ケースを取り外す（図11）。 7. ドライブ・ピニオンのフロント及びリヤ・ベアリング・アウタ・レースを組み付ける。 8. ドライブ・ピニオン・ベアリング・リヤ用を組み付ける。 9. ドライブ・ピニオンをディファレンシャル・キャリアに仮組み付けをする（図12）。 10. 特殊工具を使用して，コンパニオン・フランジを取り付ける（図13）。 11. 特殊工具を使用して，プレート・ワッシャを介して新品のナットを規定のトルクで締め付けることにより，プレロード（予圧）を与えることができる（図14）。 12. ドライブ・ピニオンの起動トルクを測定する（図15）。 13. ディファレンシャル・ケースをキャリアに組み付ける。	図8　サイド・ギヤのバックラッシュの点検 100℃ 図9　リング・ギヤの加熱 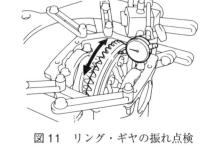 図10　ロック・プレートでの回り止め 図11　リング・ギヤの振れ点検

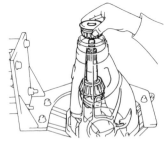

図12　ドライブ・ピニオンとディファレンシャル・キャリアの仮組み付け

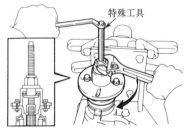

特殊工具

図13　コンパニオン・フランジの取り付け

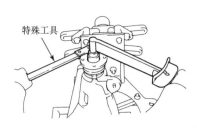

特殊工具

図14　規定のトルクによる締め付け

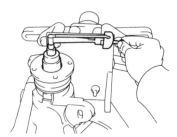

図15　ドライブ・ピニオンの起動トルクの測定

| 作業名 | ディファレンシャルの整備 | 主眼点 | 分解・点検・組み立て |

番号	作業順序	要　　点	図　　解
3		14. リング・ギヤのバックラッシュが，ほぼ基準値内に入るようなプレート・ワッシャを選択し，リング・ギヤ背面側に取り付ける（図16）。 15. バックラッシュを点検する（図17）。 16. サイド・ベアリングのプレロードが，基準値になるようなプレート・ワッシャを選択し，リング・ギヤ歯面側に取り付ける（図18）。 17. ベアリング・キャップを取り付け規定トルクで締め付ける。 18. 再びリング・ギヤのバックラッシュが基準値内であることを確認する（図17）。 19. 総合プレロードを測定し，基準値内であることを確認する（図19）。 20. リング・ギヤとドライブ・ピニオンの歯当たりを点検する（図20，図21）。 21. 仮取り付けしたコンパニオン・フランジを取り外す。 22. ドライブ・ピニオン・フロント側ベアリングを取り外す。 23. ドライブ・ピニオン・ベアリング・スペーサを組み付ける（図22）。 24. ドライブ・ピニオン・フロント側ベアリングを取り付ける。 25. オイル・シールを組み付ける。	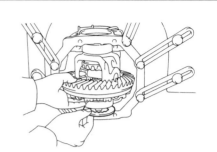 図16　リング・ギヤのバックラッシュの調整 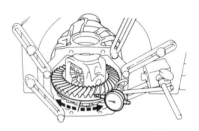 図17　バックラッシュの点検  図18　プレート・ワッシャの取り付け

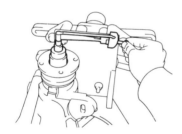

図19　総合プレロードの測定

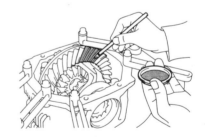

図20　リング・ギヤとドライブ・ピニオンの歯当たり点検

正しい歯当たり

トー側
（被駆動側）　（駆動側）
ヒール側

①ヒール当たり　②トー当たり

ドライブ・ピニオンを
リング・ギヤに近づけ
るようにプレート・
ワッシャを選択する

ドライブ・ピニオンを
リング・ギヤから遠ざ
けるようにプレート・
ワッシャを選択する

③フェース当たり　④フランク当たり

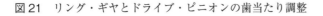

①と同じ方法で調整する　②と同じ方法で調整する

図21　リング・ギヤとドライブ・ピニオンの歯当たり調整

図22　ドライブ・ピニオン・ベアリング・スペーサの組み付け

| 作業名 | ディファレンシャルの整備 | 主眼点 | 分解・点検・組み立て |

番号	作業順序	要　　点	図　　解
3		26. コンパニオン・フランジを組み付ける（図23）。 27. ナットを規定トルクで締め付ける（図24）。 28. ドライブ・ピニオンのプレロードを測定する。 　　不足の場合は，ナットを5°～10°ずつ増し締めしてプレロードを測定し，基準値になるよう繰り返し調整する（図25）。 29. 総合プレロードを測定し，基準値であることを確認する（図25）。 30. ドライブ・ピニオンとリング・ギヤのバックラッシュを点検する（図26）。 31. コンパニオン・フランジの振れを点検する（図27，図28）。 32. ドライブ・ピニオンのナットをかしめる（図29）。	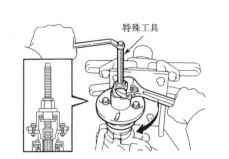 図23　コンパニオン・フランジの組み付け

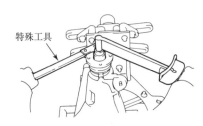

図24　ナットを規定トルクで締め付ける

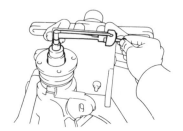

図25　ドライブ・ピニオンのプレロード測定

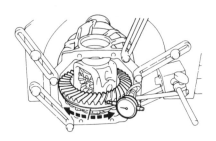

図26　ドライブ・ピニオンとリング・ギヤの
　　　バックラッシュ点検

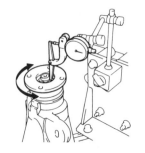

図27　コンパニオン・フランジの振れ点検①

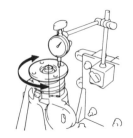

図28　コンパニオン・フランジの振れ点検②

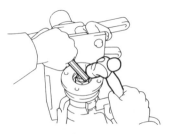

図29　ドライブ・ピニオンのナットのかしめ

| 備考 | |

| 作業名 | ブレーキ・マスタ・シリンダ（タンデム型）の整備 | 主眼点 | 分解・点検・組み立て |

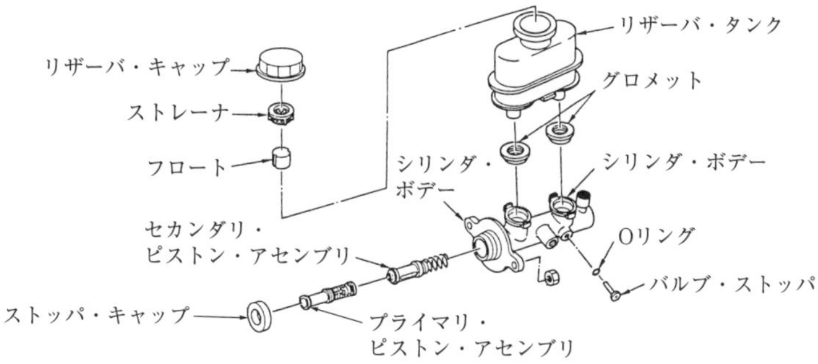

材料及び器工具など

マスタ・シリンダ（タンデム型）
指定グリース（ラバー・グリース）
一般工具

図1に示す構造

リザーバ・キャップ
ストレーナ
フロート
セカンダリ・ピストン・アセンブリ
ストッパ・キャップ
リザーバ・タンク
グロメット
シリンダ・ボデー
シリンダ・ボデー
Oリング
バルブ・ストッパ
プライマリ・ピストン・アセンブリ

図1　マスタ・シリンダ（タンデム型）の構造

図　　　解

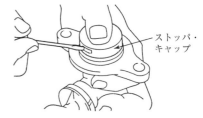

図2　ストッパ・キャップの取り外し

木片等

図3　セカンダリ・ピストンの抜き取り

番号	作業順序	要　　　点
1	分解する	1．ストッパ・キャップの爪の部分にマイナス・ドライバを差し込み，爪を起こしてキャップを取り外す。 　このときマスタ・シリンダ内部のピストンが飛び出すおそれがあるので，キャップを押さえながら行う（図2）。 2．プライマリ・ピストン・アセンブリのシリンダ内壁に傷を付けないように，真っすぐ引き抜く。 3．セカンダリ・ピストン・アセンブリのフランジ部を木片などの軟らかいものに軽く打ちつけ，シリンダ内壁に傷を付けないように真っすぐ引き抜く（図3）。
2	点検する	1．シリンダ及び各ピストンの摩耗，損傷，さびの有無を点検する。 2．リターン・スプリングの損傷，衰損の有無を点検する。 3．ピストン・カップ，シール，グロメットの損傷，変形，摩耗の有無を点検する。 4．リザーバ・タンクの損傷の有無を点検する。
3	組み立てる	分解の逆に行うが，次の点に注意する。 1．組み付け部品は奇麗なブレーキ・フルードで洗浄する。 2．ピストンにカップを組み付けるとき，フロント，リヤ側の方向に注意する（図4）。また，指定グリースを塗布する。 3．シリンダにセカンダリ・ピストン，プライマリ・ピストンの順に組み付ける。そのときカップに傷を付けないように注意する。 4．ピストンをストッパ・キャップで押さえ付けながら，つめがシリンダ溝に掛かるまで押し込む（図5）。

ABS非装着車

セカンダリ・ピストン

プライマリ・ピストン

図4　ピストンにカップを組み付ける方向

図5　ストッパ・キャップの取り付け

| 備考 | 1．洗浄，組み立てのとき，灯油，ガソリンなどは，絶対に使わないこと。
2．車両に再組み付けして使うときは，ストッパ・キャップ，ピストン，ピストン・カップ，シールは必ず新品にすること。
3．別銘柄，別規格のブレーキ・フルードを絶対に補充しないこと。
　添加剤が異なるので，混合することで高温時に反応したり，沈殿物の析出，その他の弊害が起こることがある。
4．非分解式マスタ・シリンダの場合は，マスタ・シリンダ・アセンブリを交換する。 |

| 作業名 | ブレーキ倍力装置の整備（一体型真空倍力式） | 主眼点 | 現車における点検 |

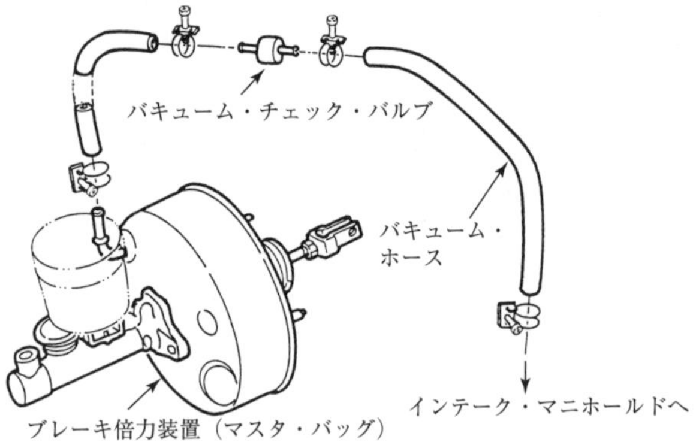

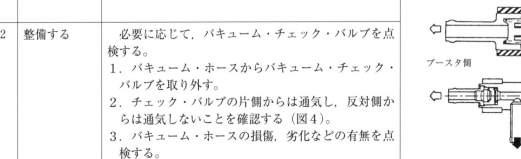

図1　全体図

材料及び器工具など

一体型真空倍力装置付き実習車
一般工具

図　　　解

番号	作業順序	要　　　点
1	機能を点検する	1．エンジン停止状態で，ブレーキ・ペダルを数回踏み，真空圧を大気圧にする。ブレーキ・ペダルを強く踏み込んだままエンジンを始動し，真空圧が規定値に達したとき，ブレーキ・ペダルと床板との隙間が減少するか点検する（図2）。 2．エンジンを停止させ，真空圧が大気圧になるまでブレーキ・ペダルを普通に踏み込んだとき，1回目より2回目，3回目と踏み込むに従って，ブレーキ・ペダルと床板との隙間が増大するかを点検する（図3）。 3．エンジンを始動し，ブレーキ・ペダルを強く踏んだとき，30秒間ペダルの高さが変わらないことを点検する。
2	整備する	必要に応じて，バキューム・チェック・バルブを点検する。 1．バキューム・ホースからバキューム・チェック・バルブを取り外す。 2．チェック・バルブの片側からは通気し，反対側からは通気しないことを確認する（図4）。 3．バキューム・ホースの損傷，劣化などの有無を点検する。

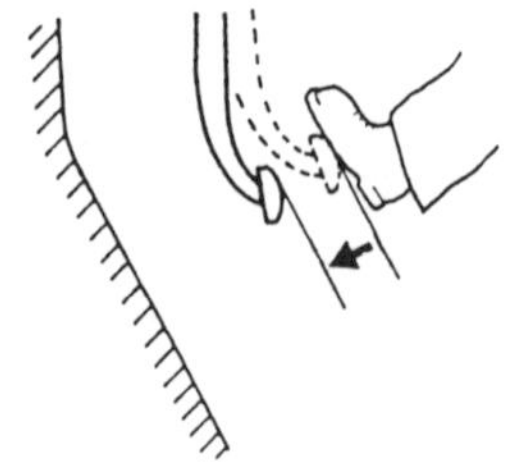

図2　作動の点検

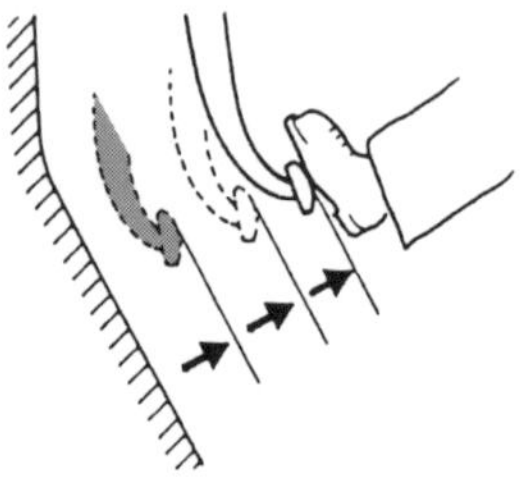

図3　気密の点検

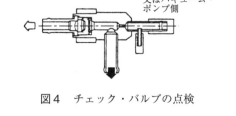

図4　チェック・バルブの点検

備考

1．ブレーキ倍力装置の負圧室の圧力を検出する，ブレーキ・ブースタ圧力センサが取り付けられているものもある（参考図1）。
2．ハイブリッド自動車や電気自動車などは，エンジンによる負圧が得られづらい又は得られないことから，バキューム・ポンプを設け負圧を発生させている。

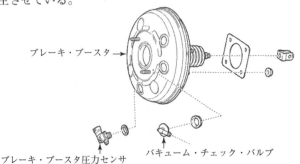

参考図1　ブレーキ・ブースタ圧力センサ付ブレーキ倍力装置

出所：(参考図1)『ヴィッツ　KSP 13#』トヨタ自動車（株），2018年6月（一部改変）

			番号	No. 5.17
作業名	ディスク・ブレーキの整備 （ブレーキ・パッド，ブレーキ・ディスク）		主眼点	分解・点検・組み立て

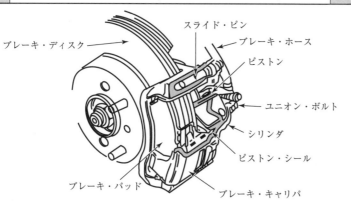

ブレーキ・ディスク／スライド・ピン／ブレーキ・ホース／ピストン／ユニオン・ボルト／シリンダ／ピストン・シール／ブレーキ・パッド／ブレーキ・キャリパ

図1　全体図

材料及び器工具など

実習車（ディスク・ブレーキ車）
スケール
ダイヤル・ゲージ
ダイヤル・ゲージ・スタンド
ノギス
トルク・レンチ
指定グリース
一般工具

番号	作業順序	要　点	図　解
1	取り外す	1．キャリパ取り付けボルトを外し，車両からブレーキ・キャリパを取り外す。 ※ブレーキ・ホースが，過度に折れ曲がらないように注意する。 2．必要に応じて，ブレーキ・ディスクを取り外す。	
2	分解する	ブレーキ・パッド・リターン・スプリング，ブレーキ・パッド，シム，シム・カバー及びブレーキ・パッド・リテーナ・スプリングを取り外す（図2）。 ※左右で入れ替わらないように注意する。	ブレーキ・パッド／ブレーキ・キャリパ／ブレーキ・パッド／シム・カバー／シム／ブレーキ・パッド・リテーナ・スプリング／ブレーキ・パッド・リターン・スプリング
3	点検する	1．ブレーキ・パッド・リテーナ・スプリングなどに損傷，衰損の有無を点検する。 2．ブレーキ・パッドの厚さ，偏摩耗の有無を点検する。 3．ブレーキ・ディスクの摩耗，損傷，振れの有無を点検する（図3）。 4．スライド・ピンの摩耗，損傷の有無を点検する。	図2　分　解
4	組み立てる	分解の逆に行うが，次の点に注意する。 1．ブレーキ・パッド・リテーナ・スプリングを取り付ける。 2．ブレーキ・パッド，シム，シム・カバー，スライド・ピンに指定グリースを塗付する。 3．ブレーキ・パッド・リターン・スプリングを取り付ける。 4．ブレーキ・キャリパを組み付け，ブレーキ・キャリパ取り付けボルトを規定トルクで締め付ける。 5．ブレーキ・キャリパを手で左右に動かしたときに，スムースに動くことを確認する（スライド・ピンの状態を確認）。 6．ブレーキ・ディスクを回転させたときに，異音などがないことを確認する。	図3　ブレーキ・ディスクの振れ点検

| 備

考 | 【固定（対向）型キャリパ】
1．キャリパをステアリング・ナックルに固定し，ブレーキ・ディスクの両面にピストンを配置したもの。
2．長所は，ブレーキ・キャリパが固定されているので剛性が高く，ブレーキからの反力をブレーキ・キャリパが十分に支えるほか，ブレーキ・パッドの引きずりなども発生しにくく，制動安定性が高い。
3．短所は，高い加工精度を必要とするピストンとシリンダが2組あり，それらを液圧回路でつなぐので，浮動型キャリパに比べるとコストが高くなると共に，重量が重くなる。
4．ピストンを2つ備えたものを2ポッド式キャリパ，4つ持つものを4ポッド式キャリパと呼ぶ。 | 
参考図1　固定型キャリパ
出所：日産自動車（株） |

			番号	No. 5.18

作業名	ディスク・ブレーキの整備（ピストン・シール交換）	主眼点	ブレーキ・キャリパの 分解・点検・組み立て

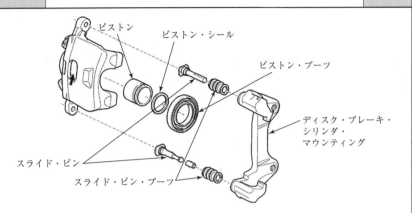

図1　全体図

材料及び器工具など

エア・ガン
木片
指定グリース
一般工具

図　　　解

番号	作業順序	要　　　点
1	取り外す	1．ブレーキ・キャリパに接続しているブレーキ・ホースを，ユニオン・ボルトを緩めて取り外す（図2）。 2．キャリパ取り付けボルトを外し，車両からブレーキ・キャリパを取り外す。 ※シール・ワッシャは再使用不可なので，必ず新品に交換する。
2	分解する	1．図3のように木片を挟み，ユニオン・ボルトの取り付け穴より圧縮空気を送り，ピストン，ブーツ，ピストン・ブーツ・リテーナを取り外す。 ※圧縮空気でブレーキ・フルードが飛び散ることがあるので，注意して作業する。ブレーキ・フルードは塗装面を侵す。 2．マイナス・ドライバなどでピストン・シールを取り外す（図4）。 ※シリンダに傷を付けないように注意する。
3	点検する	1．シリンダ及びピストンに摩耗，損傷，さびなどの有無を点検する。 2．リテーナ，スプリングなどに損傷，衰損の有無を点検する。 3．スライド・ピンの摩耗，損傷の有無を点検する。
4	組み立てる	分解の逆に行うが，次の点に注意する。 1．シリンダにピストン・シールを取り付けるとき及びピストンにブーツを組み付けるときは，指定グリースを塗布する。 2．ピストンをシリンダに組み付けるときは，手でピストンを押して，ピストン・ブーツのリップ部をピストンの溝に入れる。 3．ピストンをシリンダに組み付けた後，ブーツ・リテーナをマイナス・ドライバなどでシリンダの溝に確実にセットする（図5）。 4．スライド・ピン及びスライド・ピン・ブーツを組み付けるときは，指定グリースを塗付する。また，組み付け後はスライド・ピンがスムースに動くことを確認する。

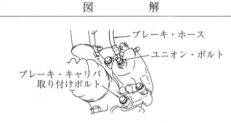

図2　ブレーキ・ホースの取り外し

図3　ピストンの抜き取り

＊　再使用不可部品

図4　ピストン・シールの取り外し

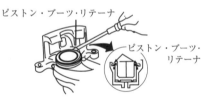

図5　ピストン・ブーツ・リテーナの取り付け

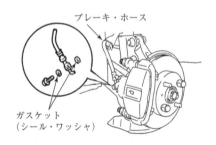

参考図1　ユニオン両端の
ガスケット取り付け位置

備考	1．洗浄，組み立てのとき，灯油，ガソリンなどは，絶対に使わないこと。 2．ピストン・シール（ゴム部品）は，必ず新品にすること。 3．ブレーキ・キャリパとブレーキ・ホースの接合部であるユニオンの両端には，ガスケット（シール・ワッシャ）が入っているが，再使用不可部品なので，必ず新品に交換すること（参考図1）。 4．固定キャリパの整備は，ピストンが複数あるので注意し，整備書を参照する。

出所：（図1）『ダイハツ　タント　2013.9 ～ 2013.12 修理書』ダイハツ工業（株）
　　　（参考図1）『トヨタサービス　技術テキスト　導入教育編』トヨタ自動車（株），1994年2月，p.3-20（一部改変）

作業名	ドラム・ブレーキの整備 （ブレーキ・シュー，ブレーキ・ドラム）	主眼点	分解・点検・組み立て

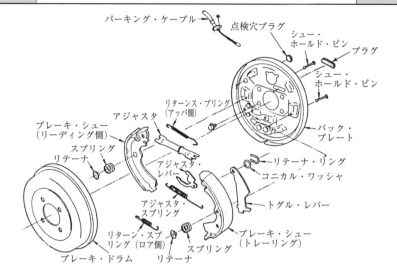

図1　全体図

材料及び器工具など

実習車（ドラム・ブレーキ車）
ブレーキ・クリーナ
ブレーキ・ドラム
ノギス
指定グリース
一般工具

番号	作業順序	要　　点
1	取り外す	パーキング・ブレーキ・レバーを戻した状態でブレーキ・ドラムを取り外す。固着している場合は，ブレーキ・ドラムのねじ穴部にボルト2本をねじ込み，交互に締め込んでいき取り外す（図2）。
2	分解する	1．シュー・ホールド・ピンのリテーナを押しながら回して，ピンを抜き取る。ブレーキ・シュー（リーディング）をアンカから外し，更にリターン・スプリング（ロア側）をブレーキ・シュー（リーディング）から取り外す（図3）。 2．1．と同様にブレーキ・シュー（トレーリング）をアジャスタ・アセンブリと一緒に取り外す。 3．パーキング・ケーブルのスプリングを外し，トグル・レバーからパーキング・ケーブルを取り外す。 4．ブレーキ・シュー（トレーリング）からリテーナ・リングを外し，トグル・レバーを取り外す。
3	点検する	1．ブレーキ・シューのライニングの偏摩耗，厚さを点検する。 2．ブレーキ・ドラムの亀裂，損傷，摩耗の有無を点検する。 3．ブレーキ・ドラムの内径をノギスで測定し，限度値以上になっていないかを確認する（図4）。 4．バック・プレートの摩耗の有無を確認する。
4	組み立てる	分解の逆に行うが，次の点に注意する。 1．バック・プレートとシューのしゅう動面及び図5の矢印部に指定グリースを塗布してシューを組み付ける。 2．アジャスタを分解したときは，ねじ部に指定グリースを塗布する。左右輪を間違わないように取り付ける。 3．ブレーキ・ドラムを取り付け，回転させたときに異音がないことを確認する。

図　　解

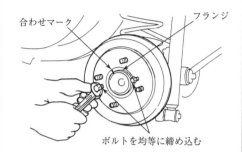

図2　ブレーキ・ドラムの取り外し

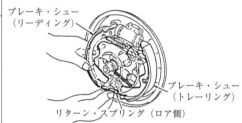

図3　ブレーキ本体の分解

図4　ブレーキ・ドラムの内径測定

図5　指定グリースの塗布箇所

備考	アジャスタの左右の見分け方の一例は，以下のとおりである（参考図1）。 なお，アジャスタには各車種類があるので，整備書を参照のこと。 　　　右後輪　溝：なし　ねじ方向：右ねじ 　　　左後輪　溝：あり　ねじ方向：左ねじ 出所：（図2）『トヨタサービス　技術テキスト　導入教育編』トヨタ自動車（株），1994年2月， 　　　　　p.3-23（一部改変） 　　　（図4）（図2に同じ）p.3-28（一部改変）

参考図1　アジャスタの見分け方

			番号	No. 5.20
作業名	ドラム・ブレーキの整備 （ホイール・シリンダ）	主眼点	分解・点検・組み立て	

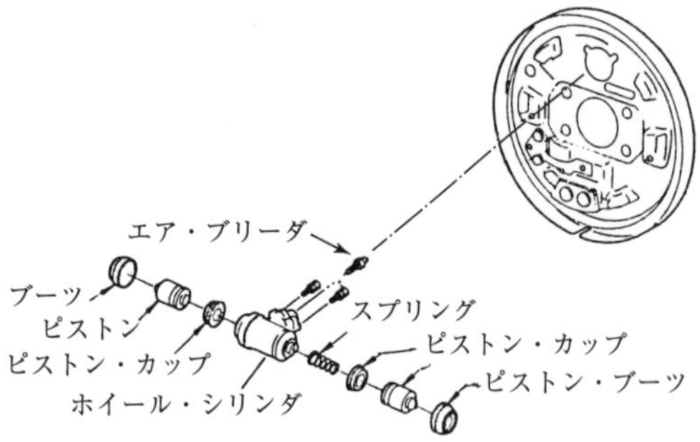

図1　全体図

材料及び器工具など

実習車（ドラム・ブレーキ車）
ノギス
ホイール・シリンダ・ポリッシュ
（ホイール・シリンダ・ホーニング）
電気ドリル（エア・ドリル）
指定グリース（ラバー・グリース）
ブレーキ・クリーナ
一般工具

番号	作業順序	要　　点	図　　解
1	取り外す	1．パーキング・ブレーキ・レバーを戻した状態でブレーキ・ドラムを取り外す。 2．ブレーキ・シューを取り外す（No.5.19参照）。 ※ピストン・カップの交換のみの作業の場合は，ホイール・シリンダを取り外す必要はない。	
2	分解する	ホイール・シリンダの左右のダスト・ブーツを外し，ピストンをシリンダから抜き取る（図2）。 ※ブレーキ・フルードが漏れるので，ブレーキ・シューに付着しないように注意する。	 図2　ホイール・シリンダの分解
3	点検する	1．ピストン及びホイール・シリンダの摩耗，損傷，さびの有無を点検する。 2．ホイール・シリンダ内壁にさびなどがある場合は，電気ドリルなどに取り付けたホイール・シリンダ・ポリッシャ（ホイール・シリンダ・ホーニング）により研磨する。 　研磨後は，ホイール・シリンダ内を奇麗に清掃する。	
4	組み立てる	分解の逆に行うが，次の点に注意する。 1．ホイール・シリンダのピストンしゅう動面を組み付けるときは，ブーツとピストン・カップに指定グリースを塗布する（図3）。 2．カップ及びブーツは新品を取り付ける。 3．ブレーキ・シューを組み付ける。	図3　指定グリースの塗布部品
備考		1．ホイール・シリンダを洗浄，組み立てするとき，灯油，ガソリンなどは，絶対に使わないこと。 2．ピストン・カップなど（ゴム部品）は，再使用不可部品なので，必ず新品に交換すること。	

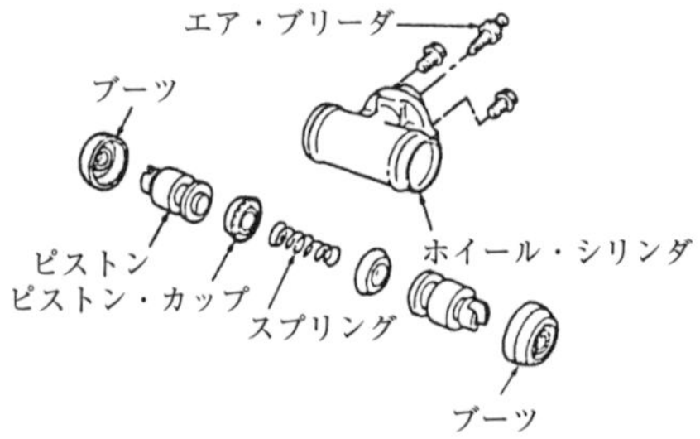

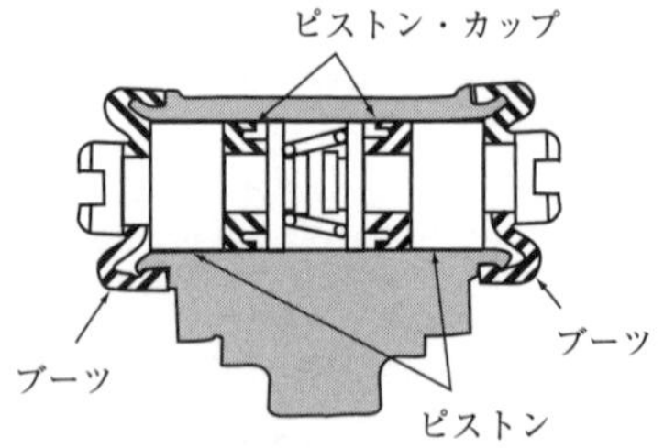

作業名	ブレーキ調整	主眼点	シュー・クリアランスの調整と ブレーキ・フルード交換

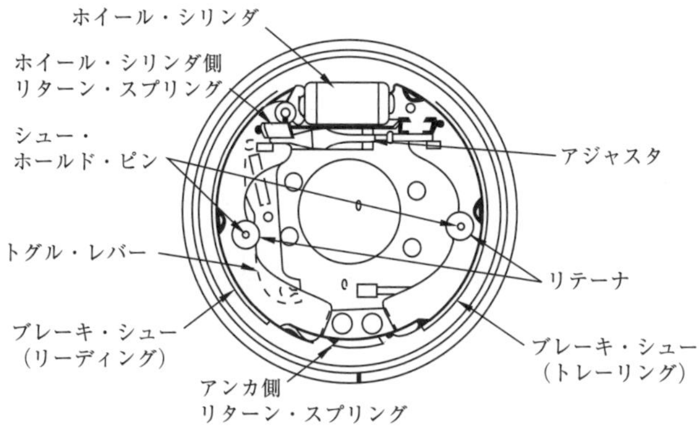

図1　断面図

ホイール・シリンダ
ホイール・シリンダ側 リターン・スプリング
シュー・ホールド・ピン
トグル・レバー
ブレーキ・シュー （リーディング）
アンカ側 リターン・スプリング
アジャスタ
リテーナ
ブレーキ・シュー （トレーリング）

材料及び器工具など

実習車（ドラム・ブレーキ車）
ブレーキ・アジャスタ・ツール
ブレーキ踏力計
ブレーキ・フルード・フィラ
エア抜き用レンチ
ビニール・チューブ
スケール
一般工具

番号	作業順序	要　　点	図　　解
1	ブレーキ・ペダルの高さ及び遊びを調整する	1．エンジンを停止した状態でブレーキ・ペダルを数回踏み込み，ブースタ内を大気圧状態にする。 2．ブレーキ・ペダルを手で抵抗を感じるまで押したときの移動量（遊び）を測定する。 　規定値にない場合は，プッシュ・ロッドの長さを調整する（図2）マスタ・シリンダ取り付け部のシムの厚さで調整するタイプもある。 3．エンジンをアイドリングにして，ブレーキ・ペダルを規定値で踏み込んだときの，ペダルと床板との隙間を測定する（図3）。	 ストッパ・ボルト 図2　ブレーキ・ペダルの遊び点検
2	ブレーキ・ドラムとブレーキ・ライニングとの隙間を調整する	1．車両をジャッキ・アップし，ホイールが自由に回るようにする。 2．サイド・ブレーキのアジャスト・ナットを緩め，フレキシブル・ワイヤを十分に緩める。 3．バック・プレートの点検穴にマイナス・ドライバを差し込み，アジャスタ・アセンブリのコマをシューが広がる（緩め）方向に回す。 　カチカチ音がなくなるまで回転させ，ホイールを完全にロックさせる。 4．点検穴から，細軸ドライバなどでアジャスタ・レバーを押し，コマとレバーのかん合を外す（図4）。 5．その状態で，ホイールが回転しはじめる（瞬間）まで，マイナス・ドライバによりアジャスタ・アセンブリのコマをシューが縮まる（緩め）方向に回す。 6．そこから更に2コマ程度，シューが縮まる（緩め）方向に回す。ブレーキ・シューとブレーキ・ドラムが，かすかに接触する音がする。 7．ブレーキ・ペダルを繰り返し踏み，シューを安定させる。かすかな接触音の再確認及び引きずりがないことを確認する。 8．サイド・ブレーキの引きしろが，規定値になるようにアジャスト・ナットで調整する。	 ブレーキ踏力計 スケール 図3　ブレーキ・ペダルと床板との隙間点検 バック・プレート ホイール・シリンダ プラグ 緩め方向 点検穴 押す アジャスタ・アセンブリのコマ アジャスタ・レバー 図4　ブレーキ・ドラムとブレーキ・ライニングとの隙間調整
3	ブレーキ・ラインのエア抜き，ブレーキ・フルードの交換を行う	1．マスタ・シリンダのリザーバ・タンク内を清掃後，ブレーキ・フルード・フィラをリザーバ・タンクに取り付け，新しいブレーキ・フルードを入れる（図5）。 2．リヤ左輪のホイール・シリンダのエア・ブリーダにビニール・チューブを継ぎ，エア・ブリーダを開放する（緩める）。チューブの他端は受け容器の中に入れておく。	 ブレーキ・フルード・フィラ リザーバ・タンク 図5　ブレーキ・フルードの補給

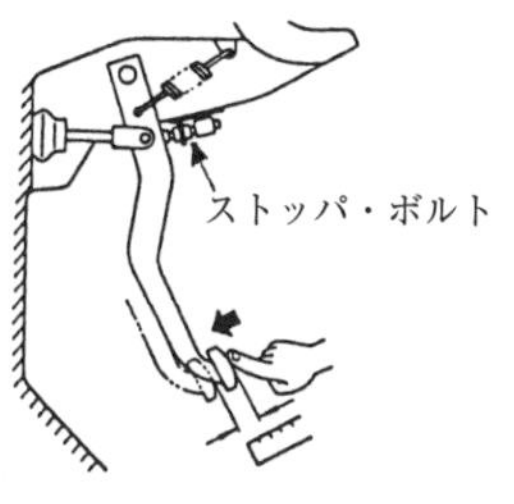

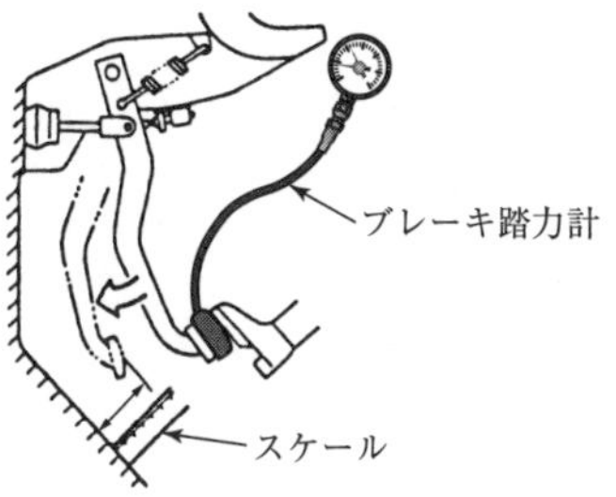

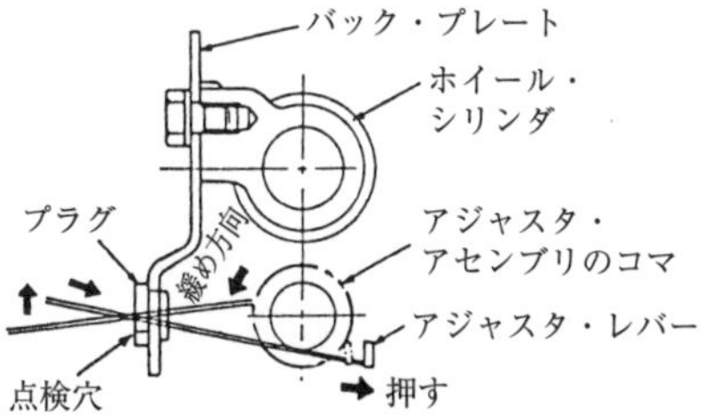

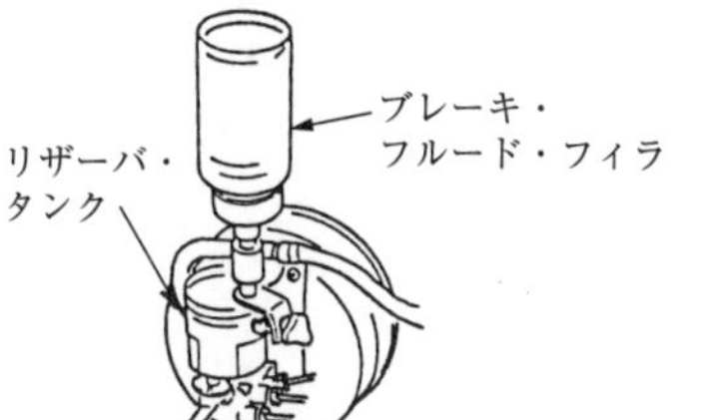

作業名	ブレーキ調整	主眼点	シュー・クリアランスの調整と ブレーキ・フルード交換

番号	作業順序	要　　　　点	図　　　解
3		【ブレーキ・フルード交換】 3．エア・ブリーダを開けた状態でブレーキ・ペダルを，汚れたフルードが流出し，新しいフルードが流出するまで，フル・ストロークで「踏んで・戻す」を繰り返す。 　　次に踏むまで2〜3秒間隔をとり，数回繰り返す。ペダルを踏み込んだ状態でエア・ブリーダを閉じる（図6）。 4．ビニール・チューブ内の気泡がなくなるまで繰り返す。 5．エア・ブリーダを規定トルクで締め付ける。 6．次にリヤ右輪，フロント左輪，フロント右輪の順に行う（図7）。	図6　エア抜き 図7　ブレーキ・フルードの交換手順

【エア抜き，ブレーキ・フルード交換の作業上の留意事項】
1．ブレーキ・フルードは，各社指定のフルードを使う。
2．リザーバ・タンク内のブレーキ・フルードが不足しないように注意する。
3．ブレーキ・フルードを補給するとき，気泡が発生しないように静かに入れる。
4．ブレーキ・フルードが，塗装面に掛からないように注意する。
5．エア抜き，ブレーキ・フルード交換作業は，マスタ・シリンダから遠いホイール・シリンダから行うのが基本であるが，車種によって異なるので注意する。
6．ブレーキ・ペダルの踏み込み操作をあまり早くすると，気泡が細かくなるので注意する。
7．容器に抜き取ったブレーキ・フルードは再使用しない。
8．別銘柄，別規格のブレーキ・フルードを絶対に補充しないこと。
　　添加剤が異なるため，混合することで高温時に反応したり，沈殿物の析出，その他の弊害が起こることがある。
9．一部の車両では，外部診断器を用いた作業が必要である。

備

考

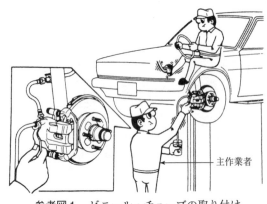

参考図1　ビニール・チューブの取り付け
　　　　　（ディスク・ブレーキ）

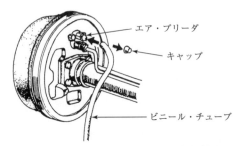

参考図2　ビニール・チューブの取り付け
　　　　　（ドラム・ブレーキ）

出所：（図7，参考図1）『トヨタサービス　技術テキスト　導入教育編』トヨタ自動車（株），1994年2月，p.3-39
　　　（参考図2）（図7に同じ）p.3-38（一部改変）

作業名	パーキング・ブレーキの整備 （内部拡張式センタ・ブレーキ）	主眼点	点検と調整

材料及び器工具など

実習車
集じん器
指定グリース
特殊工具（ブレーキ・アジャスタ・ツール）
一般工具

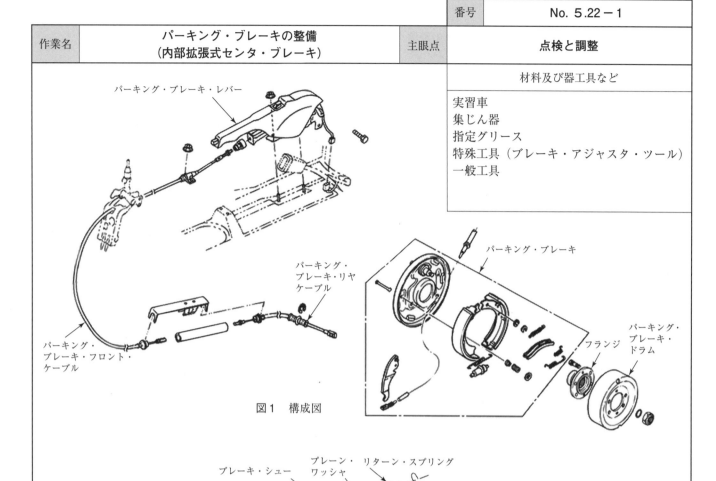

図1　構成図

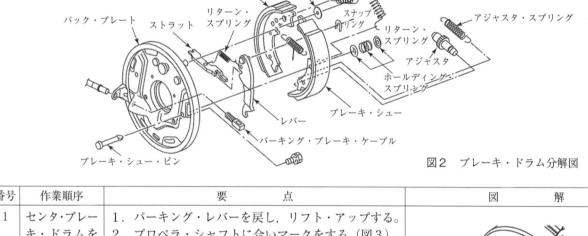

図2　ブレーキ・ドラム分解図

番号	作業順序	要　　　点	図　　　解
1	センタ・ブレーキ・ドラムを取り外す	1．パーキング・レバーを戻し，リフト・アップする。 2．プロペラ・シャフトに合いマークをする（図3）。 3．プロペラ・シャフトを取り外す。 4．センタ・ブレーキ・ドラムを取り外し，粉じんを集じん器で集めて処理する。 5．ブレーキ・シューを取り外す。	
2	点検する	1．シューの摩耗，損傷，オイルによる汚損を点検する。 2．センタ・ブレーキ・ドラムの摩耗，損傷を点検する。 3．スプリングの折損，へたりを点検する。 4．シューとバック・プレートの当たり面の段付き摩耗の有無を点検する。アジャスタのさびなども点検する。 5．バック・プレートを清掃する。	図3　パーキング・ブレーキ・ドラムと プロペラ・シャフトに合いマーク
3	組み付けする	取り外しの逆の順で行うが，次の点に注意する。 　バック・プレートのシューの当たり面に指定グリースを塗布する（図4）。	図4　指定グリースの塗布箇所

作業名	パーキング・ブレーキの整備 （内部拡張式センタ・ブレーキ）	主眼点	点検と調整

番号	作業順序	要　　　点	図　　　解
4	調整する	1．ドラムのアジャスタ調整穴からマイナス・ドライバで，アジャスタ・ホイールを回してブレーキ・ライニングをドラムに密着させる（カチカチ音がなくなるまで）（図5）。 2．アジャスタ・ホイールのコマを規定回転戻す。 3．ドラムを回して，引きずりがないか確認する。 4．引きしろはパーキング・ブレーキ・レバーのアジャスト・ナットで調整する（図6）。	 図5　センタ・ブレーキ・ドラムと 　　　ブレーキ・ライニングとの隙間調整 図6　引きしろの調整
備考			

出所：（図1～図3）『いすゞエルフ　2019年モデル（2RG/2PG/2SG）修理書』いすゞ自動車（株）

作業名	エア・オーバ・ハイドロリック・ブレーキの整備 （空気・油圧複合式）	主眼点	点検方法

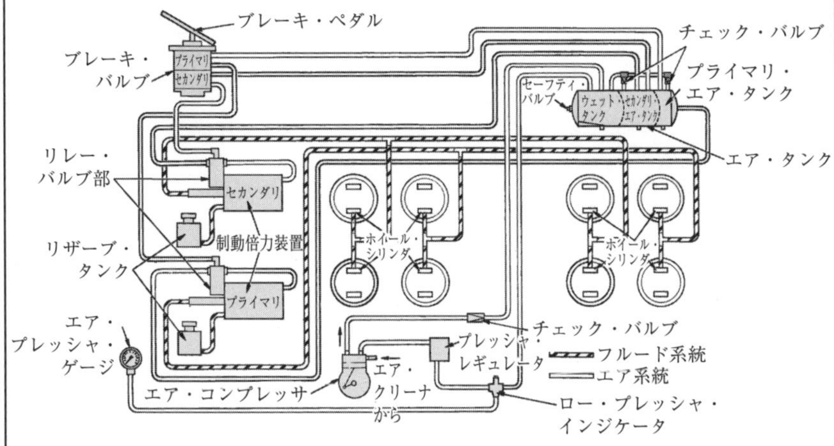

	材料及び器工具など
	実習車 圧力計 スケール ブレーキ・テスタ

図1　全体図

番号	作業順序	要　　点	図　　解
1	点検する	1．ブレーキ・ペダルの遊びを点検する。 　　ブレーキ・ペダルを指で軽く抵抗を感じるまで押し，遊びの量が規定の範囲にあるか，スケールなどで点検する（図2）。 2．ブレーキ・バルブの機能を点検する。 （1）規定のエア圧の状態で補助者にブレーキ・ペダルを一杯に踏み込ませ，エア・バルブからエア漏れがないか聴音で確認する。ブレーキ・ペダルを戻したとき，エア・バルブからのエア排出が不良でないか点検する（図3）。 （2）ブレーキ・バルブのエアの吐出側に圧力計を取り付け，規定のエア圧の状態で補助者にブレーキ・ペダルを一杯に踏み込ませ，圧力計がエア・タンク内の圧力と同じ圧力であるか点検する（図4）。 3．ブレーキ倍力装置の機能を点検する。 　　エア・タンク内圧力が規定値の状態で，ブレーキ・ペダルを踏み込んだときに規定の制動力が出るか，また，ブレーキ・ペダルから足を離したときにブレーキの引きずりがないかを，ブレーキ・テスタなどを使用して点検する。	 図2　ブレーキ・ペダルの遊び点検  図3　ブレーキ・バルブの機能点検
2	分解する	必要に応じて分解する（図5）。 バルブ，ピストン，スプリング，ゴム部品などに摩耗，損傷，へたり，劣化などがないかを点検する。	

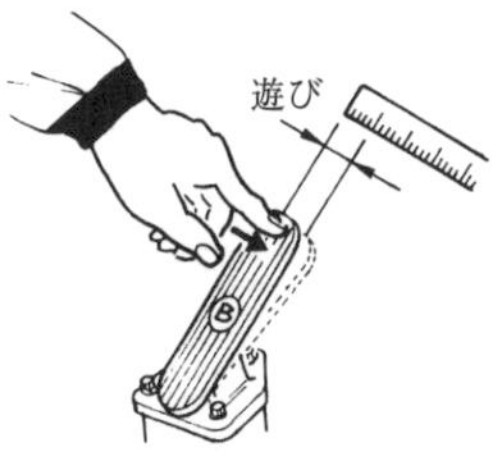

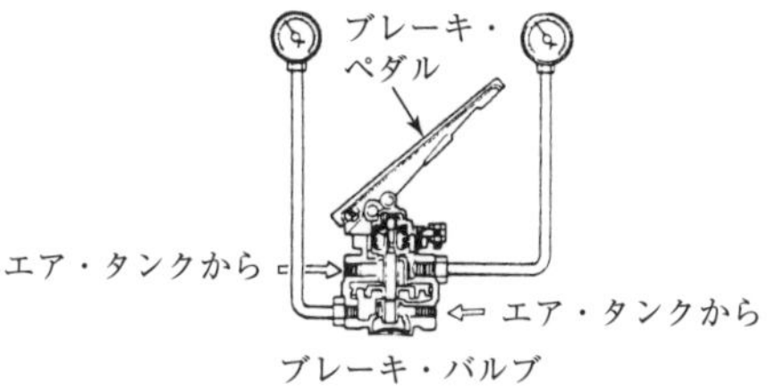

図4　エア圧点検

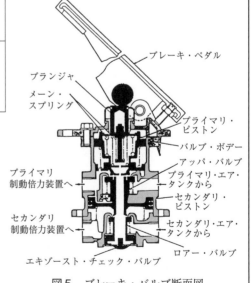

図5　ブレーキ・バルブ断面図

出所：（図1）『二級自動車シャシ 二級ガソリン自動車 二級ジーゼル自動車 シャシ編』（一社）日本自動車整備振興会連合会，2017年3月，p.131，図7-3

		番号	No. 5.24
作業名	ABS 装置の点検	主眼点	点検方法

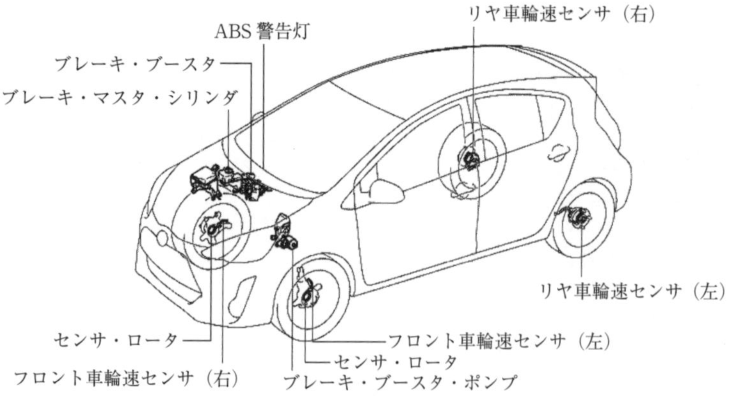

図1　構成図

材料及び器工具など

実習車
特殊工具

番号	作業順序	要　　　点	図　　解
1	ABS 警告灯を点検する	1．イグニッション・スイッチ（キー・スイッチ）をONにしたとき，ABS警告灯が点灯するか確認する（図2）。 2．走行し，ABS警告灯が消灯するか確認する（図2）。	 図2　ABS 警告灯
2	ダイアグノーシス・コードを確認する	1．外部診断器を用いてダイアグノーシス・コードを確認する。 2．検出されたダイアグノーシス・コードに沿った点検をする。	

●点検の一例

番号	作業順序	要　　　点	図　　解
1	車輪速センサを点検する	車輪速センサを取り外し，先端に異物の付着や傷がないか点検する（図3）。	 （a）フロント
2	センサ・ロータを点検する	センサ・ロータに変形や損傷がないか点検する（図3）。	
3	ワイヤ・ハーネス及びコネクタを点検する	1．コネクタのかん合具合や抜けがないか点検する。 2．ワイヤ・ハーネスに損傷がないか点検する。 3．コネクタ・ケース及び端子に，変形及び腐食がないか点検する。 4．整備書にしたがってサーキット・テスタで各部の電圧や抵抗を測定する。	 （b）リ　ヤ 図3　センサ取り付け図

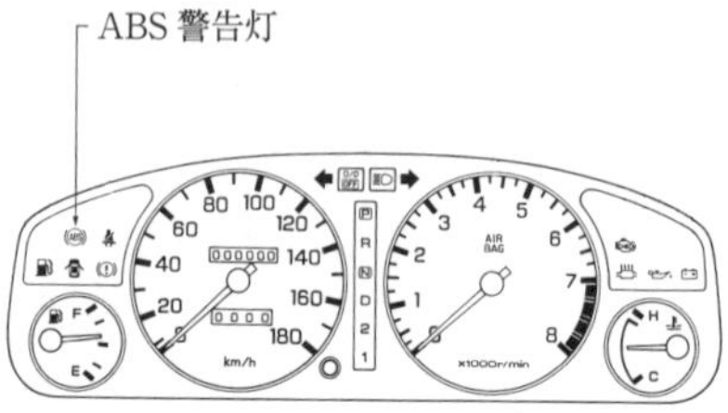

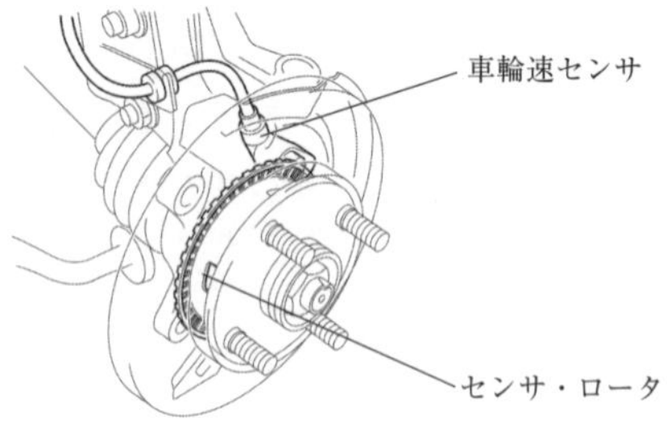

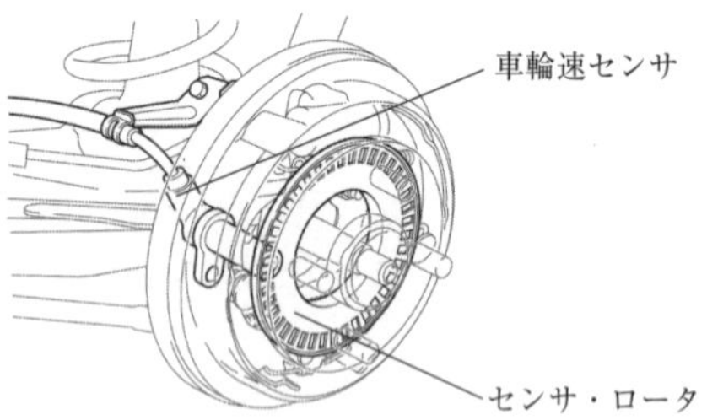

備考	車輪速センサには，ピックアップ・コイル式・エンコーダ式など，車種により様々なものが使用されている。センサのタイプによっては，サーキット・テスタで点検できないものもあるので，整備書を参照すること。

出所：（図1）『トヨタ　アクア　NHP1#　2019.07』トヨタ自動車（株）（一部改変）
　　　（図3）『ダイハツ　コペン　2002.6 ～ 2002.12　新型車解説書』ダイハツ工業（株）（一部改変）

作業名	フロント・ホイール・ベアリングの脱着（FR車）	主眼点	脱着の仕方

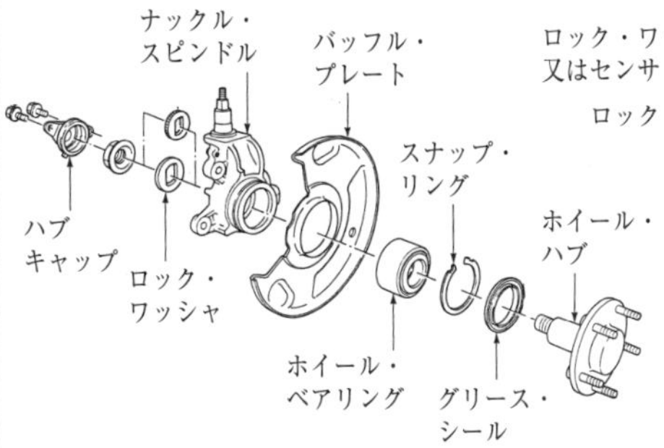

材料及び器工具など

実習車
スライディング・ハンマ
プレス
スナップ・リング・プライヤ
万力
指定グリース
特殊工具（ベアリング・プーラ，ピットマン・アーム・プーラ）
一般工具

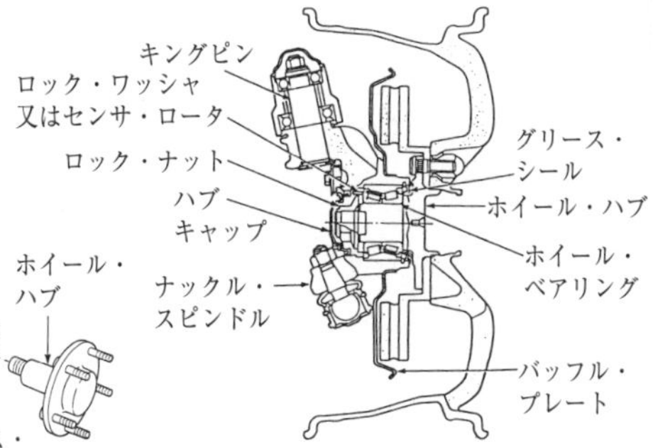

図1　分解図　　　　　図2　断面図

番号	作業順序	要　　点	図　　解
1	車両から分離する	1．タイロッド・エンドのボール・ジョイント及びサスペンション・ロア・ボール・ジョイントを，ピットマン・アーム・プーラを使って，ナックルから分離する（図3）。 2．ナックル・スピンドルを万力にセットする。	図3　タイロッド・エンドのボール・ジョイント分離
2	ベアリングを取り外す（分解する）	1．ハブキャップを外し，ベアリング・ロック・ナットのかしめを起こし，ベアリング・ロック・ナットを緩める。 2．ホイール・ハブのボルト部にアタッチメントをセットし，スライディング・ハンマでナックル・スピンドルと分離する（図4）。 3．ホイール・ハブにベアリング・プーラ，ベアリング・リプレーサをセットし，センタ・ボルトを締め込んでアウタ・ベアリングを抜く（図5）。 4．スナップ・リングをスナップ・リング・プライヤで外し，ハンドルにリプレーサをセットし，プレスでインナ・ベアリングを押して，ベアリング・アウタ・レースを抜く。	図4　ホイール・ハブの分離 図5　アウタ・ベアリングの抜き取り
3	点検，洗浄する	1．ベアリングに引っ掛かりや摩耗，損傷，さびがないか点検する。 2．ホイール・ハブに摩耗，損傷がないか点検する。 3．ベアリングを洗浄し，指定グリースを充填する。	
4	ベアリングを組み付ける	1．ナックル・スピンドルにアダプタ・プレートをボルトで固定する。 2．ナックル・スピンドルにインナ・ベアリングをプレスで圧入する。 3．ホイール・ハブにグリース・シールを付け，アウタ・ベアリングをプレスで圧入する（図6）。 4．ホイール・ハブにナックル・スピンドルを，ドリフトを用いてプレスで圧入する。 5．ロック・ワッシャを組み付け，ロック・ナットを規定トルクで締め付ける。 6．ロック・ワッシャを2カ所かしめる（図7）。 7．ハブキャップをスピンドルに取り付ける。	図6　アウタ・ベアリングの圧入
5	車両に取り付ける	タイロッド及びサスペンション・ボール・ジョイントに結合する。	図7　ロック・ワッシャのかしめ

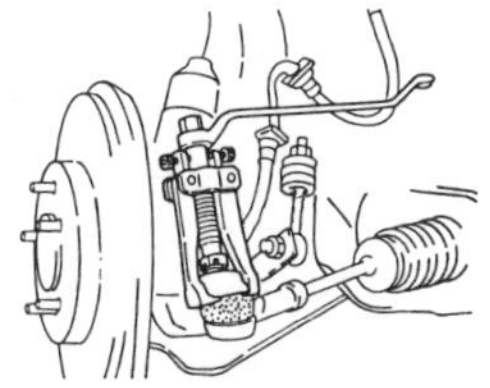

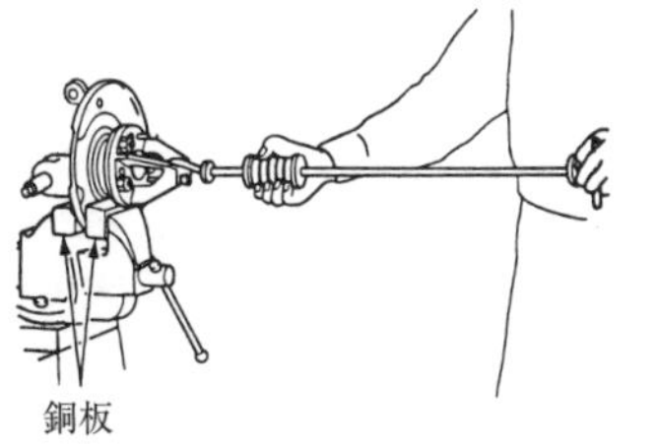

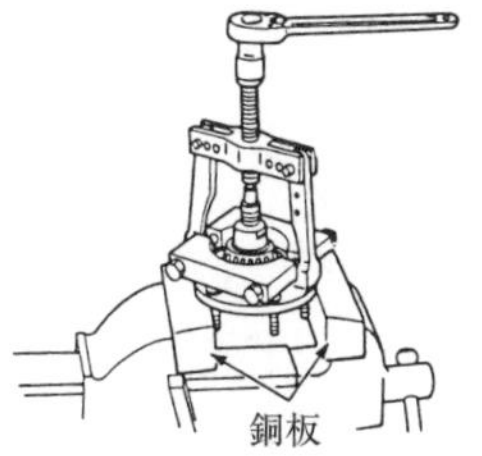

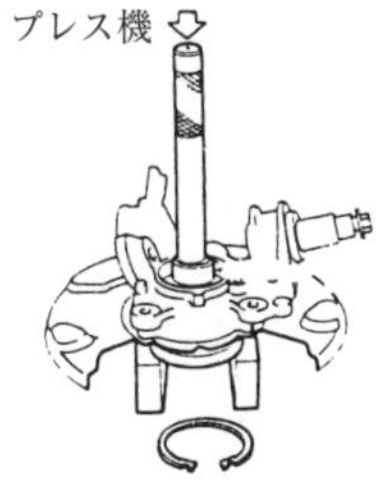

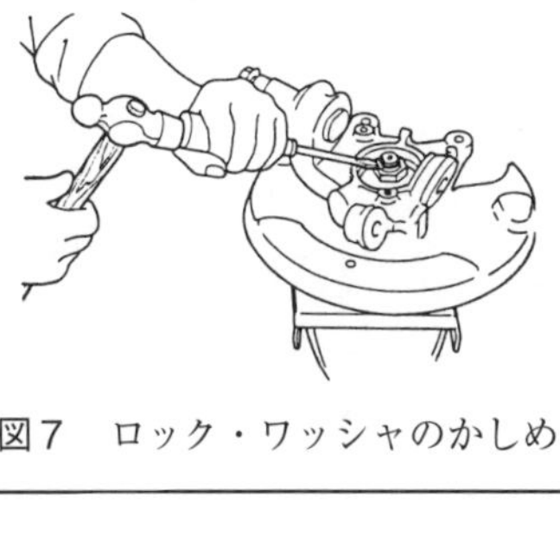

作業名	フロント・サスペンションの整備（ストラット式）	主眼点	分解・点検・組み立て

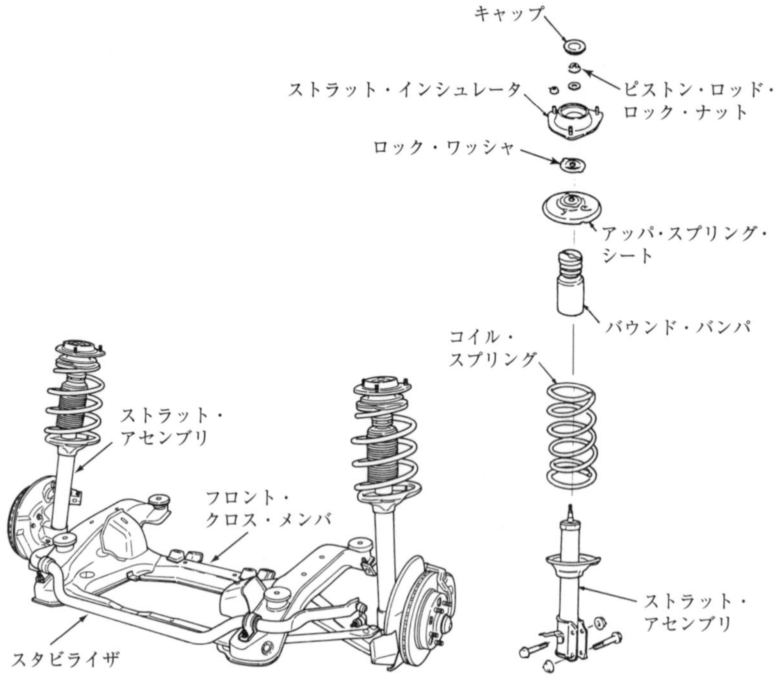

材料及び器工具など
実習車 万力 特殊工具（スプリング・コンプレッサ，アタッチメント） 一般工具

図1　ストラットの分離

番号	作業順序	要　　点	図　　解
1	車両からストラット・アセンブリを分離する	1．ホイールを外し，ブレーキ・ホースのロック・プレートをストラット・ブラケットから外す。 2．ストラット・アセンブリとステアリング・ナックルの取り付けボルト及びナットを取り外す（図2）。 3．ストラット・アセンブリ上側の取り付けナットを外し，ストラット・アセンブリを車両から取り外す（図3）。	 図2　ブレーキ・ホースのロック・プレートと取り付けボルトの取り外し
2	ストラットを分解する	1．ストラット・アセンブリにアタッチメントを取り付けて万力に固定し，ピストン・ロッド・ロック・ナットを少し緩める。 2．スプリング・コンプレッサを用いてコイル・スプリングを圧縮し，ピストン・ロッド・ロック・ナットを取り外す（図4）。 3．ストラット・インシュレータ，アッパ・スプリング・シート，バウンド・バンパを外し，コイル・スプリングをストラットから取り外す。	 図3　ストラット・アセンブリ取り付けナット
3	点検する	1．ストラット・アセンブリにオイル漏れ，変形，亀裂，損傷がないか点検する。 2．コイル・スプリングに亀裂，損傷の有無，自由高さなどを点検する。 3．ピストン・ロッドに損傷，摩耗，曲がりがないか，ラバーに亀裂，損傷がないか点検する。	 図4　ピストン・ロッド・ロック・ナットの取り外し

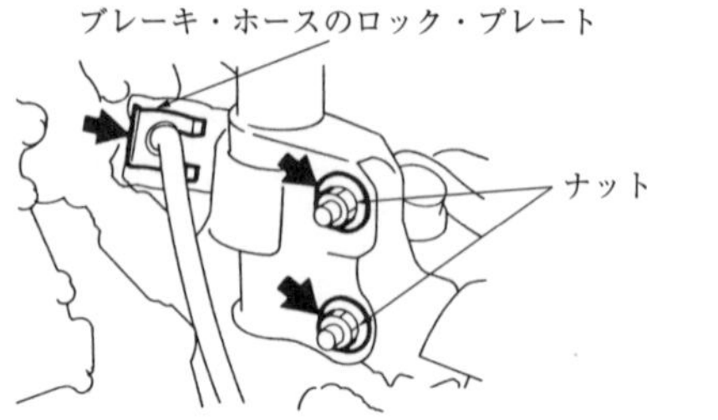

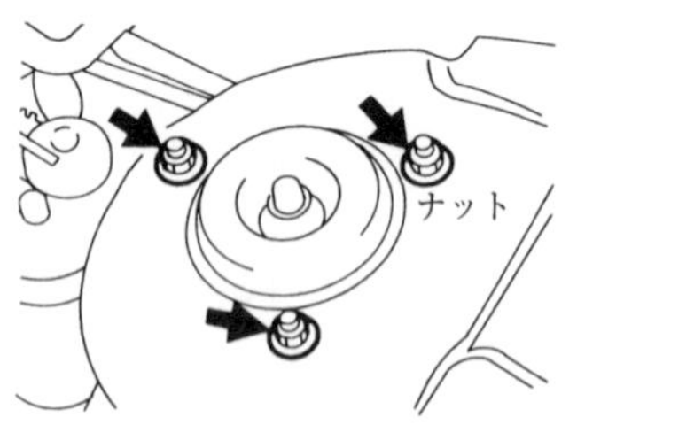

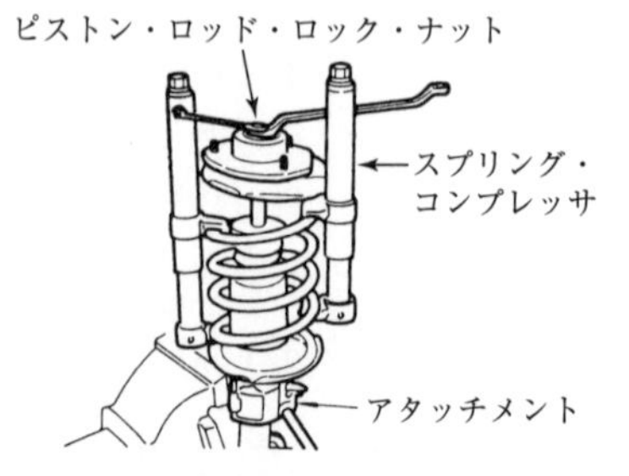

作業名	フロント・サスペンションの整備（ストラット式）	主眼点	分解・点検・組み立て

番号	作業順序	要　　　点	図　　解
4	組み立てる	取り付けは，取り外しの逆の順で行うが，次の点に注意する。 １．コイル・スプリングを組み付ける場合は上下を間違えないようにする。 　※スプリングの下端を，スプリング・シートの位置に合わせる（図5）。 ２．バウンド・バンパは，アッパ・スプリング・シートへ確実に挿入する。圧入の際は石けん水を用い，機械油は使用しないこと。 ３．ピストン・ロッド・ロック・ナットは再使用不可部品なので，新品と交換する。 ４．組み付け後，フロント・ホイール・アライメントを点検，調整する。	コイル・スプリング スプリング・シート コイル・スプリング下端位置 図5　コイル・スプリング組み付け時の注意点
備考			
番号	作業順序	要　　　点	図　　解
4	組み立てる	取り付けは，取り外しの逆の順で行うが，次の点に注意する。	

作業名	フロント・サスペンションの整備（ウィッシュボーン式）	主眼点	分解・点検・組み立て

ロア・アーム

アッパ・アーム

ストラット・バー

スタビライザ

ショック・アブソーバ＆
コイル・スプリング

図1　全体図

材料及び器工具など

実習車
トルク・レンチ
グリース
特殊工具（スプリング・コンプレッサ，ピットマン・アーム・プーラ）
一般工具

番号	作業順序	要　　点	図　　解
1	車両から取り外す	1. ショック・アブソーバを固定している上下のボルト及びナットを外し，ショック・アブソーバを下側に取り出す（図2）。 2. スタビライザをロア・アームから取り外す。 3. スプリング・コンプレッサでコイル・スプリングを圧縮する（図3）。 4. ブレーキ・キャリパを外す。ブレーキ・ホースは切り離さない。 5. タイロッド・エンドをピットマン・アーム・プーラで切り離す（図4）。 6. ハブキャップを外し，アクスル・ハブを外す。 7. ブレーキ・ディスクなどを取り外す。 8. 上下のボール・ジョイントのナットを外し，ナックル・スピンドルをピットマン・アーム・プーラを用いて外した後，ハンマでたたき，取り外す（図5）。 9. スプリング・コンプレッサを緩め，コイル・スプリングを外す。 10. アッパ及びロア・アームをフレームから取り外す。	 ショック・アブソーバ 図2　ショック・アブソーバの取り外し
2	点検する	1. コイル・スプリングの亀裂，損傷の有無，自由高さなどを点検する。 2. ショック・アブソーバの油漏れの有無，減衰力，取り付け部の摩耗の有無，外筒の損傷などを点検する。 3. ボール・ジョイントのダスト・ブーツの亀裂，損傷やスタッドの上下，左右のがたつきがないか点検する。	スプリング・コンプレッサ 図3　コイル・スプリングの圧縮 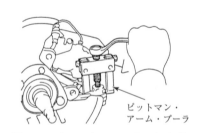 ピットマン・アーム・プーラ 図4　タイロッド・エンドの切り離し
3	組み付ける	1. アッパ及びロア・アームをフレームに取り付ける場合は，シャフトにグリースを塗布して規定トルクで締め付ける。 2. コイル・スプリングは，上下の方向を間違わないように注意する。 3. スプリング・コンプレッサでコイルを圧縮するときは，徐々に締め込む。 4. タイヤを取り付けた後，車両を上下にゆすってサスペンションを落ち着かせる。 5. 組み付け後，フロント・ホイール・アライメントを点検，調整する。	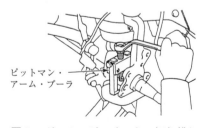 ピットマン・アーム・プーラ 図5　ボール・ジョイントの切り離し

作業名	フロント・アクスルの整備（リジッド式）	主眼点	ナックル・スピンドルの 分解・点検・組み立て
		番号	No. 5.28

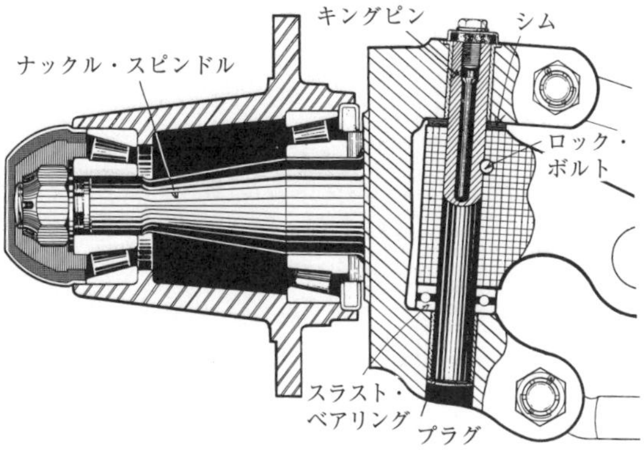

図1　断面図

材料及び器工具など

実習車
一般工具

番号	作業順序	要　　点	図　　解
1	分解する	整備書の手順に従って作業を進める。	
2	ナックル・ス ピンドルの関 係部品を点検 する	1．ナックル・スピンドルの亀裂の有無，ねじ部の損 　傷を点検する（図2）。 2．キングピン，ブッシュの摩耗，亀裂の有無を点検 　する。 3．スラスト・ベアリングの摩耗，損傷を点検する。	 摩耗や亀裂がないか， 矢印部に特に注意する 図2　ナックル・スピンドルの点検
3	フロント・ア クスルとナッ クル・スピン ドルを組み立 てる	1．ナックル・スピンドルをフロント・アクスルに組 　み合わせる。 　※左右のスピンドルを間違えないように注意する。 2．スラスト・ベアリングをレース・カバーの絞って 　ある方を下に向けて，フロント・アクスルの下側に 　入れる。 　※ベアリングを逆に向けて組むと，水や土砂が侵入 　　してベアリングを損傷させる。 3．アクスルとスピンドルの二股部との隙間が規定値 　以下になるようにシムで調節する。 4．キングピンの切り欠き部がアクスルのロック・ピ 　ン穴に合うようにして，キングピンを軽く打ち込む 　（図3）。 5．キングピンのロック・ボルトを打ち込む。 6．キングピンの上下にプラグを打ち込む。	 ①キングピンの切り 　欠き部の位置を合わ 　せる ②キングピンをこの 　位置まで打ち込む ③挿入する ④キングピンをこの 　位置まで打ち込む ⑤スラスト・ベア 　リングを挿入する ⑦キングピン・ 　ロック・ボルトを 　セットする ⑥キングピンを 　完全に打ち込む 図3　キングピンの組み立て

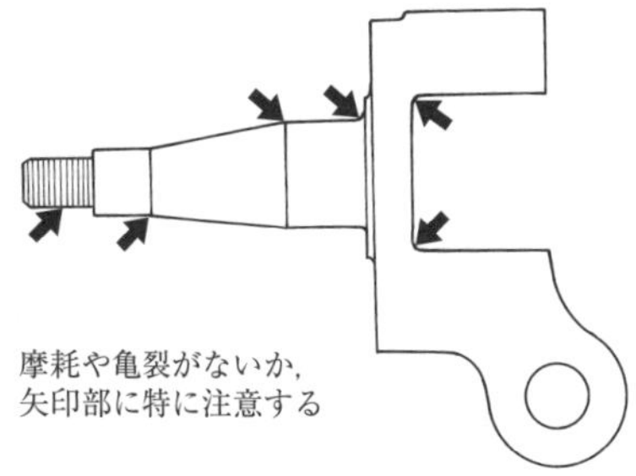

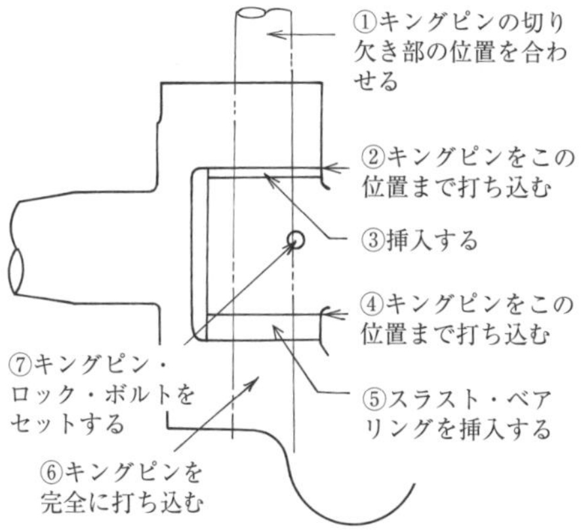

備 考	1．ナックル・スピンドルの亀裂は，二股の付け根付近とスピンドル 　の段付き部に発生することがある。亀裂が小さい場合でも必ず取り 　替えなければならない。 2．キングピンとブッシュの摩耗量が規定を超える場合は，キングピ 　ンとブッシュを交換する。 　　ブッシュの交換は，脱着工具を用いて，万力又はプレス機で外し， 　新しいブッシュを圧入する。 3．交換したブッシュとキングピンのはめ合いの程度は，両方にオイ 　ルを塗って入れた場合に，遊びがなくキングピンの上部を親指で押 　し込むと徐々に入る程度であればよい（参考図1）。 4．キングピンのプラグ，ロック・ピン，シムは新品を使い，はめ合 　い部には必ずオイルを塗って組み立てる。	 キングピン 参考図1　ブッシュとキングピンのはめ合い

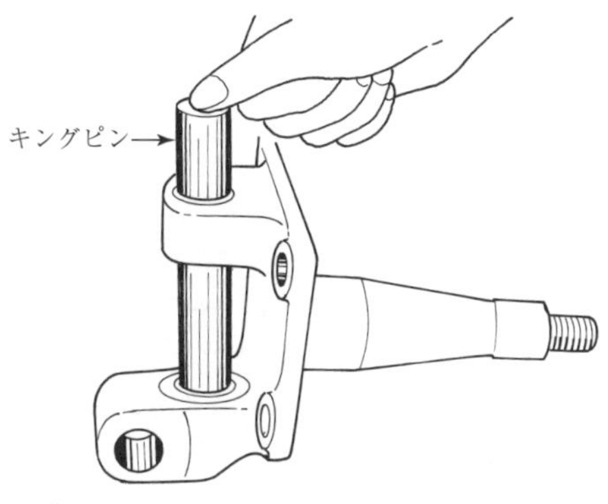

作業名	ステアリング装置の整備（ボール・ナット式）	主眼点	オイル・シールの交換

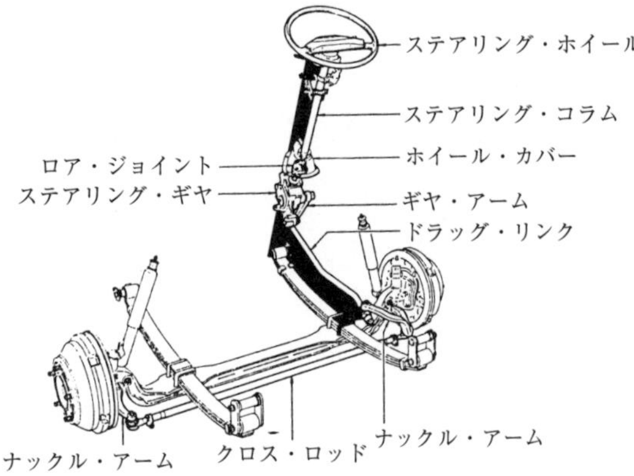

図1　全体図

材料及び器工具など

実習車
万力
アタッチメント
トルク・レンチ
特殊工具
一般工具

番号	作業順序	要　　　点	図　　　解
1	ステアリング・ギヤ・アセンブリを取り外す	車両からステアリング・ギヤ・アセンブリを取り外す。 ※パワー・ステアリング付き車は，パワー・ステアリング・フルードを他の部品に付着させないようにする。	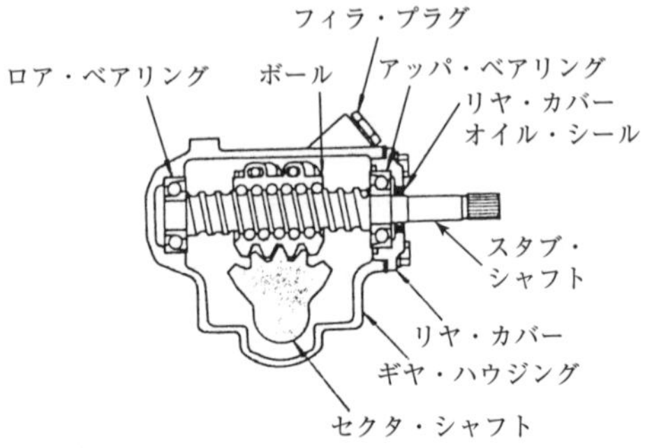 図2　分解前点検
2	分解前の点検をする	1．セクタ・シャフト・ナット取り付け部，セクタ・カバー取り付け部，セクタ・オイル・シール部，リヤ・ハウジング取り付け部及びリヤ・カバー取り付け部からオイル漏れがないか点検する。 　漏れがある場合は，分解してオイル・シール，Oリングを交換する（図2）。 2．スタブ・シャフト回転トルクを測定する。	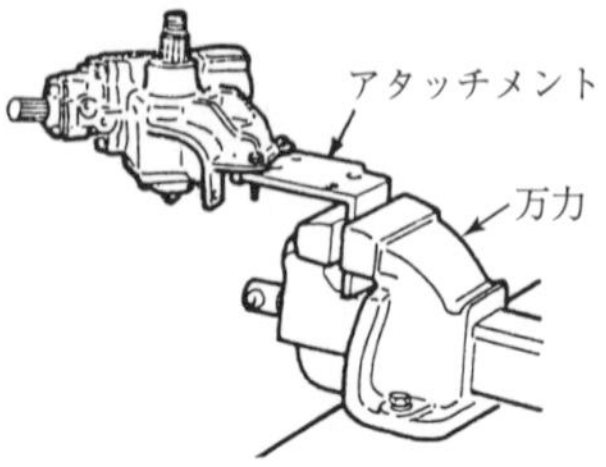
3	分解する	1．万力にギヤ・アセンブリを，アタッチメントを取り付けて固定する（図3）。 2．セクタ・シャフト・ナットを外し，プラスチック・ハンマでセクタ・シャフトを軽く打ち，シャフトを抜き取る。ダスト・シールをドライバで抜き取る。 3．セクタ・カバー・ナットを外し，カバーとセクタ・シャフトを切り離し，セクタ・カバー・Oリングを外す。 4．リヤ・カバー，リヤ・カバー・Oリングを外し，スタブ・シャフト・オイル・シール，ベアリング・アウタ・レース，スペーサを取り外す。 5．リヤ・ハウジング取り付けボルトを取り外し，プラスチック・ハンマで軽く打ち，ハウジングからウォーム・アセンブリを取り外す。また，リヤ・ハウジング・Oリングを外す（図4）。	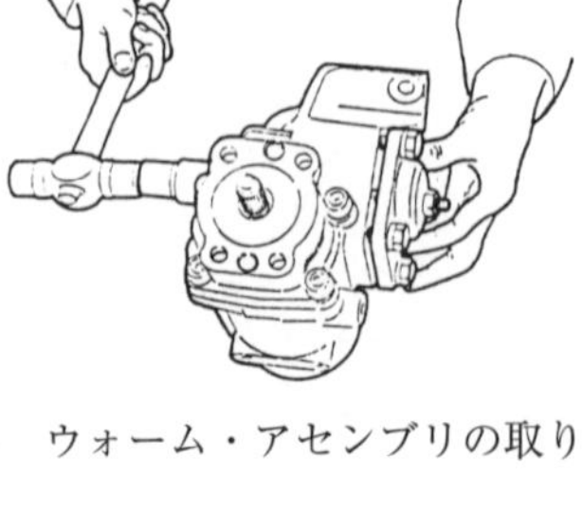 図3　ギヤ・アセンブリの固定 図4　ウォーム・アセンブリの取り外し
4	組み付ける	取り外しの逆の順で行うが，次の点に注意する。 1．ウォーム・アセンブリをリヤ・ハウジングに挿入するとき，テフロン・リングのオイル・シールを傷付けないように注意する（図5）。	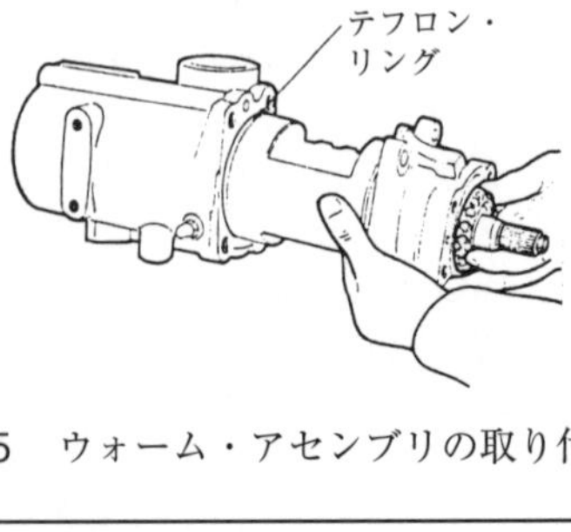 図5　ウォーム・アセンブリの取り付け

| 作業名 | ステアリング装置の整備（ボール・ナット式） | 主眼点 | オイル・シールの交換 |

番号	作業順序	要　　　点	図　　　解
4		2．オイル・シール及びスタブ・シャフト・オイル・シールを組み込む場合は，シールの凹側が外側になるように組み込むこと（図6，図7）。	図6　オイル・シールの組み込み
5	組み付け後に点検・調整をする	1．スタブ・シャフト回転トルクを測定する（分解前と同じにする）（図8）。 2．バックラッシュを点検する。 　規定値にない場合はセクタ・シャフト・ナットを緩め，調整する。調整後ナットを規定トルクで締め付ける。 3．車両にステアリング・ギヤ・アセンブリを取り付ける。パワー・ステアリング付きの車は，エア抜きを行う。 4．パワー・ステアリング・フルードの漏れがないか点検する。 5．ステアリング・ホイールの円周方向の遊び，及びがたを点検する。	スタブ・シャフト・オイル・シール Oリング 図7　シール組み込み時の注意点 トルク・レンチ 図8　スタブ・シャフト回転トルクの測定

| 備考 | 1．オイル・シール，Oリング，ダスト・シールは再使用しないで，全て新品に交換すること。
2．各部品の洗浄は，指定されているフルードで洗浄すること。 |

作業名	パワー・ステアリング・ギヤの分解（ラック＆ピニオン式）	主眼点	分解・点検・組み立て

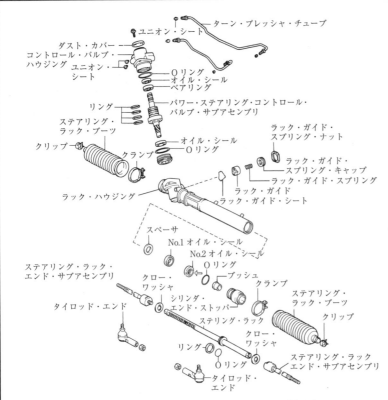

図1　パワー・ステアリング・ギヤの分解図

材料及び器工具など

万力
ダイヤル・ゲージ
トルク・レンチ
プレス
Ｖブロック
ハンド・バキューム・ポンプ
たがね
保護テープ
パワー・ステアリング・フルード
特殊工具
一般工具

図　　　　解

図2　クロー・ワッシャのかしめを解く

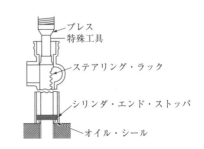

図3　オイル・シール及び
　　　ステアリング・ラックの取り外し

図4　コントロール・バルブ・
　　　サブアセンブリの取り外し

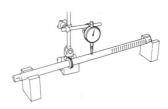

図5　ステアリング・ラックの曲がり点検

番号	作業順序	要　　　点
1	分解する	1．ギヤ・アセンブリを万力に固定し，タイロッド・エンド及び油圧チューブ，ステアリング・ラック・ブーツを取り外す。 2．ラック・エンドの回り止めであるクロー・ワッシャのかしめをたがねなどで起こし，特殊工具を用いて，左右のラック・エンドを外す（図2）。 3．ラック・ガイド・スプリング・キャップ・ロック・ナットを外し，ラック・ガイド・スプリング・キャップ，ラック・ガイド，ラック・ガイド・シートを外す。 4．コントロール・バルブ・サブアセンブリを取り外す。 5．特殊工具とプレスを用いて，シリンダ・エンド・ストッパを外し，オイル・シール及びステアリング・ラックを取り外す（図3）。 6．コントロール・バルブ・サブアセンブリを分解する。 （1）ダスト・カバーを外し，コントロール・バルブ・サブアセンブリを万力にセットして，特殊工具でベアリング・ナットを緩める。 （2）プラスチック・ハンマで，コントロール・バルブ・ハウジングからコントロール・バルブ・サブアセンブリを外し，ベアリング，Ｏリングを取り外す（図4）。
2	点検する	1．ステアリング・ラックの歯面に摩耗及び損傷がないか，また曲がりがないかダイヤル・ゲージで点検する（図5）。 2．ラック・ハウジングの内面に摩耗，損傷がないか点検する。 3．ニードル・ローラ・ベアリングに引っ掛かり，異音などがないか点検する。

| 作業名 | パワー・ステアリング・ギヤの分解（ラック＆ピニオン式） | 主眼点 | 分解・点検・組み立て |

番号	作業順序	要　　　　点	図　　　解
3	組み付ける （気密テスト をする） （総合プレ ロードを調整 する）	分解の逆の順序で組み付ける。 1．コントロール・バルブをコントロール・バルブ・ハウジングに挿入するときは，セレーションによるオイル・シールの傷付き防止のため，セレーションに保護テープを巻いて取り付ける。 2．ステアリング・ラックをラック・ハウジングに組み付けるときは，歯面を保護し，特殊工具の外筒にパワー・ステアリング・フルードを塗布して，特殊工具を用いて挿入する（図6）。 3．ラック・ハウジング・ユニオン部に特殊工具を付け，ハンド・バキューム・ポンプで負圧を掛けて一定時間保持するか，気密テストを行う（図7）。 4．コントロール・バルブ・アセンブリをラックに取り付け，特殊工具を使ってラック・ガイド・スプリング・キャップを規定トルクで締め付けた後，更に規定角度に緩める（図8）。 5．コントロール・バルブ・シャフトの回転中のプレロードが基準値になるように，ラック・ガイド・スプリング・キャップを締め込む。（図9）。 6．ロック・ナットを規定トルクになるように締め付け，ロック・ナットとキャップの間をかしめる（図10）。 7．ラック・ブーツを取り付ける前に，ラックの通気穴にグリースが詰まっていないか，針金で確認する（図11）。	特殊工具 図6　ステアリング・ラックと 　　　ラック・ハウジングの組み付け 特殊工具 図7　気密テスト 30° 特殊工具 図8　スプリング・キャップを 　　　規定角度に緩める

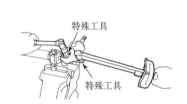

図9　プレロードが基準値になるように
　　　スプリング・キャップを締め込む

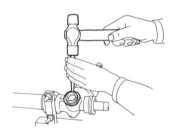

図10　ロック・ナットのかしめ

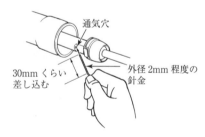

通気穴
30mm くらい
差し込む
外径2mm 程度の
針金

図11　通気穴のグリース詰まり確認

| 備考 | 1．パワー・ステアリング・ギヤの分解と組み付けの詳細は，整備書を確認すること。
2．EPS（電動式パワー・ステアリング）の整備方法は異なる。 |

作業名	フロント・ホイール・アライメントの整備	主眼点	点検と測定

材料及び器工具など
実習車 キャンバ・キャスタ・キングピン・ゲージ（C・C・K・G） トーイン・ゲージ ターニング・ラジアス・ゲージ アタッチメント（アルミ・ホイールの場合） 特殊工具（ブレーキ・ペダル・ストッパ）

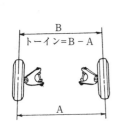 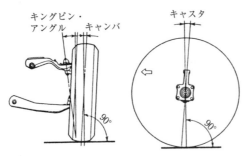

図1　フロント・ホイール・アライメント

番号	作業順序	要　　　点	図　　　解
1	準備する	1．フロント・アクスル各部の締め付け，がたを点検し，不良箇所は正しく整備する。 2．タイヤのサイズ，摩耗状態，空気圧，振れを点検する。 3．測定は，平たんな場所で行う。	
2	キャンバを測定する	1．タイヤの直進状態を確認する。 2．ナックル・スピンドルに，キャンバ・キャスタ・キングピン・ゲージを取り付ける。 　ゲージに付いているキャンバ測定用水準器の気泡が中心にくるようにして，気泡の中心に位置する目盛りを読み取る（図2）。	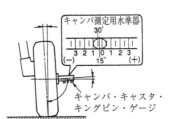 図2　キャンバの測定
3	キャスタ，キングピン・アングルを測定する	1．フロント・ホイールをターニング・ラジアス・ゲージの上に載せて，リヤ側には同じ高さの台を入れ車両を水平に保たせる（図3）。 2．ブレーキ・ペダル・ストッパで，フート・ブレーキを効かせる。 3．タイヤを車両中心外側（旋回の内側）に20°切る（図4）。 4．キャンバ・キャスタ・キングピン・ゲージに付いているアングル測定用水準器の気泡を，ゼロに合わせる。 5．タイヤを車両中心内側（旋回の外側）に20°切る（図4）。 6．アングル測定用水準器の気泡の，中心に位置する目盛りを読み取る。	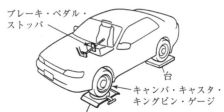 図3　ターニング・ラジアス・ゲージをセットする 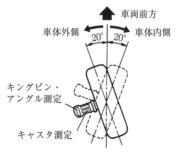 図4　キャスタとキングピン・アングルの測定 　　（左側ホイールの場合）
4	切れ角を測定する	ターニング・ラジアス・ゲージ上で，ステアリング・ホイールを右又は左に一杯に回転させ，内輪及び外輪の切れ角を測定する。	

| 作業名 | フロント・ホイール・アライメントの整備 | 主眼点 | 点検と測定 |

番号	作業順序	要　　点	図　　解
5	トーインを測定する	1．トーイン・ゲージの指針の高さを，ホイール中心の高さに合わせる（図5）。 2．左右のタイヤの後部に，センタ・マークA，Bを付ける。 3．トーイン・ゲージをタイヤ後部に入れ，センタ・マークA，Bに指針を合わせ，測定目盛りをゼロにする（図6）。 4．トーイン・ゲージを抜き取り，車両を前進させる（前輪を180°回転させる）。 5．タイヤ前部で，一方の指針をセンタ・マークAに合わせ，シンブルを回し，測定目盛り側の指針をセンタマークBに合わせる。（図7）。 6．測定目盛りの値を読み取る。	ゲージ　センタ・マーク 図5　トーイン・ゲージの指針を 　　　ホイール中心高さに合わせる センタ・マークA センタ・マークB トーイン・ゲージ 図6　センタ・マークA，Bに指針を合わせる 　　　（タイヤ後部） センタ・マークA トーイン・ゲージ　センタ・マークB 図7　測定目盛り側指針をセンタ・マークBに 　　　合わせる（タイヤ前部）

| 備考 | 1．キャスタ，キングピン・アングル測定時は，フート・ブレーキを効かせて，操舵時にタイヤが回転しないようにする。
2．キャンバ，キャスタ，キングピン・アングル点検の結果，測定値内にない場合は，整備書に従って調整を行う。
3．角度を表示するのに60進法を用いる。
　【例】20° 30′ = 20度30分（1° = 60′）
4．車両全体のアライメントの確認は，4輪アライメント・テスタで確認する。4輪アライメント・テスタは，それぞれの機器の取り扱い方法に基づいて測定する。

参考図1　4輪アライメント・テスタ

出所：（参考図1）（株）イヤサカ |

作業名	ホイールとタイヤの整備	主眼点	点　検

材料及び器工具など

ホイール
タイヤ
ホイール・バランサ
タイヤ・チェンジャ
ダイヤル・ゲージ
マグネット・ベース
ワイヤ・ブラシ
サンド・ペーパ
ウエス
一般工具

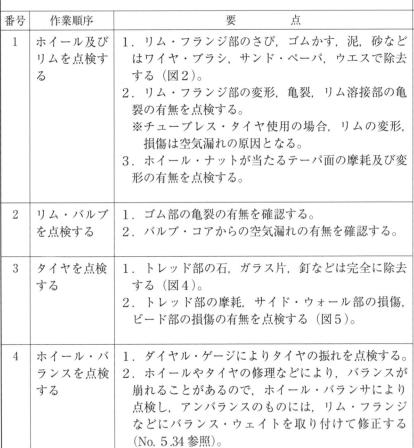

図1　タイヤの構造

番号	作業順序	要　　点	図　解
1	ホイール及びリムを点検する	1. リム・フランジ部のさび，ゴムかす，泥，砂などはワイヤ・ブラシ，サンド・ペーパ，ウエスで除去する（図2）。 2. リム・フランジ部の変形，亀裂，リム溶接部の亀裂の有無を点検する。 ※チューブレス・タイヤ使用の場合，リムの変形，損傷は空気漏れの原因となる。 3. ホイール・ナットが当たるテーパ面の摩耗及び変形の有無を点検する。	 図2　ホイール及びリムの点検
2	リム・バルブを点検する	1. ゴム部の亀裂の有無を確認する。 2. バルブ・コアからの空気漏れの有無を確認する。	
3	タイヤを点検する	1. トレッド部の石，ガラス片，釘などは完全に除去する（図4）。 2. トレッド部の摩耗，サイド・ウォール部の損傷，ビード部の損傷の有無を点検する（図5）。	 図3　リム・バルブの点検
4	ホイール・バランスを点検する	1. ダイヤル・ゲージによりタイヤの振れを点検する。 2. ホイールやタイヤの修理などにより，バランスが崩れることがあるので，ホイール・バランサにより点検し，アンバランスのものには，リム・フランジなどにバランス・ウェイトを取り付けて修正する（No. 5.34 参照）。	

図4　トレッド部の点検

図5　サイド・ウォール部の損傷点検

| 作業名 | ホイールとタイヤの整備 | 主眼点 | 点　検 |

1．点検の結果，不良のものは交換する。

2．タイヤは同じ位置で長い間使用すると，その取り付け位置特有の摩耗を生じ，タイヤの寿命を短くする。一定距離走行ごとにローテーションを行う（参考図1）。

　なお，車種によってタイヤに回転方向の指定がある場合に加え，前後でサイズが異なる場合もあるので，ローテーションが行えるか確認する。

3．タイヤに偏摩耗の兆候がある場合は，次のような処置を行う。

（1）タイヤの空気圧を調整する。

（2）ホイール・アライメントを調整する。

（3）ホイール・バランスを調整する。

（4）ホイール・ベアリング，ボール・ジョイント，タイロッド・エンドのがたなどについて点検し，不良のものは交換する。

4．タイヤの空気の充填の業務は，厚生労働省令が定める危険又は有害な業務となっているため，事業者は労働者に対し特別教育を行う必要がある。

備考

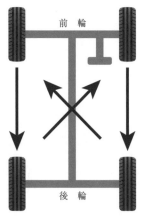

（a）FF車の場合

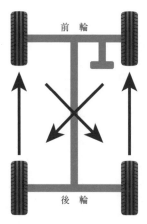

（b）FR車・4WD車の場合

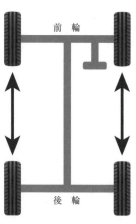

（c）タイヤに回転方向の指定がある場合

参考図1　位置交換（ローテーション）の方法

出所：（図1）「タイヤの基礎知識　タイヤの構造と各部の名称」横浜ゴム（株）（一部改変）

作業名	タイヤの交換	主眼点	タイヤ・チェンジャの取り扱い

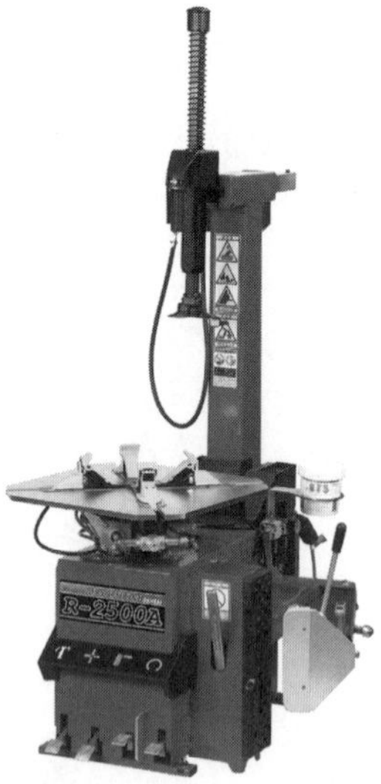

材料及び器工具など

タイヤ・チェンジャ
コンプレッサ
タイヤ・レバー
ビード・クリーム
特殊工具（バルブ・インサータ）
一般工具

図1　タイヤ・チェンジャ

番号	作業順序	要　　点	図　　解
1	準備する	タイヤの空気を抜き，バランス・ウェイトを外す。	
2	ビードを落とす	1．リムのエッジから約1cm離してタイヤの外側に，ビード・ブレーカを置く。 2．ペダルを踏み込んで，ビード・ブレーカをタイヤとリムの間に移動させビードを落とす（図2）。 3．タイヤが完全にリムから外れるまで，2．の動作を位置を変えて行う。	リム ビード・ブレーカ 図2　ビード落とし
3	ホイールのクランピングを行う	1．ホイールをクランプ台の中心に置く。 2．ペダルを十分踏み込み，足を離すとホイールはクランプする（図3）。	図3　ホイールのクランピング
4	マウンティング・ヘッドの位置を決める	1．マウンティング・ヘッドをリム・フランジ部に移動し，リム・フランジ上に位置を定める。 2．マウンティング・ヘッドの位置をロックする。	
5	タイヤを取り外す	1．マウンティング・ヘッドの前10cmのところにホイール・バルブが位置するように，ホイールを回転又は調整する（図4）。 2．タイヤ・レバーを使って，マウンティング・ヘッドのノーズ上でアッパ・ビードを持ち上げる。 3．ペダルを踏み，チャックを回転させる。	マウンティング・ヘッド リム・バルブ
6	リム・バルブを取り外す	ゴム製のリム・バルブは，ホイール内側部分のゴム部をカッタなどで切り，リム・バルブを取り外す。	図4　タイヤの取り外し

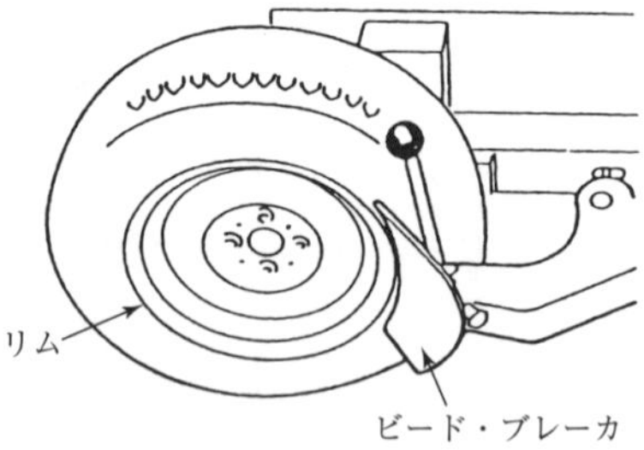

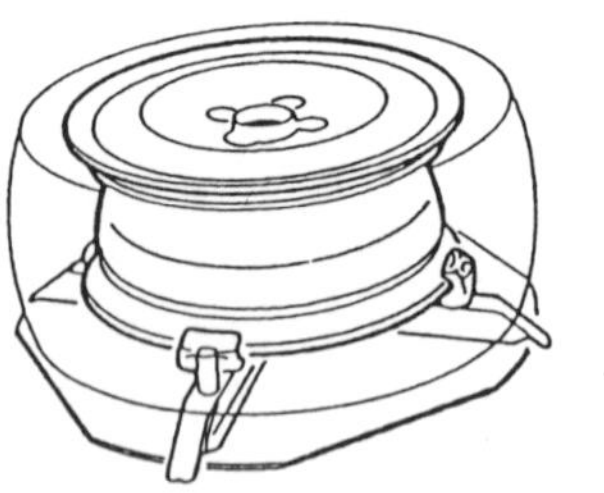

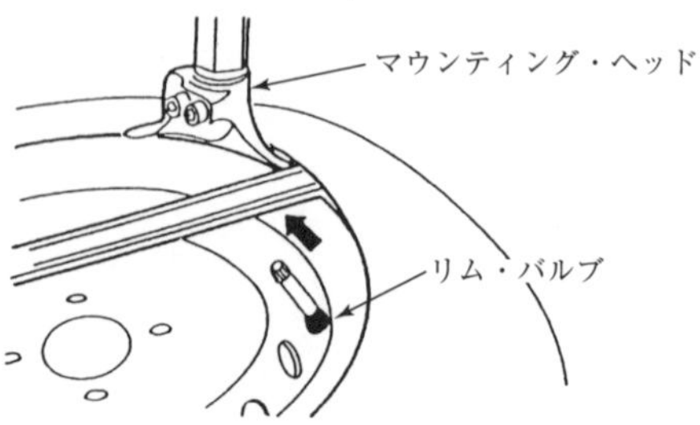

作業名	タイヤの交換	主眼点	タイヤ・チェンジャの取り扱い

番号	作業順序	要　点	図　解
7	タイヤを取り付ける	1. ゴム製のリム・バルブは，バルブ・インサータなどにより取り付ける（図5）。 2. リム・バルブが，マウンティング・ヘッドから約180°（対角側）になるようにリムをクランプする。 3. タイヤ・ビード部に潤滑剤（ビード・クリーム）を十分塗布する。 4. タイヤを傾斜した状態でリム上に置き，ロア・タイヤ・ビードを下側から順次押し入れる。 5. マウンティング・アームをホイール上方に旋回させる（図6）。 　　アッパ・タイヤ・ビードの装着はビードがマウンティング・ノーズの下へ，ビード・ガイド・ローラのフランジがリムの上方を走るようにタイヤの位置を決める。 ※新品のタイヤを取り付ける場合は，タイヤの軽い部分（軽点マーク）をリム・バルブの位置に合わせる（図7）。 ※軽点マークは，一般的に黄色の丸で表示されている。 6. ペダルを操作して，チャックを回転させる。	図5　リム・バルブの取り付け ←マウンティング・アーム 図6　タイヤの取り付け

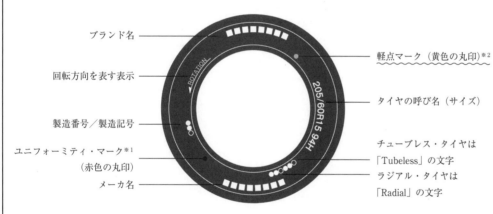

ブランド名

回転方向を表す表示

製造番号／製造記号

ユニフォーミティ・マーク[1]
（赤色の丸印）

メーカ名

205/60R15 94H

軽点マーク（黄色の丸印）[2]

タイヤの呼び名（サイズ）

チューブレス・タイヤは
「Tubeless」の文字

ラジアル・タイヤは
「Radial」の文字

※1　タイヤの縦ぶれの一次成分の最大点の位置を示す。
ホイールの振れ最小位置と合わせることで，車体の振動を防ぐ。

※2　タイヤの最も軽い位置を示す。
ホイールの最も重いバルブ位置と軽点マークを合わせることで，重量のバランスを取る。

図7　軽点マーク（タイヤの表示）

備考	

出所：（図1）（株）バンザイ
　　　（図5）©2020 Niwot Corp.dba Specialty Products Company

| 作業名 | ホイール・バランサ | 主眼点 | オフ・ザ・カー式の取り扱い方 |

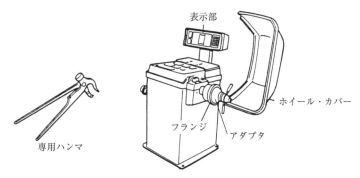

図1　ホイール・バランサ

材料及び器工具など

ホイール・バランサ
タイヤ
ホイール・ウエイト各種
専用ハンマ

番号	作業順序	要　　点	図　　解
1	準備する	1．アダプタを取り付けた状態と，外した状態でバランス測定を行い，バランサのゼロ点を確認する（図2）。 2．タイヤのトレッド部の小石を取り除く。また，偏摩耗がないか確認する。 3．ウエイトを取り外し，ホイールに傷，変形，振れがないか確認する。特にインロー部は測定精度に影響を与えるので，しっかりと確認する（図3）。	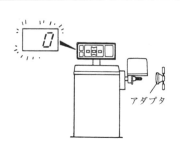 図2　バランサのゼロ点確認
2	ホイールをセットする	1．ホイールのセンタリングに注意しながらアダプタのがたつきがないように確実に締め付ける（図4）。 2．ホイール・データを入力する（図5）。 ※リム幅，リム径は，ホイールの刻印から読み取る。 ※ディスタンスは，ホイール内側のウエイト取り付け面とバランサ基準面の距離をバランサのゲージで測定する。	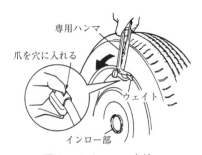 図3　ホイールの点検
3	測定する	1．ホイール・カバーを下げてスタート・ボタンを押し，測定を開始する。 2．測定が終了し，ホイールの回転が止まったらホイール・カバーを上げ，バランサの指示位置（一般的に外側と内側）に表示された重さのウエイトを取り付け，再度1．の操作をして測定する（図6）。 3．メータ表示が約0.05 N未満になったことを確認し，作業を終了する。	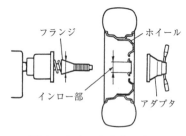 図4　ホイールのセット

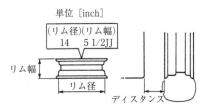

図5　ホイール・データ入力

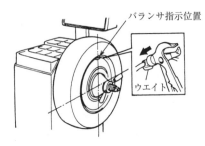

図6　ウエイトの取り付け

| 作業名 | ホイール・バランサ | 主眼点 | オフ・ザ・カー式の取り扱い方 |

1．ウエイトは約0.05N単位で，ホイール・リム形状の違いにより種類がある（参考図1）。
2．ウエイトの重さを微調整するとき，専用ハンマなどでウエイトを切断する。また，ホイール・リム部へのかん合が緩いときにクランプ部を修正できる（参考図2）。
3．小石などの飛散防止のため，ホイール・カバーを下げてから，ホイールを回転させる。
4．ホイールが回転中は手を触れてはいけない（参考図3）。
5．ホイール・リムの所定の位置にウエイトを取り付ける（参考図4）。
6．様々なウエイトを参考図5〜参考図7に示す。

備

考

ウエイト・クランプ部

狭　　　広　　　狭

スチール・　アルミ・ホイール　アルミ・ホイール
ホイール用　1ピース用　　　2ピース用

参考図1　各種のウエイト

 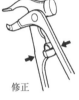

切断　　　　　修正

参考図2　クランプ部の修正など

参考図3　ホイール回転中は
　　　　　接触禁止

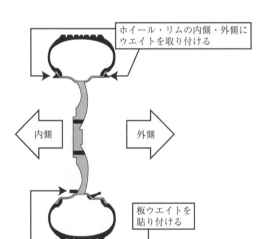

ホイール・リムの内側・外側に
ウエイトを取り付ける

内側　　　　外側

板ウエイトを
貼り付ける

参考図4　取り付け位置

参考図5　板ウエイト（貼り付け用）

参考図6　スチール・ホイール用ウエイト

参考図7　板ウエイトをタイヤに貼り付けた状態

出所：（参考図4〜参考図7）『ワンポイントアドバイス／タイヤ編／第4回　縁の下の力持ち…?』（株）宇佐美鉱油，2003年12月（一部改変）

6. 検　　査

| 作業名 | 排出ガスの測定（1） | 主眼点 | CO，HC の測定 |

材料及び器工具など

実習車（ガソリン車又は LPG 車）
CO，HC テスタ

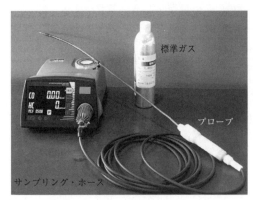

図1　全体図

番号	作業順序	要　　　　点
1	準備する	1．サンプリング・プローブにサンプリング・ホースを接続する。 2．サンプリング・ホースを本体に接続する。 3．フィルタ・エレメントを点検する。 　一次フィルタやろ紙（メンブレン・フィルタ）の汚れを，取り扱い基準に従い点検する（図2，図3）。 4．ドレン・カップ内に水がたまっていないことを確認する。
2	暖機運転する	電源スイッチを入れ，必要な時間暖機運転を行う。
3	校正（較正）する	1．ポンプ・スイッチを入れ，清浄な空気を吸わせる。 2．ゼロ調整スイッチにより，ゼロ調整をする。 3．モード切り換えスイッチを CAL にする（ポンプが停止していること）。 4．標準ガス・コンテナをスパン・ガス入口に2～3回軽く押しつけて，数値が安定するまで待つ（図4）。 5．数値が標準ガス・コンテナに表示されている校正（較正）値になったところで，セット・ボタンを押してセットする。 6．スパン調整が終了したら，ポンプ・スイッチを入れ，清浄な空気を吸引させて，指針がゼロに戻ることを確認する。
4	簡易チェックを行う	1．日常的なチェックはメカ・チェックで実施する。 2．清浄な空気を吸引させ，ゼロ調整スイッチを押してゼロ調整をする。 3．簡易校正（較正）スイッチを押して，数値が標準ガスによる校正（較正）時の値とほぼ合っていることを確認する。もし合っていない場合は，標準ガスによる校正（較正）を行う。 4．簡易校正（較正）モードを解除する。
5	測定する	1．サンプリング・プローブをテール・パイプにしっかりと挿入する（図5）。 2．数値が安定したら，測定値を読み取る。
6	サンプリング・プローブを抜き取る	1．テール・パイプよりサンプリング・プローブを抜き取り，清浄な空気を吸引させる。 2．メータの表示がゼロに戻るのを確認する。

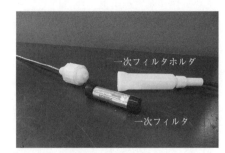

図2　一次フィルタ

図3　ろ紙（メンブレン・フィルタ）

図4　標準ガスでの校正（較正）

図5　測定

| 作業名 | 排出ガスの測定（1） | 主眼点 | CO，HC の測定 |

備考

1．標準ガスによる校正（較正）は1カ月に1度は実施する。
2．フィルタ・エレメントは定期的に点検し，汚れていたら交換する。
3．サンプリング・プローブ，チューブは週に1度は詰まりを点検し，汚れている場合は清掃する。
4．テスタを設置するときは，次の事項を守ること。
　（1）水平で振動の少ない場所
　（2）粉じんやほかの車両からの排気ガスなどが滞留しない場所
　（3）直射日光やほかからの放射熱を受けない場所
　（4）多湿な場所，水，油などの飛散を受けない場所
5．校正（較正）には，法令で定めた校正（較正）と，メーカの定めた基準による使用者の自主校正（較正）とがあり，その記録は保存するように「指定自動車整備事業規則」に定められている。
6．ガソリン車及び LPG 車の排気管から大気中に排出される排出物に含まれる一酸化炭素（CO）及び炭化水素（HC）の発散防止性能について，テスタなどその他適切な方法による測定値が，参考表1に掲げる値を超えないことを確認する。
　　なお，参考表1は（独）自動車技術総合機構の審査要領の内容を一部抜粋したものであり，詳細については同要領を参照すること。
7．測定方法の詳細については，各自動車メーカの整備書を参考にする。

参考表1　排気管からの排出ガス発散防止性能

普通自動車・小型自動車

成　分	原動機の種類	平成 10 年規制以降	平成 10 年規制前
CO	4サイクル※1	1.0%	4.5%
	2サイクル	4.5%	
HC	4サイクル※1	300ppm	1200ppm
	2サイクル	7800ppm	
	特殊エンジン※2	−	3300ppm

軽自動車

成　分	原動機の種類	平成 10 年規制以降	平成 10 年規制前
CO	4サイクル	2.0%	4.5%
	2サイクル	4.5%	
HC	4サイクル	500ppm	1200ppm
	2サイクル	7800ppm	
	特殊エンジン※2	−	3300ppm

大型特殊自動車（定格出力 19kW 以上 560kW 未満）

成　分	平成 19 年規制	平成 19 年規制前
CO	1.0%	規制なし
HC	500ppm	

小型二輪車（側車付きを含む）

成　分	原動機の種類	令和 2 年規制以降	平成 19 年規制	平成 11 年規制	平成 11 年規制前
CO	−	0.5%	3.0%	4.5%	規制なし
HC	4サイクル	1000ppm		2000ppm	
	2サイクル			7800ppm	

※1　ロータリエンジンを含む。
※2　特殊なエンジンとして国土交通大臣が認定した型式の自動車をいう。

出所：（参考表1）「審査事務規程　7−55，8−55　排気管からの排出ガス発散防止性能（第30次改正：2020年6月）」
　　　（独）自動車技術総合機構より抜粋

| 作業名 | 排出ガスの測定（2） | 主眼点 | ディーゼル・エンジンの排出ガスの測定 |

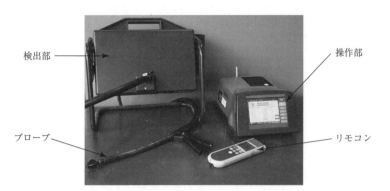

検出部／操作部／プローブ／リモコン

図1　オパシメータ全体図

材料及び器工具など

実習車（ディーゼル車）
オパシメータ

図　　　解

番号	作業順序	要　　点
1	測定の準備をする	1．電源を入れ，機器を暖機する（図2）。 2．校正（較正）ボタンを押して，プローブ内の滞留した黒煙などを掃気させて，校正（較正）を行う（図3）。 3．測定を行う車両のエンジンを十分に暖機する。さらに，トランスミッションが中立であること，エンジンが無負荷状態であることを確認する。 4．車両の排気管出口に，排気管出口径の3から6倍の長さまで，プローブを挿入する。 5．アクセル・ペダル・スイッチがある場合は，アクセル・ペダルにスイッチをセットする。
2	測定（1回目）	1．測定ボタンを押し，測定画面を表示させて，測定する車両に合わせて「車種」を選択し，その車種の「規制値」及び「しきい値」を表示していることを確認する（図4）。 2．測定手順のフロー図に従い，測定（検査）を進める（図5）。 3．アイドル運転を5〜6秒行う（図6）。 4．アクセル・ペダルを急速に一杯まで踏み込み，踏み込み始めてから2秒間全開状態を持続した後，アクセル・ペダルを放す。 5．アクセル・ペダルを踏み込み始めた時から5秒間測定を行い，その間の測定値の最大値を読み取る（図7）。 6．測定値がしきい値（基準）以下であれば，基準適合とし，測定を終了して記録する。基準を超えた場合は，第2回目の測定を行う。

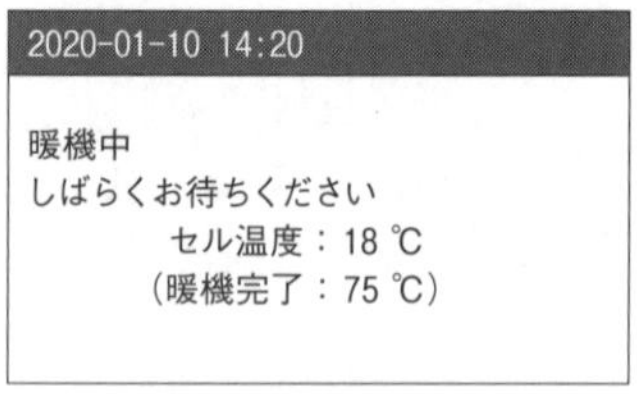

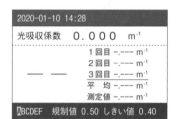

図2　暖気時の表示例

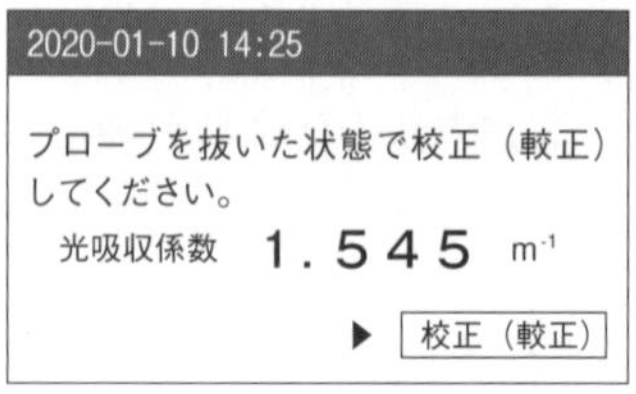

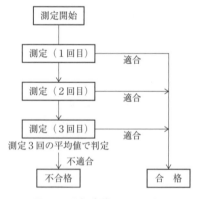

図3　校正（較正）の指示の表示例

```
2020-01-10 14:28
光吸収係数　0.000　m⁻¹
          1回目 -.--- m⁻¹
          2回目 -.--- m⁻¹
──────────3回目 -.--- m⁻¹
          平　均 -.--- m⁻¹
          測定値 -.--- m⁻¹
ⒶBCDEF　規制値 0.50 しきい値 0.40
```

図4　測定画面の表示例

測定開始 → 測定（1回目） 適合 → 測定（2回目） 適合 → 測定（3回目） 適合
測定3回の平均値で判定
不適合 → 不合格　　　合　格

図5　測定手順のフロー図

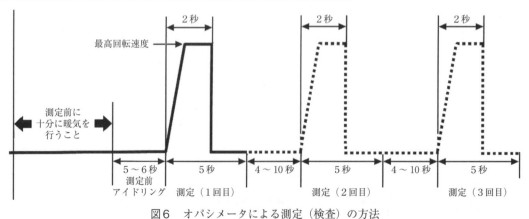

図6　オパシメータによる測定（検査）の方法

| 作業名 | 排出ガスの測定（2） | 主眼点 | ディーゼル・エンジンの排出ガスの測定 |

番号	作業順序	要　　点	図　　解
3	測定（2回目）	1. 1回目の測定から4～10秒間隔をおき，2回目の測定を行う（図6）。 2.「番号2」の「要点2.～4.」と同様の方法で測定する。 3. 測定値がしきい値以下であれば，基準適合とし，測定を終了して記録する。基準を超えた場合は，第3回目の測定を行う。	2020-01-10 14:30 光吸収係数　0.215　m⁻¹ 1回目 0.215 m⁻¹ 2回目 -.--- m⁻¹ 合　格　3回目 -.--- m⁻¹ 平　均 0.215 m⁻¹ 測定値 0.215 m⁻¹ ⒶBCDEF　規制値 0.50 しきい値 0.40
4	測定（3回目）	1. 2回目の測定から4～10秒間隔をおき，3回目の測定を行う（図6）。 2.「番号2」の「要点2.～4.」と同様の方法で測定する。 3. 3回の測定の平均値が規制値以下であれば，基準適合とし，記録する。 4. 規制値を超えた場合は，点検と整備を行った後に，再度測定を行う。	図7　測定結果の表示例
5	測定後の注意事項	1. 測定後は，速やかに車両の排気管からプローブを取り外し，プローブなどにすすなどが付着していないかを目視で点検し，清掃などを行うこと。 2. 連続測定する際は，ゼロ点がずれてしまう場合があるので，ずれた場合は必ず校正（較正）を行うこと。	

| 備

考 | 1. しきい値とは，本来は測定を3回行った平均値によって合否を判定するところを，1回目又は2回目の測定値によって，合格を判定できる値のことである。オパシメータによる排気ガス検査においては，しきい値以下であれば，その時点で基準適合とみなすことができる。
2.「道路運送車両の保安基準の細目を定める告示の一部を改正する告示」の一部を，参考表1に示す。 |

参考表1　軽油を燃料とする使用過程車（大型特殊自動車を除く）

排出ガス規制	型式記号	黒煙による汚染度規制値	光吸収係数（スクリーニング値）	しきい値	黒煙測定器による検査
平成4年まで	なし，1桁（K, N, P, Q, S, U, W, X, Y）	50%	2.76 m⁻¹	2.20 m⁻¹	可
平成5，6年	KA, KB, KC, KD	40%	1.62 m⁻¹	1.29 m⁻¹	可
平成9年から平成17年まで	2桁型式（KA～KDを除く），A, B, C, D, N, Pで始まる3桁型式	25%	0.80 m⁻¹	0.64 m⁻¹	オパシメータ測定車は不可
平成21年以降	上記以外の3桁型式（L, F, M, Q, R, S, T, 2～7で始まる）	−	0.50 m⁻¹	0.40 m⁻¹	

3. オパシメータの操作の詳細は，それぞれの取り扱い説明書などを参照すること。
4. 平成5年以前，平成5，6年規制車，平成9年以降の規制車（平成9年，10年，11年規制）の車両については，従前によるディーゼル・スモーク・メータを用いた黒煙汚染度の測定による判定方法もある（参考図1）。

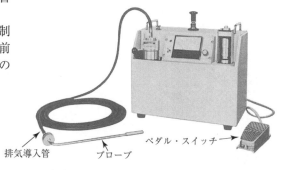

排気導入管　　プローブ　　ペダル・スイッチ

参考図1　ディーゼル・スモーク・メータ

作業名	サイドスリップ・テスタ	主眼点	取り扱い方

材料及び器工具など

実習車
サイドスリップ・テスタ

図　解

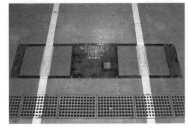 

図1　サイドスリップ・テスタ本体及び表示部

図2　踏み板のロックを外す

図3　車両の乗り入れ（測定）

番号	作業順序	要　点
1	準備する	1．タイヤの空気圧を規定値にし，トレッド面の小石を取り除く。 2．踏み板のロックを外す（図2）。 3．電源スイッチを入れる。 4．踏み板が左右にスムーズに移動し，5mm以上移動したらブザーが鳴ることを確認する。 5．指示計のゼロ点を確認する。
2	車両を乗り入れ，測定する	1．車両をテスタの中心線に沿って真っすぐに乗り入れる（図3）。 2．車両を静かにテスタの上を通過させる。このときハンドルを切ったり，ブレーキを踏んだりしない。 3．テスタを通過するときの指示計の最大値を読み取り，記録する。
3	測定後の処理をする	1．踏み板をロックする。 2．電源スイッチを切る。 3．踏み板と指示計を清掃する。

備考

1．テスタの軸の許容重量以上の車両を載せない。
2．指示計の目盛りは，走行距離1kmについて1mの横滑り量に相当する量で目盛られている。
3．テスタ内に水，土，ほこりが入らないようにする。
4．定期的に清掃，注油をする。
5．踏み板が外側へ移動すると，サイド・スリップ方向はIN側に，内側へ移動するとOUT側になる。
6．検査基準（（独）自動車技術総合機構審査事務規程（第25次改正））
　　7-13　かじ取装置
　　7-13-1　性能要件
　　7-13-1-1　テスタ等による審査
　　四輪以上の自動車のかじ取装置は，かじ取車輪の横滑り量に関し，テスタ等その他適切な方法により審査したときに，かじ取車輪をサイドスリップ・テスタを用いて計測した場合の横滑り量が，走行1mについて5mmを超えてはならない。
7．一部の輸入車では，6．の検査基準を超える車種もあるので，整備書で基準値を確認する。

作業名	ブレーキ・テスタ	主眼点	取り扱い方

	材料及び器工具など

実習車
ブレーキ・テスタ

図1　ブレーキ・テスタ本体及び表示部

番号	作業順序	要　　点	図　　解
1	準備する	1．タイヤの空気圧を規定値にし，タイヤにオイル，水などが付着していないことを確認する。 2．電源スイッチを入れ，指示計のゼロ点及び，ローラにオイルなどが付着していないことを確認する。	
2	車両を乗り入れる	車両をローラ軸に直角になるように乗り入れ，前輪が中間リフトの真上にくるようにする（図2）。	
3	前輪制動力を測定する	1．中間リフトを下げる。 2．車両がローラによって送り出されないよう輪止めをする（図3）。 3．車両のトランスミッションをニュートラルにする。 4．ブレーキ倍力装置付き車両はエンジンを始動して行う。 5．ローラ駆動スイッチを入れ，ローラを回転させ，ブレーキを作動させない状態で，ブレーキの引きずりなどを点検する。 6．ブレーキを作動させ，そのときの最大値を読み取る（図4，図5）。 ※ブレーキがロックする直前が，通常は最大値を指示する。 7．ブレーキを離し，ローラ駆動スイッチを切る。 8．中間リフトを上げる。	図2　車両の乗り入れ 
4	後輪制動力を測定する	前輪と同様に測定する。	
5	駐車ブレーキ制動力を測定する	1．車両がローラによって送り出されないよう輪止めをする（図3）。 2．駐車ブレーキを規定の力で引く（踏む）。	輪止め 図3　輪止め（測定していないタイヤの後側）

図4　制動力の測定①

図5　制動力の測定②

		番号	No. 6.4－2
作業名	ブレーキ・テスタ	主眼点	取り扱い方

<table>
<tr><td rowspan="2">備

考</td><td>

1．ブレーキ・テスタにて測定する場合，制動力は車輪がロックする直前を読み取ること。

2．検査基準（（独）自動車技術総合機構審査事務規程（第 25 次改正））

　7－15－2　性能要件

　7－15－2－1　テスタ等による審査

（1）制動装置は，走行中の自動車の減速及び停止，停止中の自動車の停止状態の保持等に係る制動性能に関し，テスタ等その他適切な方法により審査した時に，（2）の基準に適合するものでなければならない。

（2）制動装置は，ブレーキ・テスタを用いて①の状態で計測した制動力が②に掲げる基準に適合しなければならない。

　　ただし，ブレーキ・テスタを用いて審査することが困難である時に限り走行その他の適切な方法により審査し，②に掲げる基準への適合性を判断することができるものとする。

　①　計測の条件

　　審査時車両状態とする。

　　なお，車軸自動昇降装置付き自動車にあっては，車軸が上昇している状態についても計測するものとする。

　②　計測値の判定

　　ア　自動車（被牽引自動車を除く。）の主制動装置にあっては，制動力の総和を審査時車両状態^(注1)における自動車の重量で除した値が 4.90N/kg 以上（制動力の計量単位として「kgf」を用いる場合においては，制動力の総和が審査時車両状態における自動車の重量の 50％以上）^(注2)であり，かつ，後車輪にかかわる制動力の和を審査時車両状態における当該車軸の軸重で除した値が 0.98N/kg 以上（制動力の計量単位として「kgf」を用いる場合においては，制動力の和が審査時車両状態における当該車軸の軸重の 10％以上）であること。

　　　　ただし，降雨等の天候条件によりブレーキ・テスタのローラが濡れている場合には，4.90N/kg を 3.92N/kg に，50％を 40％にそれぞれ読み替えて適用する。

　　イ　（略）

　　ウ　（略）

　　エ　主制動装置にあっては，左右の車輪の制動力の差を審査時車両状態^(注1)における当該車軸の軸重で除した値が 0.78N/kg 以下（制動力の計量単位として「kgf」を用いる場合においては，制動力の差が審査時車両状態^(注1)における当該車軸の軸重の 8％以下）であること。

　　オ　主制動装置を除く制動装置（主制動装置を除く制動装置を 2 系統以上備える場合にはうち 1 系統。）にあっては，制動力の総和を審査時車両状態^(注1)における自動車の重量で除した値が 1.96N/kg 以上（制動力の計量単位として「kgf」を用いる場合においては，制動力の総和が審査時車両状態^(注1)における自動車の重量の 20％以上）とし，当該装置を作動させて自動車を停止状態に保持した後において，なお，液圧，空気圧又は電気的作用を利用している制動装置は，この基準に適合しないものとする。

　　カ　（略）

　（注1）　審査時車両状態における自動車の各軸重を計測することが困難な場合には，空車状態における前軸重に 55kg を加えた値を審査時車両状態における自動車の前軸重とみなして差し支えない。

　（注2）　ブレーキ・テスタのローラ上で前車軸の全ての車輪がロックし，それ以上制動力を計測することが困難な場合には，その状態で制動力の総和に対し適合するとみなして差し支えない。

</td></tr>
</table>

| 作業名 | スピードメータ・テスタ | 主眼点 | 取り扱い方 |

材料及び器工具など

実習車
スピードメータ・テスタ

図1　スピードメータ・テスタ本体及び表示部

番号	作業順序	要　　点	図　　解
1	準備する	1．タイヤの空気圧を規定値にし，タイヤにオイル，水などが付着していないことを確認する。 2．トレッドに小石などが挟まっている場合は除去する。 3．電源スイッチを入れる。 4．中間リフトを上げる。	
2	車両を乗り入れる	1．車両の駆動輪（速度検出輪）をローラ軸に直角になるように乗り入れる（図2）。 2．中間リフトを下げ，タイヤとリフト踏み板の間が離れていることを確認する（図3）。 3．測定中に，車両が脱出しないように車輪に輪止めをする（図4）。	
3	指示計の速度を読み取る	1．車両の駆動輪がローラ上で安定するまで静かに運転する。 2．車両の速度計を見ながら徐々にアクセル・ペダルを踏み込み速度を上げ，速度計が測定速度を指示したとき，テスタの指示速度を読み取る（図5）。	
4	車両を出す	1．徐々にブレーキ・ペダルを踏み込み，駆動輪の回転を下げ停止させる。 2．中間リフトを上げる。 3．静かに車両を脱出させる。 4．電源スイッチを切る。	

図2　車両の乗り入れ

図3　中間リフトを下げ，タイヤと踏み板が離れた状態

図4　輪止め（被駆動輪の前側）

図5　速度表示の読み取り

作業名	スピードメータ・テスタ	主眼点	取り扱い方

<table>
<tr><td rowspan="2">備

考</td><td>

1．フルタイム４WD車の場合

（1）前輪を測定ローラに，後輪をフリー・ローラに載せるか，又はジャッキアップして測定する。

　　　なお，車種により後輪を測定ローラに，前輪をフリー・ローラに載せるか，又はジャッキアップして測定するものもある。（※主駆動輪をローラに乗り入れ，測定する。）

（2）トランスファ・ケースにモード切り換え機構を設けてあるものは，モード切り換えレバーを車検モードに切り換える（主駆動輪に切り換える）。

【注意】

　型式によりスピードメータ・ケーブル結合部にアダプタを取り付けて測定するものは，そのままスピードメータを読み取る。アダプタを取り付けない場合は，車両のスピードメータの指示速度は1／2となる。

　なお，車種により異なる場合があるので，整備書を参照する。

2．検査基準（（独）自動車技術総合機構審査事務規程（第13次改正））

　7−102−2　性能要件

　7−102−2−1　テスタ等による審査

　　7−102−2（1）の速度計の指度は，平坦な舗装路面での走行時において，著しい誤差がないものでなければならない。

　　この場合において，テスタ等その他適切な方法により審査した時に，自動車の速度計が40km/h（最高速度が40km/h未満の自動車にあっては，その最高速度）を指示した時の運転者の合図によって速度計試験機を用いて計測した速度が次に掲げる基準に適合しないものは，この基準に適合しないものとする。

　① 　最高速度が40km/h以上の自動車にあっては，次の基準に適合するものであること。

　　ア　二輪自動車，側車付二輪自動車及び三輪自動車以外の自動車にあっては，計測した速度が31.0km/h以上42.5km/h以下の範囲にあるもの。

　　イ　二輪自動車，側車付二輪自動車及び三輪自動車にあっては，計測した速度が29.1km/h以上42.5km/h以下の範囲にあるもの。

　② 　（略）

</td></tr>
</table>

番号	No. 6. 6－1

作業名	ヘッドライト・テスタ	主眼点	取り扱い方

図1　ヘッドライト・テスタ本体

材料及び器工具など

実習車
ヘッドライト・テスタ

番号	作業順序	要　　　点	図　　解
1	準備する	1．前照灯の汚れを除去する。 2．タイヤの空気圧を規定値にする。 3．エンジンを始動し，バッテリを充電状態にする。 4．車両をテスタに対して直角に進入させ，前照灯と受光部の距離を1mにする（図2）。	
2	テスタを正対させる	1．正対ファインダをのぞき，正対用つまみを回して，ファインダ内の黒線上と車両の中心線又は中心線に平行な線上に合致するように調整する（図3，図4）。 2．前照灯を点灯させ，すれ違い用前照灯にする。 3．テスタの画像又は映像用ファインダを見ながら，ランプ映像の中心が，画像又は映像用ファインダの中心にくるように，上下移動用ハンドル及び左右移動ハンドルにより，前照灯とテスタを正対させる。	
3	測定する	光軸ダイヤルを回して光軸計の指示値をゼロにし，この時の光軸ダイヤル目盛りの指示により，光軸の振れを測定する。これと同時に光度計やライト取付け高さの指示値を読む（図5）。	
4	繰り返す	反対側の前照灯も同じ要領で測定する。	

図2　前照灯と受光部の距離の測定

図3　正対ファインダ

図4　ヘッドライト・テスタと車両の正対

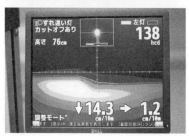

図5　光軸の振れなどの測定

備 考	1．検査基準（（独）自動車技術総合機構審査事務規程（第25次改正）） 　7-63-2　性能要件 　7-63-2-1　テスタ等による審査 　すれ違い用前照灯は，夜間に自動車の前方にある交通上の障害物を確認でき，かつ，その照射光線が他の交通を妨げないものとして，灯光の明るさ等に関し，テスタ等その他適切な方法により審査した時に，次の基準に適合するものでなければならない。 　（略） ①　すれ違い用前照灯（その光度が10000cd以上である走行用前照灯を備える最高速度20km/h未満の自動車に備えるものを除く。）は，その照射光線が他の交通を妨げないものであり，かつ，その全てを同時に照射した時に，夜間にその前方40m（除雪，土木作業その他特別な用途に使用される自動車で地方運輸局長の指定するもの及び最高速度35km/h未満の大型特殊自動車に備えるものにあっては，15m）の距離にある交通上の障害物を確認できる性能を有すること。 　（略） 　ア　計測の条件 　（ア）　（イ）の場合以外の場合 　　a　直進姿勢であり，かつ，審査時車両状態 　　b　手動式の前照灯照射方向調節装置を備えた自動車にあっては，aの状態に対応するように当該装置の操作装置を調節した状態 　　c　原動機が作動している状態 　　d　前照灯試験機（すれ違い用）の受光部とすれ違い用前照灯とを正対させた状態 　　e　計測に支障をきたすおそれのある場合は，計測する灯火以外の灯器を遮蔽した状態 　（イ）　前照灯試験機（すれ違い用）による計測を行うことができない場合 　　（略） 　イ　計測値の判定 　（ア）　前照灯試験機（すれ違い用）による計測を行うことができる場合 　　a　カットオフラインを有するすれ違い用前照灯の場合（二輪自動車及び側車付二輪自動車に備えるものを除く。） 　　（a）　エルボー点の位置は，「すれ違い用前照灯の照明部の中心を含む水平面」より下方0.11°及び下方0.86°（当該照明部の中心の高さが1mを超える自動車にあっては，下方0.41°及び下方1.16°）の平面と「すれ違い用前照灯の照明部の中心を含み，かつ，車両中心線と平行な鉛直面」より左右にそれぞれ1.55°の鉛直面に囲まれた範囲内，又は，前方10mの位置において，「すれ違い用前照灯の照明部の中心を含む水平面」より下方20mm及び下方150mm（当該照明部の中心の高さが1mを超える自動車にあっては，下方70mm及び下方200mm）の直線と「すれ違い用前照灯の照明部の中心を含み，かつ，車両中心線と平行な鉛直面」より左右にそれぞれ270mmの直線に囲まれた範囲内にあること。 　　　（略） 　　（b）　すれ違い用前照灯の光度は，「すれ違い用前照灯の照明部の中心を含む水平面」より下方0.60°（当該照明部の中心の高さが1mを超える自動車にあっては，下方0.90°）の平面と「すれ違い用前照灯の照明部の中心を含み，かつ，車両中心線と平行な鉛直面」より左方1.30°の鉛直面が交わる位置，又は，前方10mの位置において，「すれ違い用前照灯の照明部の中心を含む水平面」より下方110mm（当該照明部の中心の高さが1mを超える自動車にあっては，下方160mm）の直線と「すれ違い用前照灯の照明部の中心を含み，かつ，車両中心線と平行な鉛直面」より左方230mmの直線が交わる位置において，1灯につき6400cd以上であること。 　　　（略）

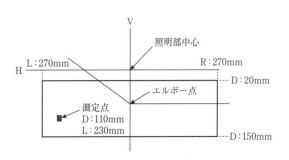 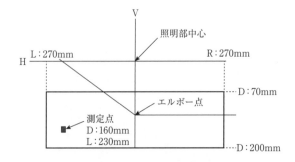

（a）照明部の中心の高さが1m以下の場合　　　　　（b）照明部の中心の高さが1m超の場合

参考図1　カットオフラインを有するすれ違い用前照灯の判定値〔①イ（ア）a（a）及び（b）関係〕

備

b　カットオフラインを有するすれ違い用前照灯の場合（二輪自動車及び側車付二輪自動車に備えるものに限る。）

（a）　カットオフラインと「すれ違い用前照灯の照明部の中心を含み，かつ，車両中心線と平行な鉛直面」より右方1.50°及び右方2.50°の鉛直面が交わる2つの位置が，「すれ違い用前照灯の照明部の中心を含む水平面」より下方0.11°及び下方0.86°の平面に挟まれた範囲内，又は，前方10mの位置において，カットオフラインと「すれ違い用前照灯の照明部の中心を含み，かつ，車両中心線と平行な鉛直面」より右方260mm及び右方440mmの直線が交わる2つの位置が，「すれ違い用前照灯の照明部の中心を含む水平面」より下方20mm及び下方150mmの直線に挟まれた範囲内にあること。

　　ただし，エルボー点を有するものにあっては，その位置が，「すれ違い用前照灯の照明部の中心を含む水平面」より下方0.11°及び下方0.86°の平面と「すれ違い用前照灯の照明部の中心を含み，かつ，車両中心線と平行な鉛直面」より左右にそれぞれ1.55°の鉛直面に囲まれた範囲内，又は，前方10mの位置において，「すれ違い用前照灯の照明部の中心を含む水平面」より下方20mm及び下方150mmの直線と「すれ違い用前照灯の照明部の中心を含み，かつ，車両中心線と平行な鉛直面」より左右にそれぞれ270mmの直線に囲まれた範囲内にあるものであればよい。

（略）

c　カットオフラインを有しないすれ違い用前照灯の場合

（a）　最高光度点が，照明部の中心を含む水平面より下方にあり，かつ，当該照明部の中心を含み，かつ，車両中心線と平行な鉛直面よりも左方にあること。

（b）　最高光度点における光度は，1灯につき，6400cd以上であること。

（イ）　前照灯試験機（すれ違い用）による計測を行うことができない場合

a　カットオフラインを有するすれ違い用前照灯の場合は，次に掲げる全ての要件を満たすもの（二輪自動車及び側車付二輪自動車に備えるものを除く。）。

（a）　すれ違い用前照灯をスクリーン（試験機に附属のものを含む。），壁等に照射することによりエルボー点が（ア）a（a）に規定する範囲内にあることを目視により確認できること。

（b）　（ア）a（b）に規定する位置（当該位置を指定できない場合には，最高光度点）における光度が，1灯につき，6400cd以上であること。

b　カットオフラインを有するすれ違い用前照灯の場合は，次に掲げる（a）又は（b）及び（c）の要件を満たすもの（二輪自動車及び側車付二輪自動車に備えるものに限る。）。

（略）

c　カットオフラインを有しないすれ違い用前照灯の場合は，次に掲げる全ての要件を満たすもの（二輪自動車及び側車付二輪自動車に備えるものを除く。）。

考

（a）　最高光度点が，（ア）b（a）に規定する位置にあること。

（b）　最高光度点における光度は，1灯につき，6400cd以上であること。

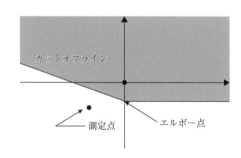

（a）カットオフラインを有するもの

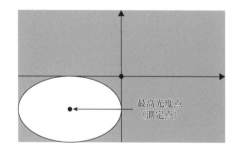

（b）カットオフラインを有していないもの

参考図2　スクリーンなどに照射した場合におけるすれ違い用前照灯の配光特性の例

出所：（参考図1，参考図2）『審査事務規程　7−63，8−63　すれ違い用前照灯』（独）自動車技術総合機構，参考図

○引用規格等一覧──

■自動車技術総合機構審査事務規程（発行元　独立行政法人自動車技術総合機構）

　審査事務規程　7 − 15，8 − 15　トラック・バスの制動装置（第 27 次改正：2020 年 1 月）（240）

　審査事務規程　7 − 55，8 − 55　排気管からの排出ガス発散防止性能（第 30 次改正：2020 年 6 月）（235）

　審査事務規程　7 − 63，8 − 63　すれ違い用前照灯（第 30 次改正：2020 年 6 月）（244，245）

　審査事務規程　7 − 102，8 − 102　速度計等（第 13 次改正：2017 年 10 月）（242）

　審査事務規程　別添 9（94，95）

　審査事務規程　別添 10（93 〜 95）

■日本産業規格（発行元　一般財団法人日本規格協会）

　JIS B 6801：2003「手動ガス溶接器，切断器及び加熱器」（17）

○参考規格等一覧──

■自動車技術総合機構審査事務規程（発行元　独立行政法人自動車技術総合機構）

　審査事務規程　7 − 13，8 − 13　かじ取装置（第 25 次改正：2019 年 10 月）（238）

　審査事務規程　7 − 93，8 − 93　警音器（第 13 次改正：2017 年 10 月）（94，95）

■日本産業規格（発行元　一般財団法人日本規格協会）

　JIS B 6803：2015「溶断器用圧力調整器及び流量計付き圧力調整器」（16）

　JIS B 7515：1982「シリンダゲージ」（22）

　JIS K 6333：1999「溶断用ゴムホース」（17）

○参考法令一覧──

　「道路運送車両の保安基準の細目を定める告示」（237）

○引用文献一覧

■いすゞ自動車株式会社

『エルフ　2019年モデル（2RG/2PG/2SG）修理書』（213，214）

■ダイハツ工業株式会社

『コペン　2002.6～2002.12　新型車解説書』（216）

『タント　2013.9～2013.12　修理書』（208）

■トヨタ自動車株式会社

『1NZ-FE　エンジン修理書　63094』2003年9月（131，132，136，137，144～153，159～162）

『4S-FE　3S-FE　エンジン修理書　63032』1990年11月（107，108，162）

『86 ZN6系，GRMN8#系　整備マニュアル』2012年2月（新型車）（181）

『MARK Ⅱ　CHASER　CRESTA　GX100系／JZX100，101，105系／LX100系　修理書　63094』1996年9月（186）

『アクア　NHP1#　2019.07』（216）

『ヴィッツ　KSP130系　NSP13#系　NCP131系　電子技術マニュアル　2010.12　No. SC1789J』（97，99，136，144，145，152～154，164，166，170）

『ヴィッツ　KSP 130#』2018年6月（206）

『サービス　技術テキスト　導入教育編』1994年2月，pp. 3-20（208，209，212）

『サービス　技術テキスト　第3ステップ』1994年3月（122）

『サービスマン技術修得書　第2ステップ』1984年3月，図3-182（199）

『サービスマン技術修得書　第3ステップ』1984年3月，図7-74（121，122）

■日産自動車株式会社

『オートマチック・トランスミッション整備書　RE4R01A型』（190～192，194）

「スカイライン　V35　2001.6～2002.12」（190，194）

■本田技研工業株式会社

『フィット　GE系　L13A』2007年10月～（142，143）

■マツダ株式会社

「デミオ」（120～122）

『デミオ　DJ系　整備マニュアル　2014.7』（85，98，99）

『デミオ　DJ系車　2016.11～（H28.11）整備書［CW6A-EL］』（174）

『デミオ　DJ系車　2016.11～（H28.11）整備書［FW6A-EL］』（175，179，180）

『デミオ　DJ3系　2017.10　No. 3243800』（155～158）

『デミオ　DY系車　2005.3～（H17.3）整備書　AT［FA4A-EL］』（174）

『デミオ　整備書［FW6A-EL/FW6AX-EL］』（175～178，180）

■横浜ゴム株式会社

「タイヤの基礎知識　タイヤの構造と各部の名称」Webサイト（228，229）

■一般社団法人日本自動車整備振興会連合会

『二級ガソリン自動車　エンジン編』，2015年3月，p. 77，図Ⅱ-8（102，103）

『二級自動車シャシ　二級ガソリン自動車　二級ジーゼル自動車　シャシ編』2017年3月，p. 131，図7-3（215）

■その他

『機械加工実技教科書』一般社団法人雇用問題研究会，2008 年，p. 23，番号 4（13）

『電気工事実技教科書』一般社団法人雇用問題研究会，2014 年，p. 160，図 3（89）

「ワンポイントアドバイス／タイヤ編／第 4 回　縁の下の力持ち…?」株式会社宇佐美鉱油，2003 年 12 月（233）

『デジタルストレージオシロスコープ　GDS-1052-U　ユーザーマニュアル』株式会社テクシオ・テクノロジー，2018 年 10 月，p. 11，p. 18，p. 19（91，92）

『切断機能付きブーツバンドツール（AS401）取扱説明書　No.T52001-0』京都機械工具株式会社（198）

『フルードテスタNo. AG601，No. AG602　取扱説明書』京都機械工具株式会社（162）

○参考文献一覧────────────────────────────────

「Cat 建機研究所　ガス溶接の話」日本キャタピラー合同会社

（　）内の数字は本教科書の該当ページ

○図版及び写真提供団体（五十音順・団体名等は改定当時のものです）────────────

アネスト岩田株式会社（19）

カイセ株式会社（29）

株式会社イヤサカ（76，227）

株式会社エンジニア（20）

株式会社重松製作所（19）

株式会社東日製作所（9）

株式会社バンザイ（31，230，231）

株式会社ロブテックス（20）

キャタピラー教習所株式会社（56）

京都機械工具株式会社（30，32）

ゲイツ・ユニッタ・アジア株式会社（28）

シンワ測定株式会社（32）

デンゲン株式会社（27，33）

日産自動車株式会社（207）

三ツ星ベルト株式会社（28）

横河計測株式会社（89）

Niwot Corp. dba Specialty Products Company（231）

自動車整備実技教科書

昭和 52 年 2 月　　初版発行
平成 8 年 3 月　　改定初版 1 刷発行
平成 20 年 3 月　　改定 2 版 1 刷発行
令和 3 年 3 月　　改定 3 版 1 刷発行
令和 6 年 3 月　　改定 3 版 3 刷発行

厚生労働省認定教材	
認定番号	第58887号
改定承認年月日	令和3年2月18日
訓練の種類	普通職業訓練
訓練課程名	普通課程

編　集　　独立行政法人 高齢・障害・求職者雇用支援機構
　　　　　　職業能力開発総合大学校 基盤整備センター

発行所　　一般社団法人 雇用問題研究会

　　　　　〒 103 - 0002 東京都中央区日本橋馬喰町 1 - 14 - 5 日本橋Kビル 2 階
　　　　　電話　03（5651）7071（代表）　FAX　03（5651）7077
　　　　　URL　https://www.koyoerc.or.jp/

印刷所　　株式会社 ワイズ

ISBN978-4-87563-095-1

152004-24-21